华章IT | Information Technology

大数据技术丛书

Hadoop and Big Data Minning

Hadoop与大数据挖掘

张良均 樊哲 位文超 刘名军◎等著

机械工业出版社
China Machine Press

图书在版编目（CIP）数据

Hadoop 与大数据挖掘 / 张良均等著. —北京：机械工业出版社，2017.5（2017.12 重印）
（大数据技术丛书）

ISBN 978-7-111-56787-5

I. H… II. 张… III. ① 数据处理软件　② 数据采集　IV. TP274

中国版本图书馆 CIP 数据核字（2017）第 090074 号

Hadoop 与大数据挖掘

出版发行：机械工业出版社（北京市西城区百万庄大街 22 号　邮政编码：100037）
责任编辑：何欣阳　　　　　　　　　　　　　　责任校对：殷　虹
印　　刷：中国电影出版社印刷厂　　　　　　　版　　次：2017 年 12 月第 1 版第 2 次印刷
开　　本：186mm×240mm　1/16　　　　　　印　　张：20.75
书　　号：ISBN 978-7-111-56787-5　　　　　　定　　价：69.00 元

凡购本书，如有缺页、倒页、脱页，由本社发行部调换
客服热线：（010）88379426　88361066　　　　投稿热线：（010）88379604
购书热线：（010）68326294　88379649　68995259　读者信箱：hzit@hzbook.com

版权所有 • 侵权必究
封底无防伪标均为盗版
本书法律顾问：北京大成律师事务所　韩光 / 邹晓东

前言

为什么要写这本书

最早提出"大数据"时代到来的是全球知名咨询公司麦肯锡,麦肯锡称:"数据,已经渗透到当今每一个行业和业务职能领域,成为重要的生产因素。人们对于海量数据的挖掘和运用,预示着新一波生产率增长和消费者盈余浪潮的到来。"

早在 2012 年,大数据(big data)一词已经被广泛提起,人们用它来描述和定义信息爆炸时代产生的海量数据,并命名与之相关的技术发展与创新。那时就有人预计,从 2013 年至 2020 年,全球数据规模将增长 10 倍,每年产生的数据量将由当时的 4.4 万亿 GB,增长至 44 万亿 GB,每两年翻一番。

既然"大数据"浪潮已经来临,那么与之对应的大数据人才呢?在国外,大数据技术发展正如火如荼,各种方便大家学习的资料、教程应有尽有。但是,在国内,这种资料却是有"门槛"的。其一,这类资料是英文的,对于部分人员来说,阅读是有难度的;其二,这些资料对于初学者或在校生来说,在理论理解上也有一些难度,没有充分的动手实践来协助理解大数据相关技术的原理、架构等;其三,在如何应用大数据技术来解决企业实实在在遇到的大数据相关问题方面,没有很好的资料;其四,对于企业用户来说,如何将大数据技术和数据挖掘技术相结合,对企业大量数据进行挖掘,以挖掘出有价值的信息,也是难点。

作为大数据相关技术,Hadoop 无疑应用很广泛。Hadoop 具有以下优势:高可靠性、高扩展性、高效性、高容错性、低成本、生态系统完善。

一般来说,使用 Hadoop 相关技术可以解决企业相关大数据应用,特别是结合诸如 Mahout、Spark MLlib 等技术,不仅可以对企业相关大数据进行基础分析,还能构建挖掘模型,挖掘企业大数据中有价值的信息。

对于学习大数据相关技术的高校师生来说,本书不仅提供了大数据相关技术的基础讲解及原理、架构分析,还针对这些原理,配备有对应的动手实践章节,帮助读者加深对原理、架构的认识。同时，在每个模块结束后，书中会有一个相对独立的企业应用案例，帮助读者巩固学到的大数据技术相关知识。

对于企业用户或大数据挖掘开发者来说，特别是对想要了解如何将大数据技术应用到企业大数据项目中的企业用户或者开发者来说，本书也是一份优秀的参考资料。

本书特色

本书提供了大数据相关技术的简介、原理、实践、企业应用等，针对大数据相关技术，如Hadoop、HBase、Hive、Spark等，都有专业章节进行介绍，并且针对每一模块都有相应的动手实践，能有效加深读者对大数据相关技术原理、技术实践的理解。书中的挖掘实践篇涉及企业在大数据应用中的所有环节，如数据采集、数据预处理、数据挖掘等，通过案例对整个系统的架构进行了详细分析，对读者有一定实践指导作用。

读者可以从"泰迪杯"全国大学生数据挖掘挑战赛网站（http://www.tipdm.org/tj/865.jhtml）免费下载本书配套的全部数据文件及源程序。另外，为方便教师授课，本书还特意提供了建模阶段的过程数据文件、PPT课件，有需要的教师可通过热线电话（40068-40020）、企业QQ（40068-40020）或以下微信公众号咨询获取。

Tip DM

张良均<大数据挖掘产品与服务>

本书适用对象

❑ 开设大数据、大数据挖掘相关课程的高校教师和学生

目前国内不少高校将大数据、大数据挖掘引入本科教学中，在计算机、数学、自动化、电子信息、金融等专业开设了大数据技术相关的课程，但目前针对这一课程的相关教材没有统一，或者使用的教材不利于课堂教学。本书提供了大数据相关技术的简介、原理、实践、企业应用等，能有效帮助高校教师教学；帮助学生学习大数据相关技术原理，进行技术实践，为以后工作打下良好基础。

❑ 大数据开发人员

书中针对大数据相关技术，如Hadoop、HBase、Hive、Spark等，都有专业章节进行介绍，并且针对每一模块有相应的动手实践，对初级开发人员有较强指导作用。

❑ 大数据架构师

挖掘实践篇涉及企业在大数据应用中的所有环节，包括数据采集、数据预处理、数据挖掘等方面，通过案例对整个系统的架构进行了详细分析，对大数据架构师有一定的实践指导作用。

❑ 关注大数据挖掘技术的人员

本书不仅包括大数据相关技术的简介及原理分析，还包括大数据相关技术和大数据挖掘相结合的案例分析。对于大数据挖掘技术人员来说，如何应用大数据技术来对大数据进行挖掘是重点和难点，通过学习本书中案例的分析方法，可以将其融入自己的实际工作中。

如何阅读本书

本书主要分为两篇：基础篇和挖掘实战篇。基础篇介绍了大数据相关技术：Hadoop、Hive、HBase、Pig、Spark、Oozie等。针对每个技术都有相应模块与之对应，首先对该技术的概念、内部原理等进行介绍，使读者对该技术有一个由浅入深的理解；其次在对原理的介绍中会配合相应的动手实践，加深对原理的理解。在每个模块的最后，会有1~2个企业案例，主要讲解使用当前模块的技术来解决其中的1~2个问题，这样读者不仅对技术的原理、架构有了较深入的了解，同时，对于如何应用该技术也有了一定认识，从而为以后的工作、学习打下良好基础。挖掘实战篇通过对一个大型的企业应用案例的介绍，充分应用基础篇讲解的大数据技术来解决企业应用中遇到的各种问题。本书配套提供了程序代码及数据，读者可通过上机实验，快速掌握书中所介绍的大数据相关技术，获得使用大数据相关技术进行数据挖掘的基本能力。

第一篇是基础篇（第1~7章）。第1章主要介绍了大数据相关概念，以及大数据相关技术。第2章对Hadoop进行了介绍，包括概念、原理、架构等，通过动手实践案例帮助读者加深对原理的理解。第3章对Hive进行了介绍，重点分析了Hive的架构及如何与Hadoop相结合，同时，引入一个企业案例来分析Hive在企业应用中的地位。第4章对HBase进行了介绍，分析了HDFS与HBase的异同点、HBase架构原理、HBase如何做到支持随机读写等。第5章介绍了Pig，详细分析了Pig的实现原理及应用场景，介绍了Pig Latin，并且通过一个Pig Latin的动手实践案例，加深读者对该脚本的理解。第6章介绍了Spark的基本原理、RDD实现等，并且对Scala进行了简单介绍，使用Scala创建Wordcount程序，在模块的最后使用Spark MLlib完成引入的企业案例中的模型建立环节。第7章介绍了Hadoop工作流Oozie，通过动手实际建立Hadoop MR、Spark、Hive、Pig的工作流，方便理解企业工作流应用。

第二篇是挖掘实战篇（第8章），详细介绍了一个企业级大数据应用项目——法律服务大数据智能推荐系统。通过分析应用背景、构建系统，使读者了解针对系统的每一层应使用什么大数据技术来解决问题。涉及的流程有数据采集、数据预处理、模型构建等，在每一个流程中会进行大数据相关技术实践，运用实际数据来进行分析，使读者切身感受到大数据技术解决大数据企业应用的魅力。

勘误和支持

除封面署名外，参加本书编写工作的还有周龙、焦正升、许国杰、杨坦、肖刚、刘晓勇等。由于作者的水平有限，书中难免会出现一些错误或者不准确的地方，恳请读者批评指正。本书内容的更新将及时在"泰迪杯"全国数据挖掘挑战赛网站（www.tipdm.com）上发布。读者可通过作者微信公众号 TipDM（微信号：TipDataMining）、TipDM 官网（www.tipdm.com）反馈有关问题。也可通过热线电话（40068-40020）或企业 QQ（40068-40020）进行在线咨询。

如果你有更多宝贵意见，欢迎发送邮件至邮箱 13560356095@qq.com，期待能够得到你的真挚反馈。

致谢

本书编写过程中得到了广大企事业单位科研人员的大力支持，在此谨向中国电力科学研究院、广东电力科学研究院、广西电力科学研究院、华南师范大学、广东工业大学、广东技术师范学院、南京中医药大学、华南理工大学、湖南师范大学、韩山师范学院、中山大学、广州泰迪智能科技有限公司等单位给予支持的专家及师生致以深深的谢意。

在本书的编辑和出版过程中还得到了参与"泰迪杯"全国数据挖掘建模竞赛的众多师生及机械工业出版社杨福川老师、李艺编辑的大力帮助与支持，在此一并表示感谢。

张良均

Contents 目 录

前言

第一篇 基础篇

第1章 浅谈大数据 2
1.1 大数据概述 3
1.2 大数据平台 4
1.3 本章小结 5

第2章 大数据存储与运算利器——Hadoop 6
2.1 Hadoop 概述 6
  2.1.1 Hadoop 简介 6
  2.1.2 Hadoop 存储——HDFS 8
  2.1.3 Hadoop 计算——MapReduce 11
  2.1.4 Hadoop 资源管理——YARN 13
  2.1.5 Hadoop 生态系统 14
2.2 Hadoop 配置及 IDE 配置 17
  2.2.1 准备工作 17
  2.2.2 环境配置 18
  2.2.3 集群启动关闭与监控 24
  2.2.4 动手实践：一键式 Hadoop 集群启动关闭 25
  2.2.5 动手实践：Hadoop IDE 配置 26
2.3 Hadoop 集群命令 28
  2.3.1 HDFS 常用命令 hdfs dfs 30
  2.3.2 动手实践：hdfs dfs 命令实战 31
  2.3.3 MapReduce 常用命令 mapred job 32
  2.3.4 YARN 常用命令 yarn jar 32
  2.3.5 动手实践：运行 MapReduce 任务 33
2.4 Hadoop 编程开发 33
  2.4.1 HDFS Java API 操作 33
  2.4.2 MapReduce 原理 35
  2.4.3 动手实践：编写 Word Count 程序并打包运行 44
  2.4.4 MapReduce 组件分析与编程实践 46
2.5 K-Means 算法原理及 Hadoop MapReduce 实现 53
  2.5.1 K-Means 算法原理 53
  2.5.2 动手实践：K-Means 算法实现 55
  2.5.3 Hadoop K-Means 算法实现思路 55

2.5.4 Hadoop K-Means 编程实现⋯⋯⋯ 57
2.6 TF-IDF 算法原理及 Hadoop MapReduce 实现⋯⋯⋯⋯⋯⋯⋯ 67
　2.6.1 TF-IDF 算法原理⋯⋯⋯⋯ 67
　2.6.2 Hadoop TF-IDF 编程思路⋯⋯⋯ 67
　2.6.3 Hadoop TF-IDF 编程实现⋯⋯⋯ 68
2.7 本章小结⋯⋯⋯⋯⋯⋯⋯⋯⋯ 79

第 3 章　大数据查询——Hive⋯⋯⋯⋯ 81

3.1 Hive 概述⋯⋯⋯⋯⋯⋯⋯⋯⋯ 81
　3.1.1 Hive 体系架构⋯⋯⋯⋯⋯ 82
　3.1.2 Hive 数据类型⋯⋯⋯⋯⋯ 86
　3.1.3 Hive 安装⋯⋯⋯⋯⋯⋯⋯ 87
　3.1.4 动手实践：Hive 安装配置⋯⋯⋯ 91
　3.1.5 动手实践：HiveQL 基础——SQL⋯⋯⋯⋯⋯⋯⋯⋯⋯⋯ 91
3.2 HiveQL 语句⋯⋯⋯⋯⋯⋯⋯⋯ 93
　3.2.1 数据库操作⋯⋯⋯⋯⋯⋯ 94
　3.2.2 Hive 表定义⋯⋯⋯⋯⋯⋯ 94
　3.2.3 数据导入⋯⋯⋯⋯⋯⋯⋯ 100
　3.2.4 数据导出⋯⋯⋯⋯⋯⋯⋯ 103
　3.2.5 HiveQL 查询⋯⋯⋯⋯⋯⋯ 104
3.3 动手实践：基于 Hive 的学生信息查询⋯⋯⋯⋯⋯⋯⋯⋯⋯ 108
3.4 基于 Hive 的航空公司客户价值数据预处理及分析⋯⋯⋯⋯⋯ 109
　3.4.1 背景与挖掘目标⋯⋯⋯⋯ 109
　3.4.2 分析方法与过程⋯⋯⋯⋯ 111
3.5 本章小结⋯⋯⋯⋯⋯⋯⋯⋯⋯ 115

第 4 章　大数据快速读写——HBase⋯116

4.1 HBase 概述⋯⋯⋯⋯⋯⋯⋯⋯ 116
4.2 配置 HBase 集群⋯⋯⋯⋯⋯⋯ 118
　4.2.1 Zookeeper 简介及配置⋯⋯ 118
　4.2.2 配置 HBase⋯⋯⋯⋯⋯⋯ 121
　4.2.3 动手实践：HBase 安装及运行⋯ 122
　4.2.4 动手实践：ZooKeeper 获取 HBase 状态⋯⋯⋯⋯⋯⋯⋯ 122
4.3 HBase 原理与架构组件⋯⋯⋯⋯ 123
　4.3.1 HBase 架构与组件⋯⋯⋯ 123
　4.3.2 HBase 数据模型⋯⋯⋯⋯ 127
　4.3.3 读取 / 写入 HBase 数据⋯⋯ 128
　4.3.4 RowKey 设计原则⋯⋯⋯ 129
　4.3.5 动手实践：HBase 数据模型验证⋯⋯⋯⋯⋯⋯⋯⋯⋯⋯ 131
4.4 HBase Shell 操作⋯⋯⋯⋯⋯⋯ 132
　4.4.1 HBase 常用 Shell 命令⋯⋯ 132
　4.4.2 动手实践：HBase Shell 操作⋯ 136
4.5 Java API &MapReduce 与 HBase 交互⋯⋯⋯⋯⋯⋯⋯⋯⋯⋯⋯ 137
　4.5.1 搭建 HBase 开发环境⋯⋯ 137
　4.5.2 使用 Java API 操作 HBase 表⋯ 144
　4.5.3 动手实践：HBase Java API 使用⋯⋯⋯⋯⋯⋯⋯⋯⋯⋯ 147
　4.5.4 MapReduce 与 HBase 交互⋯⋯ 147
　4.5.5 动手实践：HBase 表导入导出⋯ 150
4.6 基于 HBase 的冠字号查询系统⋯⋯ 151
　4.6.1 案例背景⋯⋯⋯⋯⋯⋯⋯ 151
　4.6.2 功能指标⋯⋯⋯⋯⋯⋯⋯ 151
　4.6.3 系统设计⋯⋯⋯⋯⋯⋯⋯ 152
　4.6.4 动手实践：构建基于 HBase 的冠字号查询系统⋯⋯⋯⋯ 162
4.7 本章小结⋯⋯⋯⋯⋯⋯⋯⋯⋯ 175

第 5 章　大数据处理——Pig⋯⋯⋯⋯ 176

5.1 Pig 概述⋯⋯⋯⋯⋯⋯⋯⋯⋯ 176

5.1.1　Pig Latin 简介 ……………… 177
　　　5.1.2　Pig 数据类型 …………………… 179
　　　5.1.3　Pig 与 Hive 比较 ……………… 179
　5.2　配置运行 Pig …………………………… 180
　　　5.2.1　Pig 配置 ……………………… 181
　　　5.2.2　Pig 运行模式 ………………… 181
　5.3　常用 Pig Latin 操作 …………………… 182
　　　5.3.1　数据加载 ……………………… 182
　　　5.3.2　数据存储 ……………………… 184
　　　5.3.3　Pig 参数替换 ………………… 185
　　　5.3.4　数据转换 ……………………… 186
　5.4　综合实践 ………………………………… 194
　　　5.4.1　动手实践：访问统计信息
　　　　　　数据处理 ……………………… 194
　　　5.4.2　动手实践：股票交易数据
　　　　　　处理 …………………………… 195
　5.5　本章小结 ………………………………… 196

第 6 章　大数据快速运算与挖掘——Spark …………… 197

　6.1　Spark 概述 ……………………………… 197
　6.2　Spark 安装集群 ………………………… 199
　　　6.2.1　3 种运行模式 ………………… 199
　　　6.2.2　动手实践：配置 Spark 独立
　　　　　　集群 …………………………… 199
　　　6.2.3　3 种运行模式实例 …………… 201
　　　6.2.4　动手实践：Spark Streaming
　　　　　　实时日志统计 ………………… 205
　　　6.2.5　动手实践：Spark 开发环境——
　　　　　　Intellij IDEA 配置 …………… 207
　6.3　Spark 架构与核心原理 ………………… 212
　　　6.3.1　Spark 架构 …………………… 212
　　　6.3.2　RDD 原理 …………………… 213

　　　6.3.3　深入理解 Spark 核心原理 …… 215
　6.4　Spark 编程技巧 ………………………… 218
　　　6.4.1　Scala 基础 …………………… 218
　　　6.4.2　Spark 基础编程 ……………… 218
　6.5　如何学习 Spark MLlib ………………… 225
　　　6.5.1　确定应用 ……………………… 227
　　　6.5.2　ALS 算法直观描述 …………… 228
　　　6.5.3　编程实现 ……………………… 229
　　　6.5.4　问题解决及模型调优 ………… 233
　6.6　动手实践：基于 Spark ALS 电影
　　　推荐系统 …………………………………… 234
　　　6.6.1　动手实践：生成算法包 ……… 235
　　　6.6.2　动手实践：完善推荐系统 …… 239
　6.7　本章小结 ………………………………… 250

第 7 章　大数据工作流——Oozie …… 252

　7.1　Oozie 简介 ……………………………… 252
　7.2　编译配置并运行 Oozie ………………… 253
　　　7.2.1　动手实践：编译 Oozie ……… 253
　　　7.2.2　动手实践：Oozie Server/client
　　　　　　配置 …………………………… 254
　7.3　Oozie WorkFlow 实践 ………………… 257
　　　7.3.1　定义及提交工作流 …………… 257
　　　7.3.2　动手实践：MapReduce Work-
　　　　　　Flow 定义及调度 …………… 260
　　　7.3.3　动手实践：Pig WorkFlow
　　　　　　定义及调度 …………………… 263
　　　7.3.4　动手实践：Hive WorkFlow
　　　　　　定义及调度 …………………… 265
　　　7.3.5　动手实践：Spark WorkFlow
　　　　　　定义及调度 …………………… 267
　　　7.3.6　动手实践：Spark On Yarn
　　　　　　定义及调度 …………………… 268

7.4 Oozie Coordinator 实践 ………………… 270
    7.4.1 动手实践：基于时间调度 ……… 270
    7.4.2 动手实践：基于数据有效性
        调度 …………………………………… 273
7.5 本章小结 …………………………………… 275

第二篇　挖掘实战篇

第 8 章　法律服务大数据智能推荐 ……278

8.1 背景 ………………………………………… 278
8.2 目标 ………………………………………… 279
8.3 系统架构及流程 ………………………… 279
8.4 分析过程及实现 ………………………… 281
    8.4.1 数据传输 ………………………… 281
    8.4.2 数据传输：动手实践 …………… 282
    8.4.3 数据探索分析 …………………… 283
    8.4.4 数据预处理 ……………………… 292
    8.4.5 模型构建 ………………………… 297
8.5 构建法律服务大数据智能推荐
    系统 ………………………………………… 313
    8.5.1 动手实践：构建推荐系统
        JavaEE …………………………… 313
    8.5.2 动手实践：Oozie 工作流任务 … 317
8.6 本章小结 …………………………………… 322

第一篇 *Part 1*

基 础 篇

第 1 章

浅谈大数据

当你早上起床，拿起牙刷刷牙，你是否会想到从拿起牙刷到刷完牙的整个过程中有多少细胞参与其中？这些细胞在参与的过程中会结合周围环境（可能是宏观的天气、温度、气压等，可能是微观的分子、空气中的微生物等），由你的意识控制而产生不同的反映。如果我说结合这些所有的信息，可以预测你接下来的 0.000 000 01 秒的动作，那么，你肯定说，这我也可以预测呀。比如正常情况下，你脚抬起来走路，那么抬起来后，肯定是要落下去的，这算哪门子预测呢？那如果我说可以预测你接下来一个小时的动作呢？甚至一天，一个月，一年呢？其实这也可以勉强说是一个大数据案例了。

听起来有点夸张？

说个大家熟悉的大数据吧。相信很多人都买过股票（或者至少知道买股票这件事情），如果有人可以整合所有信息（包含基本的股票信息：股票涨跌；公司情况：如公司大小、业务等；政策情况：可能政府突然颁布了一个红头文件等），首先肯定这些信息可以被认为是"大数据"，其次对这些"大数据"进行分析建模，如果可以预测股票的涨跌，那么这就是一个实实在在的大数据案例了。

再说一个电影桥段："赌神"一般都可以预测摇色子的点数或者说摇色子摇到的最大点数，那么在现实情况中，这个可能实现吗？试想这样一个场景：一个人不停地摇色子，然后把摇色子的声音以及最后的点数记录下来，不停地摇，不停地记录，那么就会形成一个巨大的数据集，从而可以使用这个巨大的数据集进行建模，即可以预测色子的点数了。你也可以将这个理解为一个大数据的应用。

现在，你是否已经有点懂"大数据"了？

1.1　大数据概述

来看看所谓官网定义的大数据：大数据（Big data）或称巨量数据、海量数据、大资料，指的是所涉及的数据量规模巨大到无法通过人工或者计算机，在合理的时间内达到截取、管理、处理并整理成为人类所能解读的形式的信息。

看得懂吗？好像也不是那么难以理解。首先，这些数据要够多，即规模巨大；第二，这些数据不能够在合理的时间内被处理并分析，也就意味着，对于一个人来说，如果让他在1天内看完1万本书，并写相应的书评，那么这1万本书对于这个人来说就是大数据；但是，如果让1万个人在1天内看1万本书，并写对应书评，那么其实是可以完成的任务，这样这1万本书对于这1万个人来说就不是大数据了。

大数据有哪些特点呢？

首先，可以肯定的是数据量比较大，它才能被称为大数据，所以其第一个特点就是数据体量巨大。其次，数据的类型多样也是大数据的一个特征，数据类型不仅指文本形式，更多指的是图片、视频、音频、地理位置信息等多类型的数据，个性化数据占绝大多数。第三，处理速度快也是大数据的一个特征，数据处理遵循"1秒定律"，可从各种类型的数据中快速获得高价值的信息。最后，大数据具有价值密度低的特点，以视频为例，1小时的监控视频，在不间断的监控过程中，可能有用的数据仅仅只有一两秒。

生活中大数据有哪些应用呢？

随着大数据的应用越来越广泛，应用的行业也越来越多，我们每天都可以看到大数据的一些新奇的应用，从而帮助人们从中获取到真正有用的价值信息。

（1）理解客户，满足客户服务需求

大数据的应用目前在这个领域是最广为人知的。重点是如何应用大数据更好地了解客户以及他们的爱好和行为。企业非常喜欢搜集社交方面的数据、浏览器的日志、分析文本和传感器的数据，从而更加全面地了解客户。在一般情况下，企业会采用建立数据模型的方式进行预测。

比如美国的著名零售商Target就是通过大数据分析得到有价值的信息，精准地预测到客户在什么时候想要小孩。再比如，通过大数据应用，电信公司可以更好地预测出流失的客户，沃尔玛则更加精准地预测出哪个产品会大卖，汽车保险行业会更加了解客户的需求和驾驶水平，外国候选政党也能了解到选民的偏好。

（2）提高医疗水平和研发效率

大数据分析应用的计算能力可以让我们能够在几分钟内解码整个DNA，并且制定出最新的治疗方案，同时更好地了解和预测疾病。大数据技术目前已经在医疗中应用，如监视早产婴儿和患病婴儿的情况，通过记录和分析婴儿的心跳，对婴儿的身体可能出现的不适症状做出预测，从而更好地救治婴儿。

（3）改善安全和执法

目前来说，大数据已经广泛应用到安全执法的过程当中。想必大家都知道美国安全局已经开始利用大数据打击恐怖主义，甚至监控可疑人的日常生活。而企业则应用大数据技术防御网络攻击，警察应用大数据工具捕捉罪犯，信用卡公司应用大数据工具来检测欺诈性交易等。

（4）改善我们的城市

大数据还被用来改善我们所生活的城市。例如基于城市实时交通信息、利用社交网络和天气数据来优化最新的交通情况。目前很多城市都在进行相关的大数据分析和试点。

（5）金融交易

大数据在金融行业主要是用于金融交易。高频交易（HFT）是大数据应用比较多的领域，其中大数据算法被应用于交易决定。现在很多股权的交易都是利用大数据算法进行的，这些算法越来越多地考虑了社交媒体和网站新闻来决定在未来几秒内是买入还是卖出。

通过上面的描述也可以看出，大数据不只是适用于企业和政府，同样也适用于我们生活当中的每个人。我们可以利用可穿戴装备（如智能手表或者智能手环）生成最新的数据，对热量的消耗以及睡眠模式进行追踪；还可以利用大数据分析来寻找属于我们的爱情，大多数的交友网站就是应用大数据工具来帮助需要的人匹配合适的对象。

1.2 大数据平台

大数据平台有哪些呢？

一般认为大数据平台分为两个方面，硬件平台和软件平台。硬件平台一般如 OpenStack、Amazon 云平台、阿里云计算等，类似这样的平台其实做的是虚拟化，即把多台机器或一台机器虚拟化成一个资源池，然后给成千上万人用，各自租用相应的资源服务等。而软件平台则是大家经常听到的，如 Hadoop、MapReduce、Spark 等，也可以狭义理解为 Hadoop 生态圈，即把多个节点资源（可以是虚拟节点资源）进行整合，作为一个集群对外提供存储和运算分析服务。

Hadoop 生态圈大数据平台，可以大概分为 3 种：Apache Hadoop（原生开源 Hadoop）、Hadoop Distribution（Hadoop 发行版）、Big Data Suite（大数据开发套件）。Apache Hadoop 是原生的，即官网提供的，只包含基本的软件；Hadoop Distribution 是一些软件供应商提供的，具有的功能相对多，这个版本有收费版也有免费版，用户可选；而大数据开发套件则是一些大公司提供的集成方案，提供的功能更多，但是相应的也比较贵。

Apache Hadoop 是开源的，用户可以直接访问或更改代码。它是完全分布式的，配置包含用户权限、访问控制等，再加上多种生态系统软件支持，比较复杂。这里涉及版本不兼容性问题。所以该版本比较适合学习并理解底层细节或 Hadoop 详细配置、调优等。

Hadoop Distribution 版本简化了用户的操作以及开发任务，比如可以一键部署等，而且有配套的生态圈支持以及管理监控功能，如业内广泛使用的 HDP、CDH、MapR 等平台。CDH 是最成型的发行版本，拥有最多的部署案例，而且提供强大的部署、管理和监控工具，其开发公司 Cloudera 贡献了自己的可实时处理大数据的 Impala 项目。HDP 是 100% 开源 Apache Hadoop 的唯一提供商，其开发公司 Hortonworks 开发了很多增强特性并提交至核心主干，并且 Hortonworks 为入门者提供了一个非常好的、易于使用的沙盒。MapR 为了获取更好的性能和易用性而支持本地 UNIX 文件系统而不是 HDFS（使用非开源的组件），并且可以使用本地 UNIX 命令来代替 Hadoop 命令。除此之外，MapR 还凭借诸如快照、镜像或有状态的故障恢复之类的高可用性特性来与其他竞争者相区别。当需要一个简单的学习环境时，就可以选用这个版本，当然，针对一些企业也可以选择这个版本的收费版，也是有很多软件支持的。

Big Data Suite（大数据套件）是建立在 Eclipse 之类的 IDE 之上的，其附加的插件极大地方便了大数据应用的开发。用户可以在自己熟悉的开发环境之内创建、构建并部署大数据服务，并且生成所有的代码，从而做到不用编写、调试、分析和优化 MapReduce 代码。大数据套件提供了图形化的工具来为你的大数据服务进行建模，所有需要的代码都是自动生成的，只需配置某些参数即可实现复杂的大数据作业。当企业用户需要不同的数据源集成、自动代码生成或大数据作业自动图形化调度时，就可以选择使用大数据套件。

1.3 本章小结

通过本章的介绍，相信大家对大数据有了一个比较感性的认识，那接下来学习什么呢？接下来的内容就是大数据技术涉及的相关技术。在本书中，大数据技术仅指软件层面，比如使用 Hadoop 生态圈软件等，而非硬件平台。这里的硬件平台主要指的是把所有硬件资源整合，使其虚拟化一个资源池的概念，涉及的技术有 OpenStack、亚马逊云平台、阿里云平台等。

在后面的章节中，主要介绍 Hadoop 生态圈的相关技术，如 HDFS、YARN、MapReduce、HBase、Hive、Pig、Spark、Oozie 等。每个章节采用理论加实践的方式，使读者能够在理解相关技术原理的基础上，动手操作，加深理解，做到看完本书就能直接上手实践。

"授人以鱼不如授人以渔"，期望本书能成为愿意学习大数据、愿意加入到大数据开发行列的相关人员的一盏指路明灯，愿读者能乐享其中。

第 2 章

大数据存储与运算利器——Hadoop

本章主要介绍了 Hadoop 框架的概念、架构、组件、生态系统以及 Hadoop 相关编程，特别是针对 Hadoop 组件 HDFS、MapReduce、YARN，Hadoop MapReduce 编程做了较详细的介绍。在介绍各个知识点的同时，结合动手实践章节，帮助读者理解对应的内容。

2.1 Hadoop 概述

2.1.1 Hadoop 简介

随着现代社会的发展，各种信息数据存量与增量都非常大，很多情况下需要我们能够对 TB 级，甚至 PB 级数据集进行存储和快速分析，然而单机的计算机，无论是硬盘存储、网络 IO、计算 CPU 还是内存都是非常有限的。针对这种情况，Hadoop 应运而生。

那么，Hadoop 是什么呢？我们可以很容易在一些比较权威的网站上找到它的定义，例如：Hadoop 是一个由 Apache 基金会所开发的分布式系统基础架构，它可以使用户在不了解分布式底层细节的情况下开发分布式程序，充分利用集群的威力进行高速运算和存储。

从其定义就可以发现，它解决了两大问题：大数据存储、大数据分析。也就是 Hadoop 的两大核心：HDFS 和 MapReduce。

HDFS（Hadoop Distributed File System）是可扩展、容错、高性能的分布式文件系统，异步复制，一次写入多次读取，主要负责存储。

MapReduce 为分布式计算框架，主要包含 map（映射）和 reduce（归约）过程，负责在 HDFS 上进行计算。

要深入学习 Hadoop，就不得不提到 Google 的 3 篇相关论文，也就是 Hadoop 的基础理论。

- 2003 年发表的《The Google File System》，奠定了"首个商用的超大型分布式文件系统"，从而验证这种分布式文件系统架构是可行的。
- 2004 年发表的《MapReduce: Simplifed Data Processing on Large Clusters》，汲取了函数式编程设计思想，倡导把计算移动到数据思想，该思想的应用大大加快了数据的处理分析。
- 2006 年发表的《Bigtable: A Distributed Storage System for Structured Data》，这一论文同样也是告诉大家，这种分布式数据库的架构是可行的。

说到这里，我们来简单了解下 Hadoop 的发展历史，如图 2-1 所示。

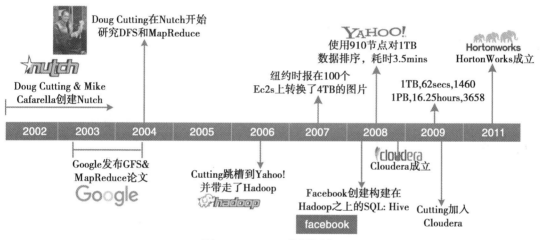

图 2-1　Hadoop 发展历史

2002~2004 年，第一轮互联网泡沫刚刚破灭，很多互联网从业人员都失业了。我们的"主角"Doug Cutting 也不例外，他只能写点技术文章赚点稿费来养家糊口。但是 Doug Cutting 不甘寂寞，怀着对梦想和未来的渴望，与他的好朋友 Mike Cafarella 一起开发出一个开源的搜索引擎 Nutch，并历时一年把这个系统做到能支持亿级网页的搜索。但是当时的网页数量远远不止这个规模，所以两人不断改进，想让支持的网页量再多一个数量级。

在 2003 年和 2004 年，Google 分别公布了 GFS 和 MapReduce 两篇论文。Doug Cutting 和 Mike Cafarella 发现这与他们的想法不尽相同，且更加完美，完全脱离了人工运维的状态，实现了自动化。

在经过一系列周密考虑和详细总结后，2006 年，Dog Cutting 放弃创业，随后几经周折加入了 Yahoo 公司（Nutch 的一部分也被正式引入），机缘巧合下，他以自己儿子的一个玩具大象的名字 Hadoop 命名了该项目。

当系统进入 Yahoo 以后，项目逐渐发展并成熟了起来。首先是集群规模，从最开始几十台机器的规模发展到能支持上千个节点的机器，中间做了很多工程性质的工作；然后是除搜索以外的业务开发，Yahoo 逐步将自己广告系统的数据挖掘相关工作也迁移到了 Hadoop 上，使 Hadoop 系统进一步成熟化了。

2007 年，纽约时报在 100 个亚马逊的虚拟机服务器上使用 Hadoop 转换了 4TB 的图片数据，更加加深了人们对 Hadoop 的印象。

在 2008 年的时候，一位 Google 的工程师发现要把当时的 Hadoop 放到任意一个集群中去运行是一件很困难的事情，所以就与几个好朋友成立了一个专门商业化 Hadoop 的公司 Cloudera。同年，Facebook 团队发现他们很多人不会写 Hadoop 的程序，而对 SQL 的一套东西很熟，所以他们就在 Hadoop 上构建了一个叫作 Hive 的软件，专门用于把 SQL 转换为 Hadoop 的 MapReduce 程序。

2011 年，Yahoo 将 Hadoop 团队独立出来，成立了一个子公司 Hortonworks，专门提供 Hadoop 相关的服务。

说了这么多，那 Hadoop 有哪些优点呢？

Hadoop 是一个能够让用户轻松架构和使用的分布式计算的平台。用户可以轻松地在 Hadoop 上开发和运行处理海量数据的应用程序。其优点主要有以下几个。

- 高可靠性：Hadoop 按位存储和处理数据的能力值得人们信赖。
- 高扩展性：Hadoop 是在可用的计算机集簇间分配数据并完成计算任务的，这些集簇可以方便地扩展到数以千计的节点中。
- 高效性：Hadoop 能够在节点之间动态地移动数据，并保证各个节点的动态平衡，因此处理速度非常快。
- 高容错性：Hadoop 能够自动保存数据的多个副本，并且能够自动将失败的任务重新分配。
- 低成本：与一体机、商用数据仓库以及 QlikView、Yonghong Z-Suite 等数据集市相比，Hadoop 是开源的，项目的软件成本因此会大大降低。
- Hadoop 带有用 Java 语言编写的框架，因此运行在 Linux 生产平台上是非常理想的，Hadoop 上的应用程序也可以使用其他语言编写，比如 C++。

2.1.2 Hadoop 存储——HDFS

Hadoop 的存储系统是 HDFS（Hadoop Distributed File System）分布式文件系统，对外部客户端而言，HDFS 就像一个传统的分级文件系统，可以进行创建、删除、移动或重命名文件或文件夹等操作，与 Linux 文件系统类似。

但是，Hadoop HDFS 的架构是基于一组特定的节点构建的（见图 2-2），这些节点包括名称节点（NameNode，仅一个），它在 HDFS 内部提供元数据服务；第二名称节点（Secondary NameNode），名称节点的帮助节点，主要是为了整合元数据操作（注意不是名称节点的备份）；数据节点（DataNode），它为 HDFS 提供存储块。由于仅有一个 NameNode，因此这是 HDFS 的一个缺点（单点失败，在 Hadoop2.X 后有较大改善）。

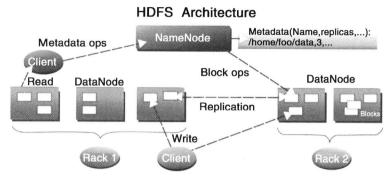

图 2-2 Hadoop HDFS 架构

存储在 HDFS 中的文件被分成块，然后这些块被复制到多个数据节点中（DataNode），这与传统的 RAID 架构大不相同。块的大小（通常为 128MB）和复制的块数量在创建文件时由客户机决定。名称节点可以控制所有文件操作。HDFS 内部的所有通信都基于标准的 TCP/IP 协议。

关于各个组件的具体描述如下所示：

（1）名称节点（NameNode）

它是一个通常在 HDFS 架构中单独机器上运行的组件，负责管理文件系统名称空间和控制外部客户机的访问。NameNode 决定是否将文件映射到 DataNode 上的复制块上。对于最常见的 3 个复制块，第一个复制块存储在同一机架的不同节点上，最后一个复制块存储在不同机架的某个节点上。

（2）数据节点（DataNode）

数据节点也是一个通常在 HDFS 架构中的单独机器上运行的组件。Hadoop 集群包含一个 NameNode 和大量 DataNode。数据节点通常以机架的形式组织，机架通过一个交换机将所有系统连接起来。

数据节点响应来自 HDFS 客户机的读写请求。它们还响应来自 NameNode 的创建、删除和复制块的命令。名称节点依赖来自每个数据节点的定期心跳（heartbeat）消息。每条消息都包含一个块报告，名称节点可以根据这个报告验证块映射和其他文件系统元数据。如果数据节点不能发送心跳消息，名称节点将采取修复措施，重新复制在该节点上丢失的块。

（3）第二名称节点（Secondary NameNode）

第二名称节点的作用在于为 HDFS 中的名称节点提供一个 Checkpoint，它只是名称节点的一个助手节点，这也是它在社区内被认为是 Checkpoint Node 的原因。

如图 2-3 所示，只有在 NameNode 重启时，edits 才会合并到 fsimage 文件中，从而得到一个文件系统的最新快照。但是在生产环境集群中的 NameNode 是很少重启的，这意味着当 NameNode 运行很长时间后，edits 文件会变得很大。而当 NameNode 宕机时，edits 就会丢失很多改动，如何解决这个问题呢？

> **注意** fsimage 是 Namenode 启动时对整个文件系统的快照；edits 是在 Namenode 启动后对文件系统的改动序列。

如图 2-4 所示，Secondary NameNode 会定时到 NameNode 去获取名称节点的 edits，并及时更新到自己 fsimage 上。这样，如果 NameNode 宕机，我们也可以使用 Secondary-Namenode 的信息来恢复 NameNode。并且，如果 SecondaryNameNode 新的 fsimage 文件达到一定阈值，它就会将其拷贝回名称节点上，这样 NameNode 在下次重启时会使用这个新的 fsimage 文件，从而减少重启的时间。

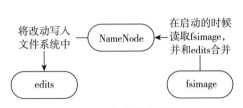
图 2-3 名称节点功能

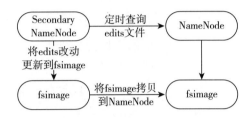
图 2-4 NameNode 帮助节点 SecondaryNameNode

举个数据上传的例子来深入理解下 HDFS 内部是怎么做的，如图 2-5 所示。

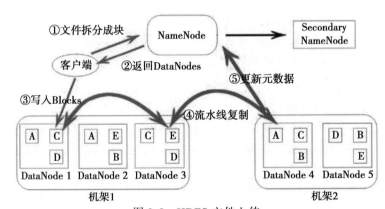
图 2-5 HDFS 文件上传

文件在客户端时会被分块，这里可以看到文件被分为 5 个块，分别是：A、B、C、D、E。同时为了负载均衡，所以每个节点有 3 个块。下面来看看具体步骤：

1）客户端将要上传的文件按 128MB 的大小分块。
2）客户端向名称节点发送写数据请求。
3）名称节点记录各个 DataNode 信息，并返回可用的 DataNode 列表。
4）客户端直接向 DataNode 发送分割后的文件块，发送过程以流式写入。
5）写入完成后，DataNode 向 NameNode 发送消息，更新元数据。

这里需要注意：

1）写 1T 文件，需要 3T 的存储，3T 的网络流量。

2）在执行读或写的过程中，NameNode 和 DataNode 通过 HeartBeat 进行保存通信，确定 DataNode 活着。如果发现 DataNode 死掉了，就将死掉的 DataNode 上的数据，放到其他节点去，读取时，读其他节点。

3）宕掉一个节点没关系，还有其他节点可以备份；甚至，宕掉某一个机架也没关系；其他机架上也有备份。

2.1.3 Hadoop 计算——MapReduce

MapReduce 是 Google 提出的一个软件架构，用于大规模数据集（大于 1TB）的并行运算。概念"Map（映射）"和"Reduce（归纳）"以及它们的主要思想，都是从函数式编程语言借来的，还有从矢量编程语言借来的特性。

当前的软件实现是指定一个 Map（映射）函数，用来把一组键值对映射成一组新的键值对，指定并发的 Reduce（归纳）函数，用来保证所有映射的键值对中的每一个共享相同的键组，如图 2-6 所示。

下面将以 Hadoop 的"Hello World"例程——单词计数来分析 MapReduce 的逻辑，如图 2-7 所示。一般的 MapReduce 程序会经过以下几个过程：输入（Input）、输入分片（Splitting）、Map 阶段、Shuffle 阶段、Reduce 阶段、输出（Final result）。

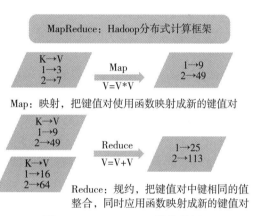

图 2-6 Map/Reduce 简单理解

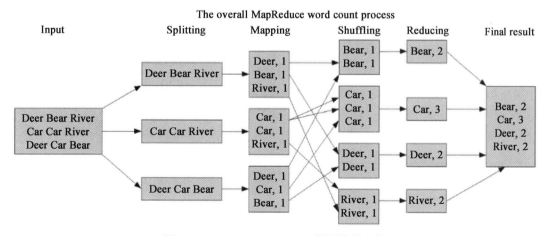

图 2-7 Hadoop MapReduce 单词计数逻辑

1）输入就不用说了，数据一般放在 HDFS 上面就可以了，而且文件是被分块的。关于文件块和文件分片的关系，在输入分片中说明。

2）输入分片：在进行 Map 阶段之前，MapReduce 框架会根据输入文件计算输入分片（split），每个输入分片会对应一个 Map 任务，输入分片往往和 HDFS 的块关系很密切。例如，HDFS 的块的大小是 128MB，如果我们输入两个文件，大小分别是 27MB、129MB，那么 27MB 的文件会作为一个输入分片（不足 128M 会被当作一个分片），而 129MB 则是两个输入分片（129−128＝1，不足 128MB，所以 1MB 也会被当作一个输入分片），所以，一般来说，一个文件块会对应一个分片。如图 2-7 所示，Splitting 对应下面的三个数据应该理解为三个分片。

3）Map 阶段：这个阶段的处理逻辑其实就是程序员编写好的 Map 函数，因为一个分片对应一个 Map 任务，并且是对应一个文件块，所以这里其实是数据本地化的操作，也就是所谓的移动计算而不是移动数据。如图 2-7 所示，这里的操作其实就是把每句话进行分割，然后得到每个单词，再对每个单词进行映射，得到单词和 1 的键值对。

4）Shuffle 阶段：这是"奇迹"发生的地方，MapReduce 的核心其实就是 Shuffle。那么 Shuffle 的原理呢？ Shuffle 就是将 Map 的输出进行整合，然后作为 Reduce 的输入发送给 Reduce。简单理解就是把所有 Map 的输出按照键进行排序，并且把相对键的键值对整合到同一个组中。如图 2-7 所示，Bear、Car、Deer、River 是排序的，并且 Bear 这个键有两个键值对。

5）Reduce 阶段：与 Map 类似，这里也是用户编写程序的地方，可以针对分组后的键值对进行处理。如图 2-7 所示，针对同一个键 Bear 的所有值进行了一个加法操作，得到 <Bear,2> 这样的键值对。

6）输出：Reduce 的输出直接写入 HDFS 上，同样这个输出文件也是分块的。

说了这么多，其实 MapReduce 的本质用一张图可以完整地表现出来，如图 2-8 所示。

MapReduce 的本质就是把一组键值对 <K1,V1> 经过 Map 阶段映射成新的键值对 <K2, V2>；接着经过 Shuffle/Sort 阶段进行排序和"洗牌"，把键值对排序，同时把相同的键的值整合；最后经过 Reduce 阶段，把整合后的键值对组进行逻辑处理，输出到新的键值对 <K3,V3>。这样的一个过程，其实就是 MapReduce 的本质。

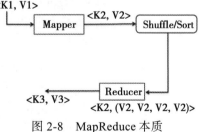

图 2-8　MapReduce 本质

Hadoop MapReduce 可以根据其使用的资源管理框架不同，而分为 MR v1 和 YARN/MR v2 版本，如图 2-9 所示。

在 MR v1 版本中，资源管理主要是 Jobtracker 和 TaskTracker。Jobtracker 主要负责：作业控制（作业分解和状态监控），主要是 MR 任务以及资源管理；而 TaskTracker 主要是调度 Job 的每一个子任务 task；并且接收 JobTracker 的命令。

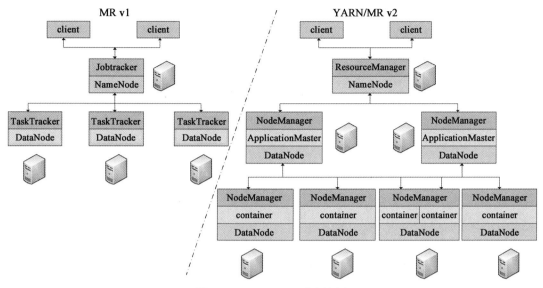

图 2-9 MapReduce 发展历史

在 YARN/MR v2 版本中，YARN 把 JobTracker 的工作分为两个部分：

1）ResourceManager（资源管理器）全局管理所有应用程序计算资源的分配。

2）ApplicationMaster 负责相应的调度和协调。

NodeManager 是每一台机器框架的代理，是执行应用程序的容器，监控应用程序的资源（CPU、内存、硬盘、网络）使用情况，并且向调度器汇报。

2.1.4　Hadoop 资源管理——YARN

在上一节中我们看到，当 MapReduce 发展到 2.x 时就不使用 JobTracker 来作为自己的资源管理框架，而选择使用 YARN。这里需要说明的是，如果使用 JobTracker 来作为 Hadoop 集群的资源管理框架的话，那么除了 MapReduce 任务以外，不能够运行其他任务。也就是说，如果我们集群的 MapReduce 任务并没有那么饱满的话，集群资源等于是白白浪费的。所以提出了另外的一个资源管理架构 YARN（Yet Another Resource Manager）。这里需要注意，YARN 不是 JobTracker 的简单升级，而是"大换血"。同时 Hadoop 2.X 也包含了此架构。Apache Hadoop 2.X 项目包含以下模块。

❑ Hadoop Common：为 Hadoop 其他模块提供支持的基础模块。
❑ HDFS: Hadoop：分布式文件系统。
❑ YARN：任务分配和集群资源管理框架。
❑ MapReduce：并行和可扩展的用于处理大数据的模式。

如图 2-10 所示，YARN 资源管理框架包括 ResourceManager（资源管理器）、ApplicationMaster、NodeManager（节点管理器）。各个组件描述如下。

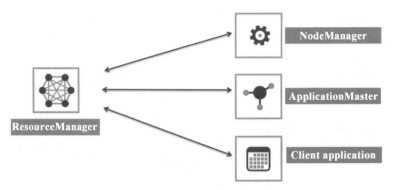

图 2-10　YARN 架构

（1）ResourceManager

ResourceManager 是一个全局的资源管理器，负责整个系统的资源管理和分配。它主要由两个组件构成：调度器（Scheduler）和应用程序管理器（ApplicationManager，AM）。

Scheduler 负责分配最少但满足 Application 运行所需的资源量给 Application。Scheduler 只是基于资源的使用情况进行调度，并不负责监视 / 跟踪 Application 的状态，当然也不会处理失败的 Task。

ApplicationManager 负责处理客户端提交的 Job 以及协商第一个 Container 以供 ApplicationMaster 运行，并且在 ApplicationMaster 失败的时候会重新启动 ApplicationMaster（YARN 中使用 Resource Container 概念来管理集群的资源，Resource Container 是资源的抽象，每个 Container 包括一定的内存、IO、网络等资源）。

（2）ApplicationMaster

ApplicatonMaster 是一个框架特殊的库，每个 Application 有一个 ApplicationMaster，主要管理和监控部署在 YARN 集群上的各种应用。

（3）NodeManager

主要负责启动 Resourcemanager 分配给 ApplicationMaster 的 Container，并且会监视 Container 的运行情况。在启动 Container 的时候，NodeManager 会设置一些必要的环境变量以及相关文件；当所有准备工作做好后，才会启动该 Container。启动后，NodeManager 会周期性地监视该 Container 运行占用的资源情况，若是超过了该 Container 所声明的资源量，则会 kill 掉该 Container 所代表的进程。

如图 2-11 所示，该集群上有两个任务（对应 Node2、Node6 上面的 AM），并且 Node2 上面的任务运行有 4 个 Container 来执行任务；而 Node6 上面的任务则有 2 个 Container 来执行任务。

2.1.5　Hadoop 生态系统

如图 2-12 所示，Hadoop 的生态圈其实就是一群动物在狂欢。我们来看看一些主要的框架。

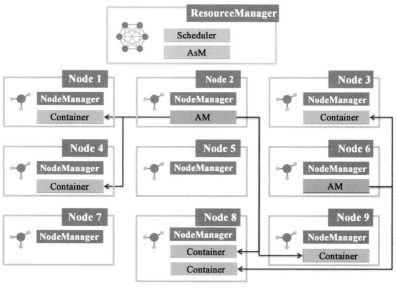

图 2-11　YARN 集群

图 2-12　Hadoop 生态系统

（1）HBase

HBase（Hadoop Database）是一个高可靠性、高性能、面向列、可伸缩的分布式存储系统，利用 HBase 技术可在廉价 PC Server 上搭建起大规模结构化存储集群。

（2）Hive

Hive 是建立在 Hadoop 上的数据仓库基础构架。它提供了一系列的工具，可以用来进行数据提取转化加载（ETL），这是一种可以存储、查询和分析存储在 Hadoop 中的大规模数据的机制。

（3）Pig

Pig 是一个基于 Hadoop 的大规模数据分析平台，它提供的 SQL-LIKE 语言叫作 Pig Latin。该语言的编译器会把类 SQL 的数据分析请求转换为一系列经过优化处理的 MapReduce 运算。

（4）Sqoop

Sqoop 是一款开源的工具，主要用于在 Hadoop（Hive）与传统的数据库（MySQL、post-gresql 等）间进行数据的传递，可以将一个关系型数据库中的数据导入 Hadoop 的 HDFS 中，也可以将 HDFS 的数据导入关系型数据库中，如图 2-13 所示。

（5）Flume

Flume 是 Cloudera 提供的一个高可用、高可靠、分布式的海量日志采集、聚合和传输的系统，Flume 支持在日志系统中定制各类数据发送方，用于收集数据。同时，Flume 提供对数据进行简单处理并写到各种数据接受方（可定制）的能力，如图 2-14 所示。

图 2-13　Sqoop 功能　　　　　图 2-14　Flume 数据传输

（6）Oozie

Oozie 是基于 Hadoop 的调度器，以 XML 的形式写调度流程，可以调度 Mr、Pig、Hive、shell、jar 任务等。

主要的功能如下。

1）Workflow：顺序执行流程节点，支持 fork（分支多个节点）、join（将多个节点合并为一个）。

2）Coordinator：定时触发 Workflow。

3）Bundle Job：绑定多个 Coordinator。

（7）Chukwa

Chukwa 是一个开源的、用于监控大型分布式系统的数据收集系统。它构建在 Hadoop 的 HDFS 和 MapReduce 框架上，继承了 Hadoop 的可伸缩性和鲁棒性。Chukwa 还包含了一个强大和灵活的工具集，可用于展示、监控和分析已收集的数据。

（8）ZooKeeper

ZooKeeper 是一个开放源码的分布式应用程序协调服务，是 Google 的 Chubby 一个开源的实现，是 Hadoop 和 Hbase 的重要组件，如图 2-15 所示。它是一个为分布式应用提供一致性服务的软件，提供的功能包括：配置维护、域名服务、分布式同步、组服务等。

（9）Avro

Avro 是一个数据序列化的系统。它可以提供：丰富的数据结构类型、快速可压缩的二进制数据形式、存储持久数据的文件容器、远程过程调用 RPC。

(10) Mahout

Mahout 是 Apache Software Foundation（ASF）旗下的一个开源项目，提供一些可扩展的机器学习领域经典算法的实现，旨在帮助开发人员更加方便快捷地创建智能应用程序。Mahout 包含许多实现，包括聚类、分类、推荐过滤、频繁子项挖掘。此外，通过使用 Apache Hadoop 库，可以有效地将 Mahout 扩展到云中。

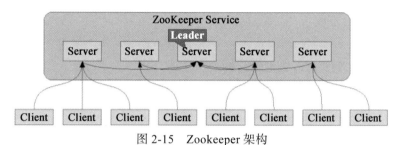

图 2-15　Zookeeper 架构

2.2　Hadoop 配置及 IDE 配置

2.2.1　准备工作

相关软件及版本如表 2-1 所示。

在安装配置 Hadoop 集群前，需要先准备需要的机器。按照下面的顺序配置相关机器：

1）新建虚拟机 master，安装 Linux 系统（本书使用的是 CentOS 6.7 64 位）；

2）配置固定 IP；

3）关闭防火墙；

4）安装必要软件；

5）克隆 master 到 slave1、slave2、slave3；

6）修改 slave1～slave3 的 IP，改为固定 IP。

虚拟机参数配置如下。

1）master：1.5G～2G 内存、20G 硬盘、NAT、1～2 核

2）slave1～slave3：1G 内存、20G 硬盘、NAT、1 核

表 2-1　Hadoop 相关软件及版本

软　件	版　本	备　注
Linux OS	CentOS 6.7	64 位
JDK	1.7+	
VMware	10+	
Hadoop	2.6.0	

注意　上面的虚拟机参数配置只是参考，可以根据自身机器的实际情况进行调整。

在配置好 Hadoop 集群所需机器后，先确认下集群拓扑，本次部署采用的集群拓扑如图 2-16 所示。

注意　如文中未做说明，则所有操作都是在 root 用户下执行。但是，在生产环节，一般不会使用 root 用户，这点需要注意。

2.2.2 环境配置

1. 安装JDK

（1）文件下载

到 www.oracle.com 网站上下载自己系统对应 JDK 版本。文件名如 jdk-7u<version>-linux-x64.tar.gz，注意下载 64 位的版本。

（2）解压文件

把下载下来的文件上传到 Linux 机器，并解压缩到某个路径下，如 /usr/local 目录。

```
mv jdk-7u<version>-linux-x64.tar.gz /usr/
local
tar zxvf jdk-7u<version>-linux-x64.tar.
gz
```

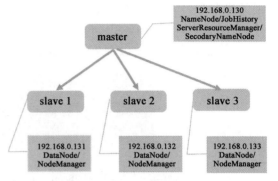

图 2-16　Hadoop 集群拓扑

（3）配置 Java 环境变量

编辑 /etc/profile 文件，在末尾加上 Java 配置，如代码清单 2-1 所示。

代码清单2-1　Java环境变量

```
#set Java environment
JAVA_HOME=/usr/local/jdk1.7.0_67
PATH=$JAVA_HOME/bin:$PATH
CLASSPATH=.:$JAVA_HOME/lib/dt.jar:$JAVA_HOME/lib/tools.jar
export JAVA_HOME
export PATH
export CLASSPATH
```

2. 配置ssh无密码登录

1）生成公钥和私钥，执行 ssh-keygen –t rsa，接着按 3 次 Enter 键即可，如代码清单 2-2 所示。

代码清单2-2　ssh无密码登录配置

```
[root@master opt]# ssh-keygen -t rsa
Generating public/private rsa key pair.
Enter file in which to save the key (/root/.ssh/id_rsa):
Created directory '/root/.ssh'.
Enter passphrase (empty for no passphrase):
Enter same passphrase again:
Your identification has been saved in /root/.ssh/id_rsa.
Your public key has been saved in /root/.ssh/id_rsa.pub.
The key fingerprint is:
22:ec:f0:b6:2b:dc:54:d6:4f:ae:a0:a8:e6:3d:55:84 root@master
The key's randomart image is:
```

```
+--[ RSA 2048]----+
|       .         |
|      E .        |
|       ..        |
|    . o...       |
|   . ooo S+      |
|    +.o.. o      |
|   . +=. . .     |
|   .=oo. .       |
|+o o+.           |
+-----------------+
```

在 ~/.ssh 目录生成两个文件，id_rsa 为私钥，id_rsa.pub 为公钥。

2）设置 hosts 文件。在 /etc/hosts 文件中配置 IP 与 HOSTNAME 的映射（IP 根据自己机器情况设置），如代码清单 2-3 所示。

代码清单2-3　hosts文件配置

```
192.168.0.130 master.centos.com master
192.168.0.131 slave1.centos.com slave1
192.168.0.132 slave2.centos.com slave2
192.168.0.133 slave3.centos.com slave3
```

3）导入公钥到认证文件，执行 ssh-copy-id 命令，如代码清单 2-4 所示。

代码清单2-4　导入公钥

```
[root@centos67 opt]# ssh-copy-id -i /root/.ssh/id_rsa.pub master
The authenticity of host 'master (192.168.0.130)' can't be established.
RSA key fingerprint is 09:7a:e4:ad:28:ce:ac:b6:0f:ea:99:82:fa:62:25:96.
Are you sure you want to continue connecting (yes/no)? yes
Warning: Permanently added 'master,192.168.0.130' (RSA) to the list of known hosts.
root@master's password:
Now try logging into the machine, with "ssh 'master'", and check in:
    .ssh/authorized_keys
to make sure we haven't added extra keys that you weren't expecting
```

接着分别执行：

```
ssh-copy-id -i /root/.ssh/id_rsa.pub slave1
ssh-copy-id -i /root/.ssh/id_rsa.pub slave2
ssh-copy-id -i /root/.ssh/id_rsa.pub slave3
```

即可导入公钥到其他所有子节点。

4）验证。打开终端，直接输入 ssh master、ssh slave1、ssh slave2、ssh slave3，如果可直接登录，而不需要输入密码，则 ssh 无密码登录配置成功。

```
[root@master ~]# ssh master
Last login: Tue Nov  3 18:39:41 2015 from 192.168.0.1
```

3. 配置 NTP

配置 NTP 主要是为了进行集群间的时间同步，需要注意在 master、slave1、slave2、slave3 节点分别执行"yum install ntp"，即可安装该软件。

假设将 Master 节点作为 NTP 服务主节点，那么其配置（修改 /etc/ntp.conf 文件）如代码清单 2-5 所示。

代码清单2-5　NTP主节点配置

```
#注释掉server开头的行，并添加
restrict 192.168.0.0 mask 255.255.255.0 nomodify notrap
    server 127.127.1.0
    fudge 127.127.1.0 stratum 10
```

在 slave1~slave3 配置 NTP，同样修改 /etc/ntp.conf 文件，内容如代码清单 2-6 所示。

代码清单2-6　NTP从节点配置

```
#注释掉server开头的行，并添加
 server master
```

在 master、slave1、slave2、slave3 节点执行"service ntpd start &chkconfig ntpd on"，即可启动并永久启动 NTP 服务。

4. 配置 Hadoop 集群

上传 Hadoop 安装包到 master 机器，并解压缩到 /usr/local 目录，使用代码：

```
tar -zxf hadoop-2.6.0.tar.gz -C /usr/local
```

Hadoop 配置涉及的配置文件有以下 7 个：

- $HADOOP_HOME/etc/hadoop/hadoop-env.sh
- $HADOOP_HOME/etc/hadoop/yarn-env.sh
- $HADOOP_HOME /etc/hadoop/slaves
- $HADOOP_HOME /etc/hadoop/core-site.xml
- $HADOOP_HOME/etc/hadoop/hdfs-site.xml
- $HADOOP_HOME/etc/hadoop/mapred-site.xml
- $HADOOP_HOME /etc/hadoop/yarn-site.xml

各个配置文件修改如下所示。

1）配置文件 1：hadoop-env.sh。

该文件是 Hadoop 运行基本环境的配置，需要修改为 JDK 的实际位置。故在该文件中修改 JAVA_HOME 值为本机安装位置，如代码清单 2-7 所示。

代码清单2-7　hadoop-env.sh配置

```
# some Java parameters
export JAVA_HOME=/usr/local/jdk1.7.0_67
```

2）配置文件 2：yarn-env.sh。

该文件是 YARN 框架运行环境的配置，同样需要修改 Java 所在位置。在该文件中修改 JAVA_HOME 值为本机安装位置，如代码清单 2-8 所示。

代码清单2-8　yarn-env.sh配置

```
# some Java parameters
export JAVA_HOME=/usr/local/jdk1.7.0_67
```

3）配置文件 3：slaves。

该文件里面保存所有 slave 节点的信息，如代码清单 2-9 所示。

代码清单2-9　slaves配置

```
slave1
slave2
slave3
```

4）配置文件 4：core-site.xml，配置内容如代码清单 2-10 所示。

代码清单2-10　core-site.xml配置

```
<configuration>
<property>
        <name>fs.defaultFS</name>
            <value>hdfs://master:8020</value>
    </property>
<property>
        <name>hadoop.tmp.dir</name>
        <value>/var/log/hadoop/tmp</value>
</property>
</configuration>
```

这个是 Hadoop 的核心配置文件，这里需要配置两个属性：fs.defaultFS 配置了 Hadoop 的 HDFS 系统的命名，位置为主机的 8020 端口，这里需要注意替换 hdfs://*master*:8020，中的斜体 master，该名字为 NameNode 所在机器的机器名；hadoop.tmp.dir 配置了 Hadoop 的临时文件的位置。

5）配置文件 5：hdfs-site.xml，配置内容如代码清单 2-11 所示。

代码清单2-11　hdfs-site.xml配置

```
<configuration>
<property>
    <name>dfs.namenode.name.dir</name>
      <value>file:///data/hadoop/hdfs/name</value>
</property>
<property>
    <name>dfs.datanode.data.dir</name>
      <value>file:///data/hadoop/hdfs/data</value>
```

```xml
    </property>
    <property>
        <name>dfs.namenode.secondary.http-address</name>
        <value>master:50090</value>
    </property>
    <property>
        <name>dfs.replication</name>
        <value>3</value>
    </property>
</configuration>
```

这个是HDFS相关的配置文件，dfs.namenode.name.dir和dfs.datanode.data.dir分别指定了NameNode元数据和DataNode数据存储位置；dfs.namenode.secondary.http-address配置的是SecondaryNameNode的地址，同样需要注意修改"master"为实际Secondary-NameNode地址；dfs.replication配置了文件块的副本数，默认就是3个，所以这里也可以不配置。

6）配置文件6：mapred-site.xml，配置内容如代码清单2-12所示。

代码清单2-12　mapred-site.xml配置

```xml
<configuration>
<property>
    <name>mapreduce.framework.name</name>
    <value>yarn</value>
</property>
<!-- jobhistory properties -->
<property>
    <name>mapreduce.jobhistory.address</name>
    <value>master:10020</value>
</property>
<property>
    <name>mapreduce.jobhistory.webapp.address</name>
    <value>master:19888</value>
</property>
</configuration>
```

这个是MapReduce相关的配置，由于Hadoop2.x使用了YARN框架，所以必须在mapreduce.framework.name属性下配置yarn。mapreduce.jobhistory.address和mapreduce.jobhistory.webapp.address是与JobHistoryServer相关的配置，即运行MapReduce任务的日志相关服务，这里同样需要注意修改"master"为实际服务所在机器的机器名。

7）配置文件7：yarn-site.xml，配置内容如代码清单2-13所示。

代码清单2-13　yarn-site.xml配置

```xml
<configuration>
<!-- Site specific YARN configuration properties -->
```

```xml
<property>
    <name>yarn.resourcemanager.hostname</name>
    <value>master</value>
</property>
<property>
    <name>yarn.resourcemanager.address</name>
    <value>${yarn.resourcemanager.hostname}:8032</value>
</property>
<property>
    <name>yarn.resourcemanager.scheduler.address</name>
    <value>${yarn.resourcemanager.hostname}:8030</value>
</property>
<property>
    <name>yarn.resourcemanager.webapp.address</name>
    <value>${yarn.resourcemanager.hostname}:8088</value>
</property>
<property>
    <name>yarn.resourcemanager.webapp.https.address</name>
    <value>${yarn.resourcemanager.hostname}:8090</value>
</property>
<property>
    <name>yarn.resourcemanager.resource-tracker.address</name>
    <value>${yarn.resourcemanager.hostname}:8031</value>
</property>
<property>
    <name>yarn.resourcemanager.admin.address</name>
    <value>${yarn.resourcemanager.hostname}:8033</value>
</property>
<property>
    <name>yarn.nodemanager.local-dirs</name>
    <value>/data/hadoop/yarn/local</value>
</property>
<property>
    <name>yarn.log-aggregation-enable</name>
    <value>true</value>
</property>
<property>
    <name>yarn.nodemanager.remote-app-log-dir</name>
    <value>/data/tmp/logs</value>
</property>
<property>
    <name>yarn.log.server.url</name>
    <value>http://master:19888/jobhistory/logs/</value>
    <description>URL for job history server</description>
</property>
<property>
    <name>yarn.nodemanager.vmem-check-enabled</name>
    <value>false</value>
```

```xml
    </property>
    <property>
        <name>yarn.nodemanager.aux-services</name>
        <value>mapreduce_shuffle</value>
    </property>
    <property>
        <name>yarn.nodemanager.aux-services.mapreduce.shuffle.class</name>
        <value>org.apache.hadoop.mapred.ShuffleHandler</value>
    </property>
</configuration>
```

该文件为 YARN 框架的配置，在最开始命名了一个名为 yarn.resourcemanager.hostname 的变量，这样在后面 YARN 的相关配置中就可以直接引用该变量了。其他配置保持不变即可。

将配置好的 Hadoop 复制到其他节点，直接执行如代码清单 2-14 所示命令即可（注意，本文使用的从节点名字是 slave1、slave2、slave3，读者可根据自己机器实际情况修改）。

代码清单2-14　拷贝Hadoop安装包到其他子节点

```
scp -r /usr/local/hadoop-2.6.0/ slave1:/usr/local/
scp -r /usr/local/hadoop-2.6.0/ slave2:/usr/local/
scp -r /usr/local/hadoop-2.6.0/ slave3:/usr/local/
```

5. 格式化 NameNode

做完 Hadoop 的所有配置后，即可执行格式化 NameNode 操作。该操作会在 NameNode 所在机器初始化一些 HDFS 的相关配置，其命令如代码清单 2-15 所示。

代码清单2-15　格式化NameNode

```
$HADOOP_HOME/bin/hdfs namenode -format
```

若出现"Storage directory /data/hadoop/hdfs/name has been successsully formatted"的提示，则格式化成功（注意，/data/hadoop/hdfs/name 目录就是前面配置的 dfs.namenode.name.dir 的值）。

2.2.3　集群启动关闭与监控

启动集群，只需要在 master 节点（NameNode 服务所在节点）直接进入 Hadoop 安装目录，分别执行如代码清单 2-16 所示的命令即可。

代码清单2-16　启动Hadoop集群

```
cd $HADOOP_HOME                               // 进入Hadoop安装目录
bin/start-dfs.sh                              // 启动HDFS相关服务
bin/start-yarn.sh                             // 启动YARN相关服务
bin/mr-jobhistory-daemon.sh start historyserver    // 启动日志相关服务
```

关闭集群，同样只需要在 master 节点（NameNode 服务所在节点）直接进入 Hadoop 安装目录，分别执行如代码清单 2-17 所示的命令即可（注意关闭顺序）。

代码清单2-17　关闭Hadoop集群

```
cd $HADOOP_HOME            // 进入Hadoop安装目录
bin/stop-yarn.sh           // 关闭YARN相关服务
bin/stop-dfs.sh            // 关闭HDFS相关服务
bin/mr-jobhistory-daemon.sh stop historyserver // 关闭日志相关服务
```

Hadoop 集群相关服务监控如表 2-2 所示，其监控示意分别如图 2-17、图 2-18、图 2-19 所示。

表 2-2　Hadoop 集群监控相关端口

服　　务	Web 接口	默 认 端 口
NameNode	http://namenode_host:port/	50070
ResourceManager	http://resourcemanager_host:port/	8088
MapReduce JobHistory Server	http://jobhistoryserver_host:port/	19888

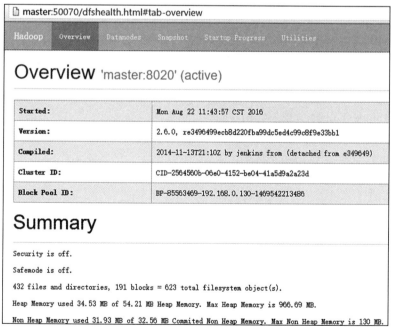

图 2-17　HDFS 监控

2.2.4　动手实践：一键式 Hadoop 集群启动关闭

在使用 Hadoop 的过程中，如果每次启动 Hadoop 集群都需要分别执行 3 次命令才能启动集群，那么每次集群启动或关闭都将很繁琐。为了减少这种操作，可以编写一个脚本来控制 Hadoop 集群的启动与关闭，所以本实验就是完成这个功能。

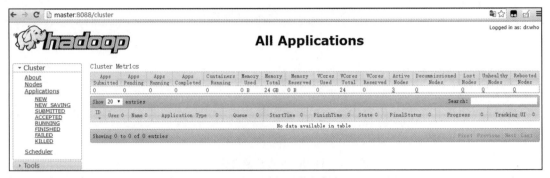

图 2-18　YARN 监控

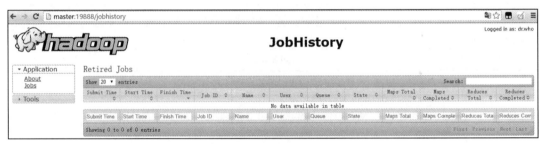

图 2-19　日志监控

实验步骤：

1）学习 Linux shell 命令相关代码；

2）了解 Hadoop 集群启动关闭流程；

3）编写集群启动关闭 shell 脚本；

4）测试运行。

2.2.5　动手实践：Hadoop IDE 配置

在书中的后续内容中，会针对 Hadoop 相关 MapReduce 程序进行讲解以及开发，一个好的程序讲解及代码编写环境，将会非常有利于对应的分析，所以本节就对 Hadoop 代码分析与开发环境配置做讲解。

实验步骤：

1）下载 Eclipse 安装包以及 Hadoop eclipse 插件 hadoop-eclipse-plugin-2.6.0.jar（该插件在 hadoop/ 目录），下载包如图 2-20 所示。

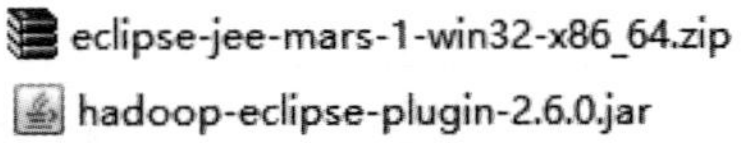

2）把 hadoop-eclipse-plugin-2.6.0.jar 放到 eclipse 的安装目录 dropins 下，如图 2-21 所示。

图 2-20　Eclipse 及 Hadoop Eclipse 插件

图 2-21　Hadoop Eclipse 插件安装目录

3）打开 eclipse，依次选择 Window->Perspective->Open Perspective->Other->Map/Reduce，如图 2-22、图 2-23 所示。

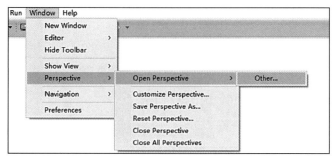

图 2-22　Eclipse 打开 Hadoop Eclipse 插件 1

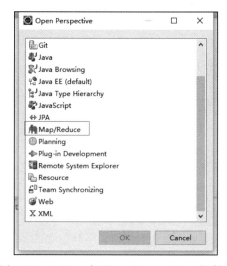

图 2-23　Eclipse 打开 Hadoop Eclipse 插件 2

选中后，单击 OK 按钮，重启 Eclipse。

4）单击图 2-24 中箭头所指小象图标，即可添加集群。

图 2-24　Eclipse 中 Hadoop 集群

5）配置参数，如图 2-25 所示。

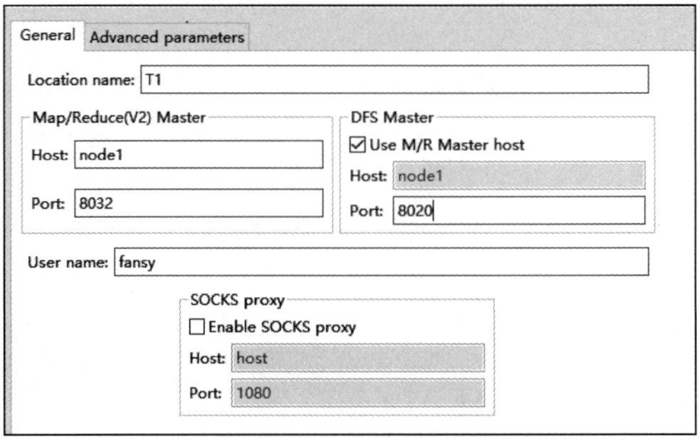

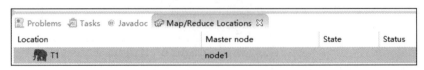

图 2-25　Eclipse 中 Hadoop 集群参数

6）查看配置的集群，如图 2-26、图 2-27 所示。

图 2-26　Eclipse 中配置好的 Hadoop 集群

思考：

1）为什么要配置 Hadoop IDE，不配置可以吗？还有其他的配置方式吗？

2）如果有其他方式配置 Hadoop IDE，会是什么呢？

图 2-27　Eclipse 导航中连接 Hadoop 集群

2.3　Hadoop 集群命令

一般操作 Hadoop 集群都是使用相关的 Hadoop 命令，比如文件上传、下载、删除，文件夹新建、删除、拷贝等；又或者提交 MapReduce 任务并执行、查看 MapReduce 任务执行状态等。那么 Hadoop 集群包含的相关命令有哪些呢？

大多数 Hadoop 集群的相关命令类别如表 2-3 所示。

表 2-3　Hadoop 集群命令类别

种　　类	命　　令	解　　释	示　　例
HDFS	hadoop fs/hdfs dfs /hadoop dfs	运行一个 Hadoop 支持的文件系统命令	hdfs dfs –mkdir
	fetchdt	从 NameNode 获取授权令牌	
	fsck	HDFS 文件检查工具	hdfs fsck /user/root

（续）

种 类	命 令	解 释	示 例
HDFS	version	打印 HDFS 版本	
	balancer	集群负载均衡工具类	
	datanode	执行 datanode 相关命令	hdfs namenode –rollback
	dfsadmin	运行一个 HDFS 的管理员客户端	hdfs dfsadmin –report
	mover	数据整合工具	
	namenode	执行 namenode 相关命令	hdfs namenode –format-clusterid clusterId
	secondarynamenode	执行 secondarynamenode 相关命令	hdfs secondarynamenode check –point
MapReduce	pipes	执行一个管道任务	mapred pipes –program executable
	job	MapReudce 任务相关	mapred job –kill job –id
	queue	查看 MapRedudce 任务队列信息	mapred queue –list
	classpath	打印 Hadoop 运行时 classpath	mapred classpath
	distcp	分布式拷贝文件或文件夹	
	archive	创建一个 Hadoop 的压缩文件	
	historyserver	启动 JobHistoryServer	mapred historyserver
	hsadmin	启动一个 MapReduce hsadmin 客户端执行 JobHistoryServer 相关命令	mapred hsadmin –refreshAdminAcls
YARN	jar	执行一个 jar 文件	yarn jar <jar> [mainClass] args…
	application	打印应用输出或关闭任务	yarn application –list
	node	打印节点信息	yarn node –list
	logs	打印 contain 日志	yarn logs-applicationId <application ID>
	classpath	打印任务运行时相关 jar 包路径	yarn classpath
	version	打印版本	yarn version
	resourcemanager	执行 resourcemanager 相关操作	yarn resourcemanager –format-state-store
	nodemanager	启动 nodemanager	yarn nodemanager
	proxyserver	启动网页代理服务器	yarn proxyserver
	rmadmin	启动 Resourcemanager 管理员客户端	yarn rmadmin –refreshNodes
	daemonlog	设置/获取后台进程日志级别	yarn daemonlog –setleve <host:port> <name> <level>

下面针对每种集群命令，介绍其中常用的命令，为后面的操作打下基础。

2.3.1 HDFS 常用命令 hdfs dfs

在讲解这个命令前，先对 hdfs dfs、hadoop fs、hadoop dfs 这 3 个命令进行区分。

- hadoop fs：通用的文件系统命令，针对任何系统，比如本地文件、HDFS 文件、HFTP 文件、S3 文件系统等。
- hadoop dfs：特定针对 HDFS 的文件系统的相关操作，但是已经不推荐使用。
- hdfs dfs：与 hadoop dfs 类似，同样是针对 HDFS 文件系统的操作，官方推荐使用。

该命令的操作在代码清单 2-18 中列出。

代码清单2-18 hdfs dfs命令

```
[root@master hadoop-2.6.0]# bin/hdfs dfs
Usage: hadoop fs [generic options]
[-appendToFile <localsrc> ... <dst>]
[-cat [-ignoreCrc] <src> ...]
[-checksum <src> ...]
[-chgrp [-R] GROUP PATH...]
[-chmod [-R] <MODE[,MODE]... | OCTALMODE> PATH...]
[-chown [-R] [OWNER][:[GROUP]] PATH...]
[-copyFromLocal [-f] [-p] [-l] <localsrc> ... <dst>]
[-copyToLocal [-p] [-ignoreCrc] [-crc] <src> ... <localdst>]
[-count [-q] [-h] <path> ...]
[-cp [-f] [-p | -p[topax]] <src> ... <dst>]
[-createSnapshot <snapshotDir> [<snapshotName>]]
[-deleteSnapshot <snapshotDir> <snapshotName>]
[-df [-h] [<path> ...]]
[-du [-s] [-h] <path> ...]
[-expunge]
[-get [-p] [-ignoreCrc] [-crc] <src> ... <localdst>]
[-getfacl [-R] <path>]
[-getfattr [-R] {-n name | -d} [-e en] <path>]
[-getmerge [-nl] <src> <localdst>]
[-help [cmd ...]]
[-ls [-d] [-h] [-R] [<path> ...]]
[-mkdir [-p] <path> ...]
[-moveFromLocal <localsrc> ... <dst>]
[-moveToLocal <src> <localdst>]
[-mv <src> ... <dst>]
[-put [-f] [-p] [-l] <localsrc> ... <dst>]
[-renameSnapshot <snapshotDir> <oldName> <newName>]
[-rm [-f] [-r|-R] [-skipTrash] <src> ...]
[-rmdir [--ignore-fail-on-non-empty] <dir> ...]
[-setfacl [-R] [{-b|-k} {-m|-x <acl_spec>} <path>]|[--set <acl_spec> <path>]]
[-setfattr {-n name [-v value] | -x name} <path>]
[-setrep [-R] [-w] <rep> <path> ...]
[-stat [format] <path> ...]
[-tail [-f] <file>]
```

```
[-test -[defsz] <path>]
[-text [-ignoreCrc] <src> ...]
[-touchz <path> ...]
[-usage [cmd ...]]
```

其中斜体加粗的命令是比较常用的,一般可以根据命令名称推断出该命令的功能及用法。同时,也可以使用 -usage 命令查看某个具体名,如代码清单2-19 所示。

代码清单2-19   hdfs dfs –usage用法

```
[root@master hadoop-2.6.0]# bin/hdfs dfs -usage put
Usage: hadoop fs [generic options] -put [-f] [-p] [-l] <localsrc> ... <dst>
```

这里,针对常用的命令做简单介绍,如表2-4 所示。

表 2-4 hdfs dfs 常用命令用法

命 令	示 例	解 释
copyFromLocal	hdfs dfs –copyFromLocal /root/test.txt /user/root/test.txt	从 Linux 本地文件系统拷贝到 HDFS 文件系统,/root/test.txt 指本地文件系统,/user/root/test.txt 指 HDFS 文件系统文件
moveFromLocal	hdfs dfs –moveFromLocal /root/test.txt /user/root/test.txt	同上
put	hdfs dfs –put /root/test.txt /user/root/test.txt	同上
copyToLocal	hdfs dfs –copyToLocal /user/root/test.txt /root/test.txt	从 HDFS 文件系统拷贝到 Linux 本地文件系统,/root/test.txt 指本地文件系统,/user/root/test.txt 指 HDFS 文件系统文件
moveToLocal	hdfs dfs –moveToLocal /user/root/test.txt /root/test.txt	同上
get	hdfs dfs –get /user/root/test.txt /root/test.txt	同上
ls	hdfs dfs –ls –R/	列举 HDFS 中根目录下面的所有目录,–R 选项表示递归
mkdir	hdfs dfs –mkdir –p /user/root/abc	在 HDFS 创建 /user/root/abc,-p 表示递归创建目录
rm	hdfs dfs –rm /user/root/test.txt	删除 HDFS 上的 /user/root/test.txt 文件

2.3.2 动手实践:hdfs dfs 命令实战

在了解了一些 Hadoop HDFS 相关命令后,即可进行实验,加深对该类命令的认识。
实验步骤如下:
1)root 账号登录 master 机器终端;
2)上传 /root/anaconda-ks.cfg 文件到 HDFS 的 /user/root/ 目录下;

3）复制或移动 HDFS 中 /user/root/anaconda-ks.cfg 到 /user/root/tmp/ 目录下；

4）下载 HDFS 中的 /user/root/tmp/anaconda-ks.cfg 文件到 linux /tmp 目录下；

5）删除 /user/root/tmp 目录。

思考：

1）如果使用的不是 root 账号登录，那么可以操作吗？如何操作？

2）删除 /user/root/tmp 目录可以使用哪些命令？不同命令有什么区别？

2.3.3　MapReduce 常用命令 mapred job

MapReduce 常用命令就是 job 相关命令，该命令相关参数及描述如代码清单 2-20 所示。

代码清单2-20　mapred job 命令

```
[root@master hadoop-2.6.0]# bin/mapred job
Usage: CLI <command> <args>
 [-submit <job-file>]
 [-status <job-id>]
 [-counter <job-id> <group-name> <counter-name>]
 [-kill <job-id>]
 [-set-priority <job-id> <priority>]. Valid values for priorities are: VERY_HIGH HIGH NORMAL LOW VERY_LOW
 [-events <job-id> <from-event-#> <#-of-events>]
 [-history <jobHistoryFile>]
 [-list [all]]
 [-list-active-trackers]
 [-list-blacklisted-trackers]
 [-list-attempt-ids <job-id> <task-type> <task-state>]. Valid values for <task-type> are REDUCE MAP. Valid values for <task-state> are running, completed
 [-kill-task <task-attempt-id>]
 [-fail-task <task-attempt-id>]
 [-logs <job-id> <task-attempt-id>]
```

其中比较常用的描述如下。

- -list：列出所有任务信息；
- -kill：杀死执行任务 id 的任务，当知道提交的任务有问题的时候，可以运行此命令，直接关闭对应的任务；
- -logs：查看某个任务的日志，用得相对较少，如果要查看日志，可以首选浏览器查看，其显示格式比较好。

2.3.4　YARN 常用命令 yarn jar

YARN 常用命令就是 yarn jar 命令，即提交一个 MapReduce 任务的命令。使用该命令可以直接运行一个 MapReduce 任务。该命令描述如代码清单 2-21 所示。

代码清单2-21　yarn jar命令

```
[root@master hadoop-2.6.0]# bin/yarn jar
RunJar jarFile [mainClass] args...
```

从上面的描述中可以看出，其实调用 yarn jar 命令还是比较简单的，只需要给出要执行的 jar 文件路径、可选的主类，以及主类对应的输入参数即可。

2.3.5　动手实践：运行 MapReduce 任务

实验步骤如下：

1）上传 /root/anaconda-ks.cfg 文件到 HDFS 文件系统 /user/root 目录；

2）使用 yarn jar 的方式提交任务，其中，

- ❏ jar 文件：$HADOOP_HOME/share/hadoop/mapreduce/hadoop-mapreduce-examples-2.6.0.jar
- ❏ 主类为：wordcount
- ❏ 输入参数 \<in\>：/user/root/anaconda-ks.cfg
- ❏ 输出参数 \<out\>：/user/root/wc_00

3）查看输出运行结果；

4）使用 mapred job 命令查看任务状态及对应日志输出；

5）再次执行任务，查看输出信息；

6）产生一个大数据文件，上传到 HDFS，使用该大数据文件执行单词计数 MapReduce 任务，在执行到一半后，使用 mapred job 的 kill 命令，杀死该任务，查看相关输出信息。

思考：

1）执行第 5 步的时候会报错吗？报什么错？怎么解决？

2）可以在 Hadoop IDE 中直接提交 Job 吗？如果可以怎么做？如果不可以，为什么？

2.4　Hadoop 编程开发

Hadoop 框架最核心的设计就是 HDFS 和 MapReduce。HDFS 为海量的数据提供了存储，则 MapReduce 为海量的数据提供了计算。本节就 MapReduce 开发相关内容进行分析，包括 HDFS Java API 操作、MapReduce 原理、MapReduce 相关流程组件配置及编程等。最后将给出两个算法：Kmeans 算法、Tf-idf 算法的动手实践，加深对 MapReduce 编程的认识和理解。

2.4.1　HDFS Java API 操作

Hadoop 中关于文件操作类基本上是在 org.apache.hadoop.fs 包中，这些 API 能够支持

的操作有：打开文件，读写文件，删除文件，创建文件、文件夹，判断是文件或文件夹，判断文件或文件夹是否存在等。

Hadoop 类库中最终面向用户提供的接口类是 FileSystem，这个类是个抽象类，只能通过类的 get 方法得到其实例。get 方法有几个重载版本，如图 2-28 所示。

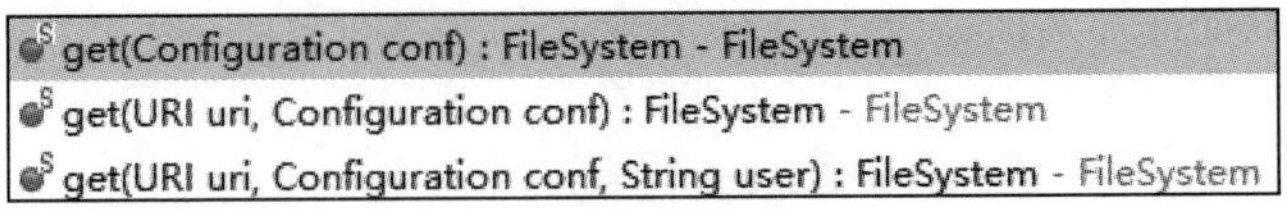

```
get(Configuration conf) : FileSystem - FileSystem
get(URI uri, Configuration conf) : FileSystem - FileSystem
get(URI uri, Configuration conf, String user) : FileSystem - FileSystem
```

图 2-28　FileSystem 实例获取方法

比较常用的是第一个，即灰色背景的方法。

FileSystem 针对 HDFS 相关操作的 API 如表 2-5 所示。

表 2-5　FileSystem API

API	功　　能
create(Path)	创建一个文件
copyFromLocalFile(Path,Path)	复制本地文件到 HDFS
moveFromLocalFile(Path,Path)	移动本地文件到 HDFS，同时删除本地文件
delete(Path,boolean)	递归删除某个文件夹或某个文件
isDirectory(Path)	查看某个路径是目录还是文件
exist(Path)	查看某个路径是否存在
listStatus(Path)	列出某个路径下所有的文件及文件夹
mkdirs(Path)	创建目录
open(Path)	打开某个文件

代码清单 2-22，是 FileSystem API 的一个简单示例。该代码首先获取 FileSystem 的一个实例，然后调用该实例的 listStatus 方法，获取所有根目录下面的文件或文件夹（注意这里获取的不包含递归子目录）；接着，调用 create 方法创建一个新文件，并写入 "Hello World！"；最后，读取刚才创建的文件，并把创建的文件内容打印出来；关闭 FileSystem 实例。

代码清单2-22　FileSystem API示例

```
package demo;
import java.io.IOException;

import org.apache.hadoop.conf.Configuration;
import org.apache.hadoop.fs.FSDataInputStream;
import org.apache.hadoop.fs.FSDataOutputStream;
import org.apache.hadoop.fs.FileStatus;
import org.apache.hadoop.fs.FileSystem;
```

```java
import org.apache.hadoop.fs.Path;

public class FileSystemAPIDemo {
public static void main(String[] args) throws IOException {
    // 获取Hadoop默认配置
    Configuration conf = new Configuration();
    conf.set("fs.defaultFS", "hdfs://master:8020");       // 配置HDFS
    // 获取HDFS FileSystem实例
    FileSystem fs = FileSystem.get(conf);

    // 列出根目录下所有文件及文件夹
    Path root = new Path("hdfs://master:8020/");
    FileStatus[] children = fs.listStatus(root);
    for(FileStatus child :children){
        System.out.println(child.getPath().getName());
    }

    // 创建文件并写入 "HelloWorld! "
    Path newFile = new Path("hdfs://master:8020/user/fansy/new.txt");  // 注意路径
        需要具有写权限
    if(fs.exists(newFile)){                     // 判断文件是否存在
        fs.delete(newFile, false);              // 如果存在，则删除文件
    }
    FSDataOutputStream out = fs.create(newFile);// 创建文件
    out.writeUTF("Hello World!");               // 写入 "Hello World! "
    out.close();                                // 关闭输出流

    // 读取文件内容
    FSDataInputStream in = fs.open(newFile);    // 打开文件
    String info = in.readUTF();                 // 读取输入流
    System.out.println(info);                   // 打印输出

    // 关闭文件系统实例
    fs.close();
}
}
```

执行完成后，在 HDFS 上可以看到创建的文件及内容，如图 2-29 所示。

2.4.2 MapReduce 原理

1. 通俗理解 MapReduce 原理

现在你接到一个任务，给你 10 本长篇英文小说，让你统计这 10 本书中每一个单词出现的次数。这便是 Hadoop 编程中赫赫有名的 HelloWorld

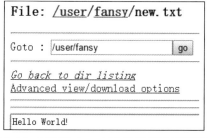

图 2-29　HDFS Java API 示例代码运行结果

程序：词频统计。这个任务的结果形式如表 2-6 所示。

即在这 10 本书中 a 共出现了 12300 次，ai 共出现了 63 次……依次计算出每一个单词出现多少次。天啊，这个工作必须由专业人士做呀，自己做的话还不累死呀。这时你可以把这个工作外包给一支职业分布式运算工程队做。

表 2-6　单词计数结果

```
a,12300
ai,63
are,233
…..
zhe,45000
```

分布式运算工程队中按岗位有 Mapper、Mapper 助理 Combiner、Mapper 助理 InputFormat、Mapper 助理 Patitioner、运输负责 Shuffle、Reducer、Reducer 助理 Sort、Reducer 助理 OutputFormat。除了 Combiner 是非必需人员外，其他岗位都是必需的。下面描述一下这个工程队是怎么做这项工作的。

首先把这 10 本书分别分到 10 个 Mapper 手中。Mapper 助理 InputFormat 负责从书中读取记录，Mapper 负责记录怎么解析重新组织成新的格式。然后 Mapper 把自己的处理结果排好序后放到书旁边，等待 Shuffle 取走结果。Shuffle 把取到的结果送给 Reducer 助理 Sort，由 Sort 负责把所有 Mapper 的结果排好序，然后送给 Reducer 来进行汇总，以得到最终的结果；最后，由 Reducer 助理 Outputformat 记录到规定位置并存档。

下面说明什么时候需要 Combiner。Maper 助理 InputForormat 从书中一行行读取记录，给到 Mapper，Mapper 从 Inputformat 的记录中解析出一个个单词，并进行记录。Mapper 处理的结果形如 "a 出现了一次，a 出现了一次，ai 出现了一次……zhe 出现了一次"。工作一段时间后发现负责搬运工作的 Suffle 有点吃不消，这时就用到 Mapper 助理 Combiner 了。由 Combiner 对的输出结果进行短暂的汇总，把 Mapper 的结果处理成形如 "书本一中单词 a 共出现 1500 次，ai 出现了 14 次，are 出现了 80 次……" 这样 Shuffle 的压力顿时减轻了许多。

对于每个岗位工程队都是有默认时限的。但如果默认时限不能满足需求，也可以对工作量进行自定义。

上面的过程描述了一个 MapReduce 工程队是如何进行配合工作的。这个过程与 MapReduce 分布式运算是基本对应的。理解了上面的过程也就大概理解了 Hadoop 的 MapReduce 过程了。

2. MapReduce 过程解析

MapReduce 过程可以解析为如下所示：

1）文件在 HDFS 上被分块存储，DataNode 存储实际的块。

2）在 Map 阶段，针对每个文件块建立一个 map 任务，map 任务直接运行在 DataNode 上，即移动计算，而非数据，如图 2-30 所示。

3）每个 map 任务处理自己的文件块，然后输出新的键值对，如图 2-31 所示。

4）Map 输出的键值对经过 shuffle/sort 阶段后，相同 key 的记录会被输送到同一个 reducer 中，同时键是排序的，值被放入一个列表中，如图 2-32 所示。

5）每个 reducer 处理从 map 输送过来的键值对，然后输出新的键值对，一般输出到 HDFS 上。

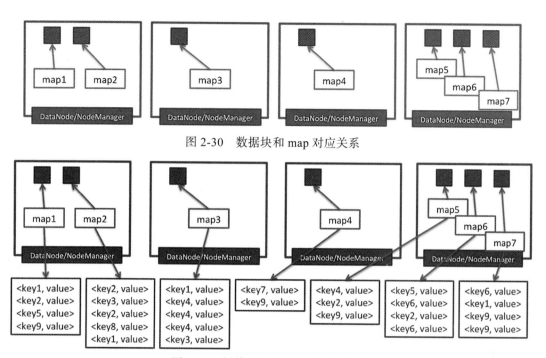

图 2-30　数据块和 map 对应关系

图 2-31　键值对经过 map 处理后输出

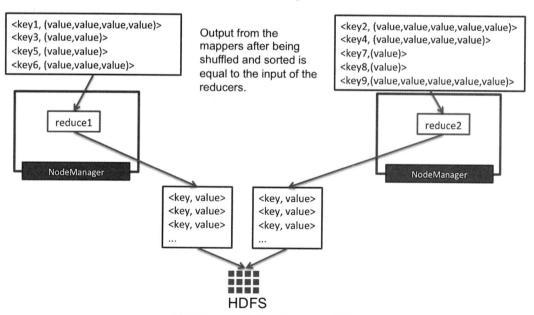

图 2-32　shuffle/sort 和 reduce 阶段

3. 单词计数源码解析

上面的分析都是建立在理论基础上的，这样的分析有利于编写 MapReduce 程序。但是如果要实际编写一个 MapReduce 的简单程序，还是不够的，需要具体看示例代码。这里直接以官网提供的 example 代码中的 WordCount 程序作为示例,进行代码级别分析和说明。

首先,在 Hadoop 的发行版中找到对应的代码。在解压下载的 Hadoop2.6.0 的发行版目录中,找到 hadoop-2.6.0\share\hadoop\mapreduce\sources 目录,该目录下面有一个 hadoop-mapreduce-examples-2.6.0-sources.jar 文件,使用压缩文件解压缩该文件,在目录 org/apache/Hadoop/examples 中即可找到 WordCount.java 文件,如图 2-33 所示。

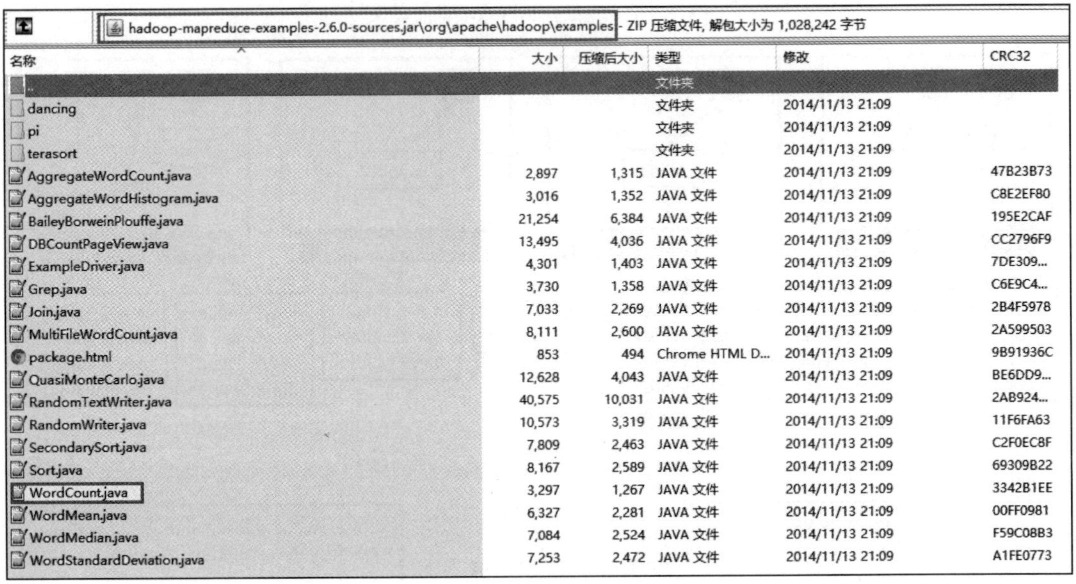

图 2-33 hadoop-mapreduce-examples-2.6.0.jar 中的 WordCount.java

找到该文件后,使用文本软件打开,或拷贝到 Eclipse 工程中查看,如代码清单 2-23 所示。

代码清单2-23 WordCount.java代码

```
package org.apache.hadoop.examples;
/**
省略代码
*/
public class WordCount {
    public static class TokenizerMapper
        extends Mapper<Object, Text, Text, IntWritable>{
    private final static IntWritable one = new IntWritable(1);
    private Text word = new Text();
    public void map(Object key, Text value, Context context
                    ) throws IOException, InterruptedException {
      StringTokenizer itr = new StringTokenizer(value.toString());
      while (itr.hasMoreTokens()) {
        word.set(itr.nextToken());
        context.write(word, one);
```

```
      }
    }
  }
  public static class IntSumReducer
       extends Reducer<Text,IntWritable,Text,IntWritable> {
    private IntWritable result = new IntWritable();
    public void reduce(Text key, Iterable<IntWritable> values,
                       Context context
                       ) throws IOException, InterruptedException {
      int sum = 0;
      for (IntWritable val : values) {
        sum += val.get();
      }
      result.set(sum);
      context.write(key, result);
    }
  }
  public static void main(String[] args) throws Exception {
    Configuration conf = new Configuration();
    String[] otherArgs = new GenericOptionsParser(conf, args).getRemainingArgs();
    if (otherArgs.length < 2) {
      System.err.println("Usage: wordcount <in> [<in>...] <out>");
      System.exit(2);
    }
    Job job = new Job(conf, "word count");
    job.setJarByClass(WordCount.class);
    job.setMapperClass(TokenizerMapper.class);
    job.setCombinerClass(IntSumReducer.class);
    job.setReducerClass(IntSumReducer.class);
    job.setOutputKeyClass(Text.class);
    job.setOutputValueClass(IntWritable.class);
    for (int i = 0; i < otherArgs.length - 1; ++i) {
      FileInputFormat.addInputPath(job, new Path(otherArgs[i]));
    }
    FileOutputFormat.setOutputPath(job,
      new Path(otherArgs[otherArgs.length - 1]));
    System.exit(job.waitForCompletion(true) ? 0 : 1);
  }
}
```

下面对该代码进行分析。

（1）应用程序 Driver 分析

这里的 Driver 程序主要指的是 main 函数，在 main 函数里面设置 MapReduce 程序的一些初始化设置，并提交任务等待程序运行完成，如代码清单2-24所示。

代码清单2-24　WordCount main 函数代码

```
public static void main(String[] args) throws Exception {
```

```
Configuration conf = new Configuration();
String[] otherArgs = new GenericOptionsParser(conf, args).getRemainingArgs();
if (otherArgs.length < 2) {
  System.err.println("Usage: wordcount <in> [<in>...] <out>");
  System.exit(2);
}
Job job = new Job(conf, "word count");
job.setJarByClass(WordCount.class);
job.setMapperClass(TokenizerMapper.class);
job.setCombinerClass(IntSumReducer.class);
job.setReducerClass(IntSumReducer.class);
job.setOutputKeyClass(Text.class);
job.setOutputValueClass(IntWritable.class);
for (int i = 0; i < otherArgs.length - 1; ++i) {
  FileInputFormat.addInputPath(job, new Path(otherArgs[i]));
}
FileOutputFormat.setOutputPath(job,
  new Path(otherArgs[otherArgs.length - 1]));
System.exit(job.waitForCompletion(true) ? 0 : 1);
}
```

下面，针对 WordCount main 函数代码进行分析说明。

1）第 1 部分 Configuration 代码，初始化相关 Hadoop 配置。在 2.4.1 节中也看到过，这里直接新建一个实例即可。如果是在实际的应用程序中，可以通过 conf.set() 函数添加必要参数，即可直接运行。

2）第 2 部分代码新建 Job，并设置主类。这里的 Job 实例需要把 Configuration 的实例传入，后面的 "word count" 是该 MapReduce 任务的任务名（注意这里的方式使用的还是不推荐的 MRV1 的版本，推荐使用 MRV2 的版本）。

3）第 3 部分代码设置 Mapper、Reducer、Combiner，这里的设置代码都是固定写法，里面的类名可以改变，一般情况下里面的类名为实际任务 Mapper、Reducer、Combiner。

4）第 4 部分代码设置输出键值对格式。在 MapReduce 任务中涉及三个键值对格式：Mapper 输入键值对格式 <K1,V1>，Mapper 输出键值对格式 <K2,V2>，Reducer 输入键值对格式 <K2,V2>，Reducer 输出键值对格式 <K3,V3>。当 Mapper 输出键值对格式 <K2,V2> 和 Reducer 输出键值对格式 <K3,V3> 一样的时候，可以只设置输出键值对的格式（这个其实就是 Reducer 输出的键值对格式），否则需要设置 "job.setMapOutputKeyClass(Text.class); job.setMapOutputKeyClass(IntWritable.class);"。

5）第 5、第 6 部分代码设置输入、输出路径，其实还有输入、输出文件格式的设置，只是这里没有设置，如果不是默认格式，那么还是需要设置的。

6）最后部分代码是提交 MapReduce 任务运行（是固定写法），并等待任务运行结束。

综合上面的描述，这里给出 MapReduce 任务初始化以及提交运行的一般代码，如代码清单 2-25 所示。

代码清单2-25　MapReduce通用Driver代码

```
Configuration conf = new Configuration();
Job job =Job.getInstance(conf);
job.setMapperClass(AverageMapper.class);
job.setReducerClass(AverageReducer.class);
job.setCombinerClass(Reducer.class);

job.setMapOutputKeyClass(Writable.class);
job.setMapOutputValueClass(Writable.class);

job.setOutputKeyClass(Writable.class);
job.setOutputValueClass(Writable.class);

job.setInputFormatClass(TextInputFormat.class);
job.setOutputFormatClass(TextOutputFormat.class);

job.waitForCompletion(true);
```

在实际应用程序中，一般是直接从应用程序提交任务到 Hadoop 集群的，而非使用 yarn jar 的方式提交 jar 包来运行算法的。这里给出通用的提交应用程序到 Hadoop 集群的代码作为参考，不过在此之前需要简要分析下 Configuration 这个类。

Configuration 是 Hadoop 系统的基础公共类，可以通过这个类的 API 加载配置信息，同时在初始化这个类的实例的时候也可以设置 Hadoop 集群的配置，从而直接针对某个 Hadoop 集群提交任务，其 API 如图 2-34 所示。

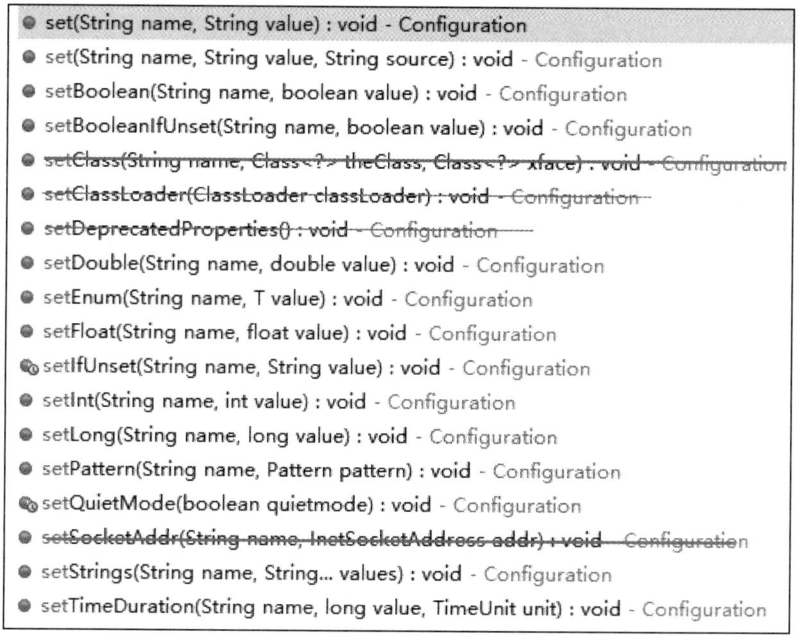

```
● set(String name, String value) : void - Configuration
● set(String name, String value, String source) : void - Configuration
● setBoolean(String name, boolean value) : void - Configuration
● setBooleanIfUnset(String name, boolean value) : void - Configuration
● setClass(String name, Class<?> theClass, Class<?> xface) : void - Configuration
● setClassLoader(ClassLoader classLoader) : void - Configuration
● setDeprecatedProperties() : void - Configuration
● setDouble(String name, double value) : void - Configuration
● setEnum(String name, T value) : void - Configuration
● setFloat(String name, float value) : void - Configuration
● setIfUnset(String name, String value) : void - Configuration
● setInt(String name, int value) : void - Configuration
● setLong(String name, long value) : void - Configuration
● setPattern(String name, Pattern pattern) : void - Configuration
● setQuietMode(boolean quietmode) : void - Configuration
● setSocketAddr(String name, InetSocketAddress addr) : void - Configuration
● setStrings(String name, String... values) : void - Configuration
● setTimeDuration(String name, long value, TimeUnit unit) : void - Configuration
```

图 2-34　Configuration 各种 set API

Configuration 各种 set API 中用得比较多的还是第 1 个，通用的提交应用程序到 Hadoop 集群的代码也是使用的第 1 个，见代码清单 2-26。

代码清单2-26　通用提交应用程序到Hadoop集群代码

```
Configuration configuration = new Configuration();
configuration.setBoolean("mapreduce.app-submission.cross-platform", true);
// 配置使用跨平台提交任务
configuration.set("fs.defaultFS", "hdfs://node1:8020"); // 指定namenode
configuration.set("mapreduce.framework.name", "yarn");   // 指定使用yarn框架
configuration.set("yarn.resourcemanager.address", "node1:8032");
// 指定resourcemanager
configuration.set("yarn.resourcemanager.scheduler.address", "node1:8030");
// 指定资源分配器
configuration.set("mapreduce.jobhistory.address", "node2:10020");
// 指定historyserver
configuration.set("mapreduce.job.jar","C:\\Users\\fansy\\Desktop\\jars\\
    import2hbase.jar");//设置包含Mapper、Reducer的jar包路径
```

> **注意** 上面的值需要根据实际的 Hadoop 集群对应配置进行修改。

同时，通过 Configuration 的 set 方法也可以实现在 Mapper 和 Reducer 任务之间信息共享。比如在 Driver 中设置一个参数 number，在 Mapper 或 Reducer 中取出该参数，如代码清单 2-27 所示（注意，在 MapReduce 程序中是不能通过全局 static 变量获取值的，这点需要特别注意）。

代码清单2-27　通过Configuration在Driver和Mapper/Reducer传递参数

```
// 在Driver中设置参数值
Configuration conf = new Configuration();
conf.setInt( "number" ,10);
// 在Reducer中取出参数值
public class MyReducer extends Reducer<K2,V2,K3,V3>{
    public void setup(Context context){
        int number = context.getConfiguration().getInt( "number" );
    }
}
```

（2）Mapper 分析

对于用户来说，其实比较关心的是 Mapper 的 map 函数以及 Reducer 的 reduce 函数，这里先分析 Mapper 的 map 函数，如代码清单 2-28 所示。

代码清单2-28　WordCount Mapper代码

```
public static class TokenizerMapper extends Mapper<Object, Text, Text, Int-
    Writable> {
```

```java
    private final static IntWritable one = new IntWritable(1);
    private Text word = new Text();

    @Override
    protected void setup(Context context)
            throws IOException, InterruptedException {
        super.setup(context);
    }

    public void map(Object key, Text value, Context context)
            throws IOException, InterruptedException {
        StringTokenizer itr = new StringTokenizer(value.toString());
        while (itr.hasMoreTokens()) {
            word.set(itr.nextToken());
            context.write(word, one);
        }
    }

    @Override
    protected void cleanup(Context context)
            throws IOException, InterruptedException {
        super.cleanup(context);
    }
}
```

1）自定义 Mapper 需要继承 Mapper，同时需要设置输入输出键值对格式，其中输入键值对格式是与输入格式设置的类读取生成的键值对格式匹配，而输出键值对格式需要与 Driver 中设置的 Mapper 输出的键值对格式匹配。

2）Mapper 有 3 个函数，分别是 setup、map、cleanup，其中实现 setup、cleanup 函数不是必须要求，Mapper 任务启动后首先执行 setup 函数，该函数主要用于初始化工作；针对每个键值对会执行一次 map 函数，所有键值对处理完成后会调用 cleanup 函数，主要用于关闭资源等操作。

3）实现的 map 函数就是与实际业务逻辑挂钩的代码，主要由用户编写，这里是单词计数程序，所以这里的逻辑是把每个键值对（键值对组成为：< 行的偏移量，行字符串 >）的值（也就是行字符串）按照空格进行分割，得到每个单词，然后输出每个单词和 1 这样的键值对。

（3）Reducer 分析

Reducer 针对 Mapper 的输出进行整合，同时输入给 Reducer 的是键值对组，所以其实 Reducer 中的 reduce 函数就是针对每个键的所有汇总值的处理。Reducer 代码如代码清单 2-29 所示。

代码清单2-29　WordCount Reducer代码

```
public class IntSumReducer extends Reducer<Text, IntWritable, Text, IntWritable> {
    private IntWritable result = new IntWritable();
    @Override
    protected void setup(Reducer<Text, IntWritable, Text, IntWritable>.Context context)
            throws IOException, InterruptedException {
        super.setup(context);
    }
    public void reduce(Text key, Iterable<IntWritable> values, Context context)
            throws IOException, InterruptedException {
        int sum = 0;
        for (IntWritable val : values) {
            sum += val.get();
        }
        result.set(sum);
        context.write(key, result);
    }
    @Override
    protected void cleanup(Reducer<Text, IntWritable, Text, IntWritable>.Context context)
            throws IOException, InterruptedException {
        super.cleanup(context);
    }
}
```

1）自定义 Reducer 同样需要继承 Reducer，与 Mapper 相同，需要设置输入输出键值对格式，这里的输入键值对格式需要与 Mapper 的输出键值对格式保持一致，输出键值对格式需要与 Driver 中设置的输出键值对格式保持一致。

2）Reducer 也有 3 个函数：setup、cleanup、reduce，其中 setup、cleanup 函数其实和 Mapper 的同名函数功能一致，并且也是 setup 函数在最开始执行一次，而 cleanup 函数在最后执行一次。

3）用户一般比较关心 reduce 函数的实现，这个函数里面写的就是与业务相关的处理逻辑了，比如，这里单词计数，就针对相同键，把其值的列表全部加起来进行输出。

2.4.3　动手实践：编写 Word Count 程序并打包运行

1）打开 Eclipse，新建 MapReduce 工程，如图 2-35、图 2-36 所示。

> **注意** 需要配置 Hadoop 的安装目录，因为这里的 Eclipse 安装在 Windows 系统上，所以这里的 Hadoop 安装目录就是指 Hadoop 安装包的解压目录。

建好的工程如图 2-37 所示（注意，这里还有相关 jar 包没有列出）。

2）参考上一节的代码编写单词计数程序。

第 2 章　大数据存储与运算利器——Hadoop

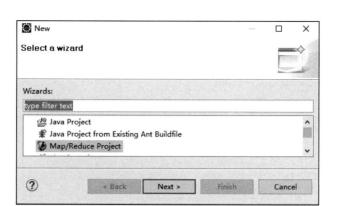

图 2-35　建立 MapReduce 工程 1

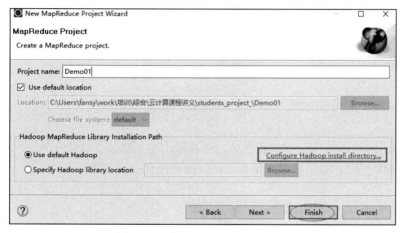

图 2-36　建立 MapReduce 工程 2

3）使用 Eclipse 的 Export 中的 JAR file 工具打包成 jar 包，如图 2-38、图 2-39 所示。

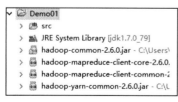

图 2-37　MapReduce 工程结构

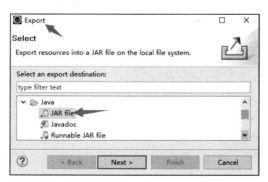

图 2-38　MapReduce 代码导出 jar 包 1

4）获取导出的 jar 包，通过 Linux 连接工具把该 jar 包上传到 Hadoop 客户端，并使用命令 yarn jar 的方式运行。

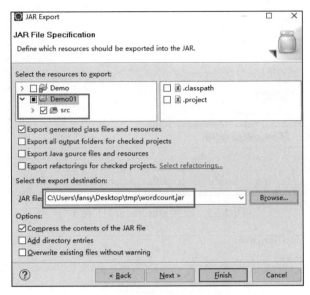

图 2-39　MapReduce 代码导出 jar 包 2

5）查看输出结果信息及相关监控信息，并能进行简要分析。

思考：

1）使用 yarn jar 的方式运行完程序后，终端输出的信息怎么解读？

2）查看相关监控，除了使用浏览器，还可以使用什么方式查询？

2.4.4　MapReduce 组件分析与编程实践

MapReduce 整个流程包括以下步骤：输入格式（InputFormat）、Mapper、Combiner、Partitioner、Reducer、输出格式（OutputFormat）。这里会针对流程中的 Combiner、Partitioner、输入 / 输出格式进行分析，同时，也会介绍相关的编程技巧，如自定义键值对。

1. Combiner 分析

Combiner 是什么呢？从字面意思理解，Combine 即合并。其实，Combiner 就是对 Mapper 的输出进行一定的合并，减少网络输出的组件。所以，其去掉与否不影响最终结果，影响的只是性能。

Combiner 是 Mapper 端的汇总，然后才通过网络发向 Reducer。如图 2-40 所示，经过 Combiner 后，键值对 <Is,1>，<Is,1> 被合并为 <Is,2>，这样发往 Reducer 的记录就可以减少一条（当然，实际中肯定不是只减少一条记录），从而减少了网络 IO。

对于多个输入数据块，每个数据块产生一个 InputSplit，每个 InputSplit 对应一个 map 任务，每个 map 任务会对应 0 个到多个 Combiner，最后再汇总到 Reducer。在单词计数的例子中，使用 Combiner 的情形如图 2-41 所示。

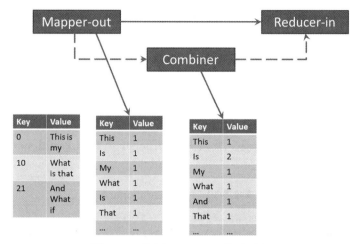

图 2-40　使用 Combiner 前后对比

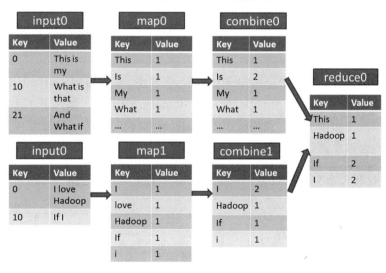

图 2-41　单词计数使用 Combiner

需要注意的是，自定义 Combiner 也是需要集成 Reducer 的，同样也需要在 reduce 函数中写入处理逻辑。但是要注意，Combiner 的输入键值对格式与输出键值对格式必须保持一致，也正是因为这个要求，很多情况下，采用自定义 Combiner 的方式在业务或算法处理上行不通。还有，在单词计数程序中，Combiner 和 Reducer 使用的是同一个类代码，这是可能的，但是大多数情况下不能这样做，因为 Reducer 和 Combiner 的逻辑在很多情况下是不一样的。

2. Partitioner 分析

Partitioner 是来做什么的呢？是用来提高性能的吗？非也！Partitioner 主要的目的是把键值对分给不同的 Reducer。分给不同的 Reducer？难道 Reducer 可以有多个吗？这是当然的，只需要在初始化 Job 实例的时候进行设置即可，例如设置代码为 job.setNumReduceTasks(3)，这样就可以设置 3 个 Reducer 了。

经过前面的分析可以知道，在 Reducer 的输入端，其键值对组是按照一个键对应一个值列表的。如果同一个键的不同值被发送到了不同的 Reducer 中，那么（注意，每个 Reducer 在一个子节点运行，不同 Reducer 之间不会干扰），经过不同的 Reducer 处理后，其实我们已经做不到针对一个键，输出一个值了，而是输出了两条记录。我们可以看下 Hadoop 系统默认的 Partitioner 实现，默认的 Partitioner 是 HashPartitioner，其源码如代码清单 2-30 所示。

代码清单2-30　HashPartitioner源码

```
public class HashPartitioner<K, V> extends Partitioner<K, V> {
  /** Use {@link Object#hashCode()} to partition. */
  public int getPartition(K key, V value,
                          int numReduceTasks) {
    return (key.hashCode() & Integer.MAX_VALUE) % numReduceTasks;
  }
}
```

在源码中，可以看到 HashPartitiner 中只有一个方法，就是 getPartition（K key,V value, int numReducTasks）。3 个参数分别为键、值、Reducer 的个数，输出其实就是 Reducer 的 ID。从代码的实现中可以看出，最终输出的 Reducer ID 只与键（key）的值有关，这样也就保证了同样的键会被发送到同一个 Reducer 中处理。

> **注意**　同一个键的记录会被发送到同一个 Reducer 中处理，一个 Reducer 可以处理不同的键的记录。

3. 输入输出格式 / 键值类型

一般来说，HDFS 一个文件对应多个文件块，每个文件块对应一个 InputSplit，而一个 InputSplit 就对应一个 Mapper 任务，每个 Mapper 任务在一个节点上运行，其仅处理当前文件块的数据，但是我们编写 Mapper 的时候只是关心输入键值对，而不是关心输入文件块。那么，文件块怎么被处理成了键值对呢？这就是 Hadoop 的输入格式要做的工作了。

在 InputFormat 中定义了如何分割以及如何进行数据读取从而得到键值对的实现方式，它有一个子类 FileInputFormat，如果要自定义输入格式，一般都会集成它的子类 FileInputFormat，它里面帮我们实现了很多基本的操作，比如记录跨文件块的处理等。

图 2-42 所示是 InputFormat 的类继承结构。

然而，比较常用的则是如表 2-7 所示的几个实现方式。

同理，可以想象，输出格式（OutputFormat）也与输入格式相同，不过是输入格式的逆过程：把键值对写入 HDFS 中的文件块中。如图 2-43 所示是 OutputFormat 的类继承结构。

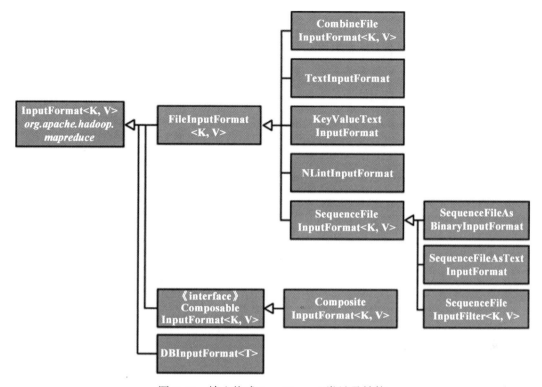

图 2-42 输入格式 InputFormat 类继承结构

表 2-7 常用的 InputFormat 实现类

输入格式	描述	键类型	值类型
TextInputFormat	默认格式,读取文件的行	行的字节偏移量(Long-Wriable)	行的内容(Text)
SequenceFileInputFormat	Hadoop 定义的高性能二进制格式	用户自定义	
KeyValueInputFormat	把行解析为键值对	第一个 tab 字符前的所有字符(Text)	行剩下的内容(Text)

同样,比较常用的方式如表 2-8 所示。

表 2-8 常用的 OutputFormat 实现类

输出格式	描述
TextOutputFormat	默认的输出格式,以 "key \t value" 的方式输出行
SequenceFileOutputFormat	输出二进制文件,适合于读取为子 MapReduce 作业的输入
NullOutputFormat	忽略收到的数据,不输出

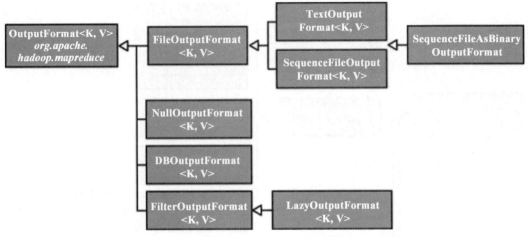

图 2-43　OutputFormat 类继承结构

在 Hadoop 中，无论是 Mapper 或 Reducer 处理的都是键值对记录，那么 Hadoop 中有哪些键值对类型呢？Hadoop 中常用的键值对类型如图 2-44 所示。

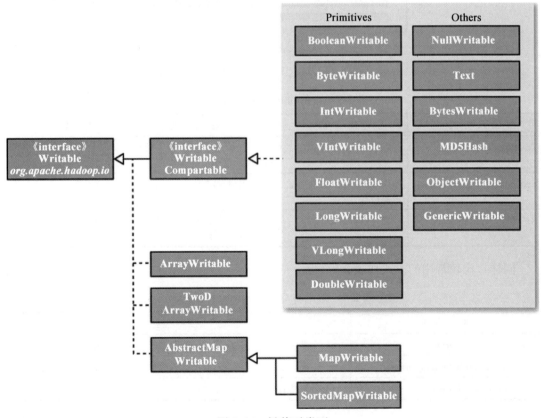

图 2-44　键值对类型

从各个类的命名上其实也可以看出其代表什么类型，比如 LongWritable，代表的就是 Long 的实现，而 Text 就是 String 的实现。在前面的单词计数中我们使用过 IntWritable 以及 Text。

这里有两点需要注意：

1）值类型都需实现 Writale 接口；

2）键需要实现 WritableComparable 接口。

其实从图 2-44 中也可以看出，Hadoop 已有的键值类型都是实现 WritableComparable 接口的，然而 WritableComparable 接口又是实现 Writable 接口的。所以，Hadoop 已有的键值类型既可以作为键类型也可以作为值类型。作为键类型的肯定可以作为值类型，但作为值类型的却不能作为键类型。为什么键类型是实现 WritableComparable 接口呢？其实，如果你联想到了 Shuffle/Sort 过程的话，应该不难理解，因为 MapReduce 框架需要在这里对键进行排序。

4. 动手实践：指定输入输出格式

这个实验主要是加深理解 Hadoop 的输入/输出格式，熟悉常用的 SequenceFileInputFormat 和 SequenceFileOutputFormat。

实验步骤：

1）打开 Eclipse，打开已经完成的 WordCount 程序；

2）设置输出格式为 SequenceFileOutputFormat，重新打包，并提交到 Linux 上运行；

3）查看输出的文件；

4）再次修改 WordCount 程序，设置输入格式为 SequenceFileInputFormat、输入路径为 3 的输出；设置输出格式为 TextFileInputFormat；

5）查看输出结果；

6）针对上面的各个步骤以及输出进行分析，解释对应的输出结构。

思考：

1）第 4 步中查看的文件是否是乱码？如果是乱码，为什么是乱码？针对这样的数据，如何使用 HDFS Java API 进行读取？如果不是乱码，看到的是什么？

2）使用 SequenceFileInputFormat 或 SequenceFileOutputFormat 有什么优势与劣势？

5. 自定义键值类型

Hadoop 已经定义了很多键值类型，比如 Text、IntWritable、LongWritable 等，那为什么需要用到自定键值类型呢？答案其实很简单，不够用。在有些情况下，我们需要一些特殊的键值类型来满足我们的业务需求，这种时候就需要自定义键值类型了。前面已经提到，自定义键需要实现 WritableComparable 接口，自定义值需要实现 Writable 接口，那么实现了接口后，还需要做哪些操作呢？

自定义值类型可参考代码清单 2-31 进行分析。

代码清单2-31　自定义Hadoop 值类型

```java
public class MyWritable implements Writable {
private int counter;
private long timestamp;
@Override
public void write(DataOutput out) throws IOException {
    out.writeInt(counter);
    out.writeLong(timestamp);
}
@Override
public void readFields(DataInput in) throws IOException {
    counter = in.readInt();
    timestamp=in.readLong();
}
}
```

在代码清单2-31 中，首先实现了 Writable 接口，接着定义了两个变量。这两个变量其实是与业务相关的（比如，这里定义了一个 counter，一个 timestamp）。实现了 Writable 接口后，需要覆写两个方法（write 和 readFields），这里需要注意写入和读取的顺序是很重要的，比如这里先把 counter 写入 out 输出流，再把 timestamp 写入 out 输出流。那么，在读取的时候就需要先读取 counter，再读取 timestamp（如果两个变量都是 int 型，那么就更加需要注意区分）。

自定义键类型可参考代码清单 2-32 进行分析。

代码清单2-32　自定义Hadoop 键类型

```java
public class MyWritableComparable implements WritableComparable<MyWritableComparable> {
private int counter;
private long timestamp;
@Override
public void write(DataOutput out) throws IOException {
    out.writeInt(counter);
    out.writeLong(timestamp);
}
@Override
public void readFields(DataInput in) throws IOException {
    counter = in.readInt();
    timestamp= in.readLong();
}
@Override
public int compareTo(MyWritableComparable other) {
    if(this.counter == other.counter){
        return (int)(this.timestamp - other.timestamp);
    }
    return this.counter-other.counter;
```

```
        }
    }
```

从代码清单 2-32 中可以看出，自定义键类型其实就是比自定义值类型多了一个比较方法而已，其他都是一样的。

6. 动手实践：自定义键值类型

针对 source/hadoop/keyvalue.data 数据求解每行数据的个数以及平均值，该数据格式如表 2-9 所示。

表 2-9 keyvalue.data 示例数据

9465097	12566713	11158207	11145916	11883199	12857908
11581419	11287582	9420209	8709207	11160736	12610128
8553535	8709207	12518224	11044077	9650960	11886254
……					

1）编写 Driver 程序，main 函数接收两个参数 <input> 和 <output>，设置输入格式为 KeyValueInputFormat；

2）编写 Mapper 程序，map 函数针对每个 value 值，使用 '\t' 进行分隔；接着，对分隔后的数据进行求和以及个数统计（注意将字符串转换为数值），输出平均值和个数，Mapper 输出键值对类型为 <key,MyValue>；

3）编写自定义 value 类型 MyValue，定义两个字段，一个是 average，一个是 num，用于存储平均值和个数；重写 toString 方法；

4）编写 Reducer 程序，直接输出即可；

5）对编写的程序进行打包 averagejob.jar；

6）上传 source/hadoop/keyvalue.data 到 HDFS，上传 averagejob.jar 到 Linux；

7）使用命令 hadoop jar averagejob.jar 进行调用；

8）查看输出结果。

思考：

1）Reducer 类是否必需？如果不需要，则如何修改？如果去掉 reducer，输出结果会有什么不一样？

2）如果想让程序可以直接在 Eclipse 中运行，应该如何修改程序？

2.5 K-Means 算法原理及 Hadoop MapReduce 实现

2.5.1 K-Means 算法原理

K-Means 算法是硬聚类算法，是典型的基于原型的目标函数聚类方法的代表。它是将数据点到原型的某种距离作为优化的目标函数，利用函数求极值的方法得到迭代运算的调整规则（如图 2-45 所示）。K-Means 算法以欧氏距离作为相似度测度，求对应某一初始聚类中心向量 V 最优分类，使得评价指标最小。算法采用误差平方和准则函数作为聚类准则函数。

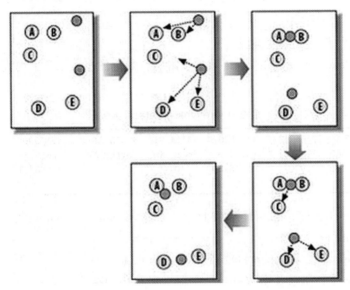

图 2-45　K-Means 算法聚类过程

具体的算法步骤如下：

1）随机在图中取 K（这里 $K=2$）个种子点。

2）然后对图中的所有点求到这 K 个种子点的距离，假如点 Pi 离种子点 Si 最近，那么 Pi 属于 Si 点群。图 2-45 中，我们可以看到 A、B 属于上面的种子点，C、D、E 属于下面中部的种子点。

3）接下来，我们要移动种子点到属于它的"点群"的中心。见图 2-45 中的第 3 步。

4）然后重复第 2）和第 3）步，直到种子点没有移动。我们可以看到图 2-45 中的第 4 步上面的种子点聚合了 A、B、C，下面的种子点聚合了 D、E。

图 2-46 所示为 K-Means 算法的流程图。

该流程图描述其实和算法步骤类似，不过，这里需要考虑下面几个问题：

1）选择 k 个聚类中心用什么方法？

提示：可以随机选择或直接取前 k 条

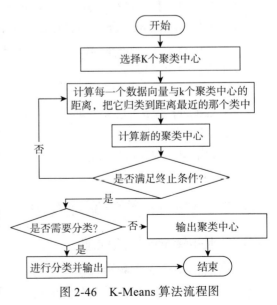

图 2-46　K-Means 算法流程图

记录。

2）计算距离的方法有哪些？

提示：欧氏距离、余弦距离等。

3）满足终止条件是什么？

提示：使用前后两次的聚类中心误差（需考虑阈值小于多少即可）；使用全局误差小于阈值（阈值选择多少？）。

请读者考虑上面的几个问题，并完成下面的动手实践（K-Means 算法实现）。

2.5.2 动手实践：K-Means 算法实现

编写单机版的 K-Means 算法有利于理解 Hadoop 实现的 K-Means 算法，所以这里给出单机版（Java）的编写步骤，供读者参考。

实验步骤如下：

1）打开 Eclipse，新建 Java 工程 kmeans1.0；

2）参考前面的流程完善 K-means 代码；

3）使用测试数据 hadoop/data/kmeans.data 进行测试，查看结果；

4）思考把该算法转换为 Hadoop MapReduce 实现的思路。

2.5.3 Hadoop K-Means 算法实现思路

针对 K-Means 算法，本节给出两种实现思路。思路 1 相对比较直观，但是效率较低；思路 2 在实现上需要自定义键值类型，但是效率较高。下面是对两种思路的介绍。

思路 1

如图 2-47 所示，算法描述如下：

1）根据原始文件生成随机聚类中心向量（需指定聚类中心向量个数 k），指定循环次数；

2）在 map 阶段，setup 函数读取并初始化聚类中心向量；在 map 函数中读取每个记录，计算当前记录到各个聚类中心向量的距离，根据到聚类中心向量最小的聚类中心 id 判断该记录属于哪个类别，输出所属聚类中心 id 和当前记录；

3）在 reduce 阶段，reduce 函数接收相同聚类中心 id 的数据；把这些数据的每列进行求和，并记每列的个数；计算新的聚类中心向量（每列的和除以每列的个数），然后输出聚类中心 id 和新的聚类中心向量；

4）判断前后两次聚类中心向量之间的误差是否小于某阈值；如果小于，则跳转到步骤 5），否则跳转到步骤 2）；

5）针对最后一次生成的聚类中心向量对原始数据进行分类，得到每个记录的类别。

其 MR 数据流如图 2-48 所示。

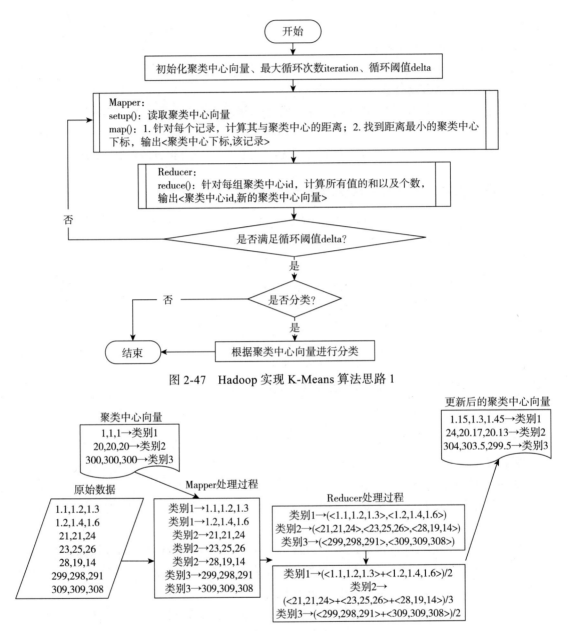

图 2-47 Hadoop 实现 K-Means 算法思路 1

图 2-48 Hadoop 实现 K-Means 算法思路 1 数据流

思路 2

如如图 2-49 所示，算法描述如下：

1）根据原始文件生成随机聚类中心向量（需指定聚类中心向量个数 k），指定循环次数。

2）在 map 阶段，setup 函数读取并初始化聚类中心向量，同时初始化聚类中心向量和；在 map 函数中读取每个记录，计算当前记录到各个聚类中心向量的距离，根据到聚类中心向量最小的聚类中心 id 判断该记录属于哪个类别，然后把所属的类别加入到聚类中心向量和中（需要记录个数及和，即需要自定义类型）；在 cleanup 函数中输出所属聚类中心 id 和其对应的聚类中心向量和。

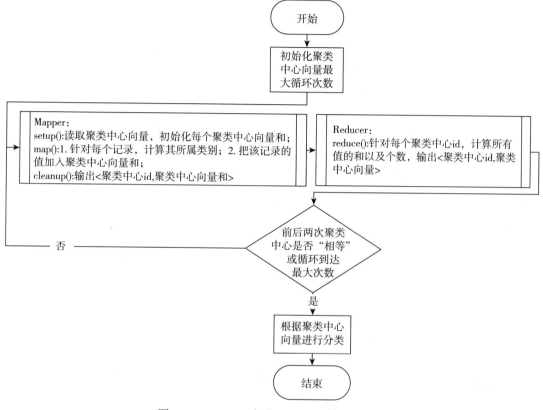

图 2-49　Hadoop 实现 K-Means 算法思路 2

3）在 reduce 阶段，reduce 函数接收相同聚类中心 id 的数据；把这些数据的每列进行求和，并记录每列的个数；计算新的聚类中心向量（每列的和除以每列的个数），然后输出聚类中心 id 和新的聚类中心向量。

4）判断前后两次聚类中心向量之间的误差是否小于某阈值；如果小于，则跳转到步骤 5），否则跳转到步骤 2）。

5）针对最后一次生成的聚类中心向量对原始数据进行分类，得到每个记录的类别。

其 MR 数据流如图 2-50 所示。

2.5.4　Hadoop K-Means 编程实现

在下面的实现过程中，会进行简单实现思路介绍，针对一些实现会有动手实践给读者练习。一般情况下我们建议读者自己全部实现，对于实现起来有难度的读者，我们提供了参考程序，但是需要注意，参考程序不是完整的，里面设置了 TODO 提示，这些地方是需要读者去完善的。

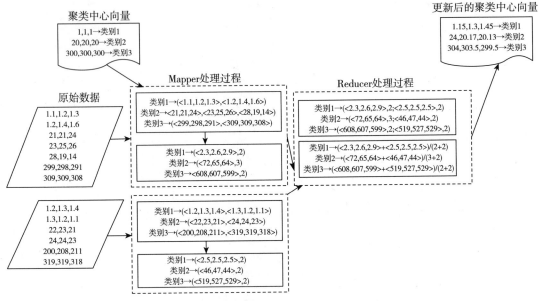

图 2-50　Hadoop 实现 K-Means 算法思路 2 数据流

思路 1

不管是思路 1 还是思路 2，Hadoop 实现 K-Means 算法都包含 4 个步骤：①初始化聚类中心向量；②进行聚类并更新聚类中心向量；③判断是否达到循环条件，如果是则循环；④判断是否需要对原始数据进行分类，如果是则进行分类操作。下面就针对这 4 个步骤分别进行分析。

（1）初始化聚类中心向量：蓄水池抽样

初始化聚类中心其实和单机算法类似，可以有多种方法，比如随机取出 k 个聚类中心向量、直接取出前 k 个聚类中心向量等。在 Hadoop 的编程框架 MapReduce 限制下，如果是随机取 k 个聚类中心向量，那么实现起来就是这样的：遍历一次所有数据，统计数据个数 n，再次遍历，按照 k/n 概率抽取 k 个数据。这样不是不可以，但是效率太低，并且如果真要实现起来，还是要考虑多个问题的，比如如果有多个 Mapper 怎么处理？

这里提出一种效率高，并且还能达到随机取数的算法——蓄水池抽样。

什么是蓄水池抽样呢？简单描述：先选中第 1~k 个元素，作为被选中的元素。然后依次对第 $k+1$ 至第 n 个元素做如下操作：每个元素都有 k/x 的概率被选中，然后等概率地（1/k）替换掉被选中的元素（其中 x 是元素的序号）。其算法伪代码描述如代码清单 2-33 所示。

代码清单2-33　蓄水池抽样伪代码

```
Init : a reservoir with the size:  k
```

```
           for i= k+1 to N
               M=random(1, i);
               if( M < k)
                  SWAP the Mth value and ith value
       end for
```

蓄水池抽样同样可以使用 Driver、Mapper、Reducer 来进行分析。Driver 部分可以参考 MapReduce 程序的固定模式，但是需要注意，需要传入聚类中心向量的个数，即 k 值。其代码参考代码清单 2-34。

代码清单2-34　蓄水池抽样Driver示例代码

```
public int run(String[] args) throws Exception {
Configuration conf = getConf();
if (args.length != 3 ){
    System.err.println("Usage: dome.job.SampleJob <in> <out> <selectRecords>");
    System.exit(2);
}
//设置传入Mapper以及Reducer的参数
conf.setInt(SELECTRECORDS, integer.parseInt(args[2]));
Job job = Job.getInstance(conf, "sample job " + args[0]);
job.setJarByclass(SampleJob.class);
job.setMapperClass(SampleMapper.class);
job.setReducerClass(SampleReducer.class);
job.setOutputKeyClass(Text.class);
job.setOutputValueClass(NullWritable.class);
FileInputFormat.addInputPath(job, new Path(args[0]));
FileOutputFormat.setOutputPath(job, new Path(args[1]));
return job.waitForCompletion(true) ? 0 : 1;
}
```

Mapper 就是蓄水池抽样算法的具体实现了，这里需要注意，map 函数针对每条记录进行筛选，并不输出，所以这里在 cleanup 进行输出。这样就需要在 setup 里面初始化一个变量来存储当前已经被选为聚类中心向量的值。其各个函数描述如下。

- ❑ setup()：读取传入的参数值 selectedRecordsNum，初始化当前处理的行数遍历 row、存储已经选择的 selectedRecordsNum 个数据变量 selectedRecords。
- ❑ map()：每次 map 函数读取一行记录，判断当前行数 row 是否小于 selectedRecordsNum，如果小于则直接把当前记录加入 selectedRecords；否则，以概率 selectedRecordsNum/row 使用当前记录来对 selectedRecords 中的任一记录进行替换。其部分代码如代码清单 2-35 所示。
- ❑ cleanup()：直接输出 selectedRecords 的内容即可。

代码清单2-35　蓄水池抽样Mapper map函数示例的代码

```
protected void map(LongWritable key, Text value, Mapper<LongWritable, Text,
```

```
            NullWritable, Text>.Context context)
        throws IOException, InterruptedException {
    row++; // 行数加1;
        if(row<=selectRecordsNum){
            selectRecords[(int) (row-1)]= new Text(value.toString());
            // 前面k条记录直接插入
        }else{// 以概率 k/i 决定是否用第i条记录替换前面的任意一条记录
            int p = SampleJob.getRandom((int)row);
            if(p<selectRecordsNum){// 替换
                selectRecords[p]=new Text(value.toString());
            }
        }
    }
```

在设计 Reducer 的时候需要考虑的一个问题是，如果有多个 Mapper 怎么办？多个 Mapper 就会发送 $k×N$ 个聚类中心向量到 Reducer 中（其中 N 为 Mapper 的个数），所以在 Reducer 端需要对 $k×N$ 个记录再次筛选，选出其中的 k 个聚类中心向量。这里当然也有多种方法，其实这里的选择和最开始我们在 Mapper 中针对所有数据随机选取 k 条记录的选择一样，这里所有数据只是"变"小了而已。因为是在 Reducer 中处理（一个 Reducer 可以理解为单机），所以其实也可以理解为单机的随机选择 k 条记录的算法。这里随机选择 k 条记录的算法也可以，不过我们这里还是选择使用蓄水池抽样。

> **注意** 这里只能使用一个 Reducer，为什么？请读者思考。

动手实践：蓄水池抽样 Hadoop 实现

首先理解上面蓄水池抽样算法的 Hadoop 实现的描述及分析，接着新建工程，并参考上节完善工程代码功能。

实验步骤：

1）打开 Eclipse，新建工程 2.5_002_sample；

2）添加相关环境（如 JDK 路径、Hadoop 路径等）；

3）参考上节蓄水池抽样 Hadoop 实现原理实现编写源代码；

4）把工程编译，并导出 jar 包，然后上传 jar 包到 master 节点上，使用 yarn jar 的方式运行，查看输出及相关日志。

思考：

1）还有其他方式实现蓄水池抽样吗？

2）如何查看蓄水池抽样抽取出来的结果？

（2）更新聚类中心向量

更新聚类中心向量其实就是整个 K-Means 算法的核心所在，K-Means 算法的每次循环其实就是一个不断更新聚类中心向量的过程。那么具体怎么更新呢？我们在单机算法中已经知道怎么更新了，怎么把其转换为 Hadoop 的 MapReduce 代码呢？其实，可以把每个 Mapper 理解为一个单机算法，因为其处理的数据其实是所有数据的一部分（一个文件块）。下面来看具体涉及的 Driver、Mapper 和 Reducer。

针对 Driver 类，除了一些固定写法外，还需传入聚类初始中心向量路径、聚类中心个数、列分隔符（考虑是否需要？），其示例代码如代码清单 2-36 所示。

代码清单2-36　更新聚类中心向量Driver示例代码

```
conf.set(SPLITTER, splitter );
conf.set(CENTERPATH, args[4]);
conf.setInt(K, k);
Job job =Job.getInstance(conf,"kmeans center path:"+args[4]+",output"+output);
job.setJarByClass(KMeansDriver.class);
job.setMapperClass(KMeansMapper.class);
job.setReducerClass(KMeansReducer.class);
job.setMapOutputKeyClass(IntWritable.class);
job.setMapOutputValueClass(Text.class);
job.setOutputKeyClass(Text.class);
job.setOutputValueClass(NullWritable.class);

job.setNumReduceTasks(1);// 如果有多个会有什么问题？
```

> **提示**　Reducer 设置多个会有什么问题？可以设置多个吗？设置多个有什么好处？

Mapper 的工作主要包括两个：其一，读取首次 HDFS 上的聚类中心；其二，根据聚类中心对每个键值对记录进行距离计算，输出距离最小的聚类中心 ID 以及该条键值对记录。下面针对具体实现做分析。

1）setup()：读取传入的初始聚类中心向量路径，根据路径读取对应的数据，利用分隔符来对初始聚类中心向量进行初始化（初始化为数组和列表）。

2）map()：在 map 阶段根据初始化的聚类中心向量对当前记录进行分类，输出其对应的聚类中心 id、当前记录，如代码清单 2-37 所示。

代码清单2-37　更新聚类中心向量Mapper map函数示例代码

```
@Override
protected void map(LongWritable key, Text value, Mapper<LongWritable, Text, IntWritable, Text>.Context context)
        throws IOException, InterruptedException {
    int vecId = getCenterId(value.toString());
    if(!validate(vecId)){
        logger.info("数据异常：{}",value.toString());
        return ;
    }
    ID.set(vecId);
    context.write(ID, value);
```

```
        logger.info("ID:{},value:{}",new Object[]{vecId,value});
    }
```

Reducer要做的工作就是针对每个组的所有数据计算其平均值（该平均值就是新的聚类中心向量）。其函数描述如下。

1）reduce()：每个reduce函数针对同一个聚类中心id的数据进行处理；具体处理过程为，把每条记录对应列的值加起来，同时记录当前的记录数；接着，使用每列和除以记录数，即可得到每列平均值，也就是当前聚类中心id新的聚类中心，如代码清单2-38所示。

代码清单2-38　更新聚类中心向量Reducer reduce函数示例代码

```
@Override
protected void reduce(IntWritable key, Iterable<Text> values,
        Reducer<IntWritable, Text, Text, NullWritable>.Context arg2) throws
        IOException, InterruptedException {
    double[] sum=null;
    long  num =0;
    for(Text value:values){
        String[] valStr = pattern.split(value.toString(), -1);
        if(sum==null){// 初始化
            sum=new double[valStr.length];
            addToSum(sum,valStr);// 第一次需要加上
        }else{
        // 对应字段相加
            addToSum(sum,valStr);
            }
        num++;

    }
    if(num==0){
        centerVec[key.get()]="";
    }
    averageSum(sum,num);
    centerVec[key.get()]= format(sum);
}
```

3）cleanup()：输出每个类别新的聚类中心。

动手实践：Hadoop实现更新聚类中心向量

实验步骤如下：

1）打开Eclipse，打开上一小节完成的工程；

2）根据上节Hadoop实现更新聚类中心实现思路，编写对应源代码；

3）把工程编译并导出Jar包，然后上传Jar包到master节点上，使用yarn jar的方式运行，查看输出及相关日志。

思考：如何测试代码？

（3）是否循环

是否循环其实就是检查前后两次聚类中心向量是否满足给定阈值。这里使用的是方差，其描述如图 2-51 所示。

还需要注意的问题是，如果不满足 delta 阈值，那么再次循环需初始化对应参数，主要包括下一个 MapReduce 程序的输入聚类中心向量及输出路径等。

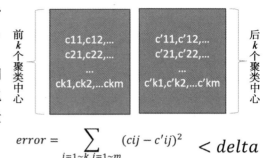

图 2-51　前后两次聚类中心向量误差计算

动手实践：Hadoop 实现更新聚类中心向量循环

实验步骤如下：

1）打开 Eclipse，打开上一小节完成的工程；

2）参考上述描述完成对应的代码；

3）编译工程并导出 jar 包，然后上传 jar 包到 master 节点上，使用 yarn jar 的方式运行，查看输出及相关日志。

（4）是否分类

分类是针对原始数据进行的，这个工作其实在更新聚类中心向量的 Mapper 已经做了这个工作，所以分类可以参考前面的 Mapper。这里不给出其具体代码，读者只需要完成动手实践即可（分类动手实践）。

动手实践：Hadoop 实现最终分类

实验步骤如下：

1）打开 Eclipse，并打开已经完成的工程；

2）使用 KMeansMapper 的实现，编辑 Driver 主类，分类原始数据；

3）编译工程，并导出 jar 包，然后上传 jar 包到 master 节点上，使用 hadoop jar 的方式运行，查看输出及相关日志。

思路 2

思路 2 其实和思路 1 里面的大部分步骤都是一样的逻辑流程，只是在更新聚类中心向量环节做了优化。下面只针对优化的环节做分析，其他部分请读者参考思路 1。

（1）更新聚类中心向量

更新聚类中心向量的 Driver 部分直接参考思路 1 对应内容即可，这里直接分析其 Mapper 实现。结合前面内容，我们知道这里需要实现自定义值类型。

由于 Mapper 输出的类型包含列和、个数，所以这里可以自定义一个值类型，该值类型需包含一个 double 的数组，用于存储某个类别的所有列和；一个 long 变量，用于存储当前类别的数据个数，如代码清单 2-39 所示。

代码清单2-39　更新聚类中心向量Mapper输出值自定义类型示例代码1

```
public class SumNumWritable implements Writable {

private long num;
private double[] sum;
…
}
```

同时，需要覆写 readFields、write 函数，在这里针对数组类型还需要做些额外的处理。其处理过程为存储数组的长度，在实例化类的时候传入数组的长度，否则会报 NullPointer 的异常，如代码清单 2-40 所示。

代码清单2-40　更新聚类中心向量Mapper输出值自定义类型示例代码2

```
@Override
public void readFields(DataInput in) throws IOException {
    this.num = in.readLong();       // 先读个数
    int size = in.readInt();        // 再读sum数组长度
    sum = new double[size];
    for (int i = 0; i < size; i++) {
        sum[i] = in.readDouble();
    }
}
@Override
public void write(DataOutput out) throws IOException {
    out.writeLong(this.num);        // 先写入个数
    out.writeInt(sum.length);       // 接着写入sum数组的长度；
    for (double d : sum) {
        out.writeDouble(d);         // 依次写入数组的值
    }
}
```

> **注意**　写入或者读取时，注意顺序，顺序重要吗？如果乱序会有什么影响？请读者思考。

下面针对 Mapper 进行分析。

❑ setup()：在 setup 函数中，除了需要参考思路 1 把初始聚类中心读取出来外，还需要初始化"列和"；由于每个类别都有一个"列和"，所以可以定义一个"列和"数组；然后根据聚类中心数来初始化该"列和"数组；同时，根据初始聚类中心的列个数类初始化每个类别的"列和"的 double 数组，如代码清单 2-41 所示。

代码清单2-41　更新聚类中心向量Mapper的setup函数示例

```
private SumNumWritable[] sumNums = null;
@Override
protected void setup(Mapper<LongWritable, Text, IntWritable, SumNumWritable>.
    Context context)
```

```
        throws IOException, InterruptedException {
    centerPathStr = context.getConfiguration().get(MainDriver.CENTERPATH);
    splitter = context.getConfiguration().get(MainDriver.SPLITTER);
    pattern = Pattern.compile(splitter);
    k = context.getConfiguration().getInt(MainDriver.K, 0);
    centerVec  = new String[k];
    sumNums = new SumNumWritable[k];
    // 读取数据
    Path path = new Path(centerPathStr);
    FileSystem fs = FileSystem.get(context.getConfiguration());
    BufferedReader br=new BufferedReader(new InputStreamReader(fs.open(path)));
    try {
        String line;
        int index =0;
        while ((line =br.readLine())!= null){
            logger.info("center "+index+" vector: {}",line);
            centerVec[index++]=line;
        }
    } finally {
        br.close();
    }
    // 初始化 sumNums
    colSize = pattern.split(centerVec[0]).length;
    for(int i=0;i<k;i++){
        sumNums[i] = new SumNumWritable(colSize);
    }
    logger.info("colSize:{}",colSize);
}
```

SumNumWritable 构造函数如代码清单 2-42 所示。

代码清单2-42　更新聚类中心向量Mapper输出自定义值类型构造函数

```
public SumNumWritable(int size) {
this.sum = new double [size];
this.num =0;
}
```

❑ map()：在 map 函数中在得到当前记录的类别后（可以参考思路 1 的做法），需要根据此类别去更新该类别的"列和"以及个数，如代码清单 2-43 所示。

代码清单2-43　更新聚类中心向量Mapper的map函数示例

```
/**
 * 更新列和以及个数
 * @param sumNumWritable 某个类别的"列和"
 * @param valArr 当前记录
 */
private void updateSumNum(SumNumWritable sumNumWritable, double[] valArr) {
```

```
        if(sumNumWritable==null) return ;
        sumNumWritable.setNum(sumNumWritable.getNum()+1);
        addSum(sumNumWritable.getSum(),valArr);         // 这里不用setSum()
}
```

- cleanup()：在 cleanup 中只需要输出"列和"数组即可，如代码清单2-44所示。

代码清单2-44　更新聚类中心向量Mapper的cleanup函数示例

```
/**
 * 输出
 */
@Override
protected void cleanup(Context context)
        throws IOException, InterruptedException {
    int index =0;
    for(SumNumWritable sn:sumNums){
            ID.set(index++);
            context.write(ID, sn);
    }
}
```

Reducer只需要整合各个Mapper的输出记录，针对每个记录分别求"列和"、个数和，然后再求平均即可得到新的聚类中心向量和。各个函数描述如下。

- setup()：只需读取分隔符参数，并进行初始化即可（在 reduce 函数中需要使用此参数）。
- reduce()：在 reduce 中直接使用 for 循环读取每个类别的"列和"以及个数，分别相加即可得到每个类别的最终"列和"以及个数，然后求平均即可得到更新后的聚类中心向量，如代码清单 2-45 所示。

代码清单2-45　更新聚类中心向量Reducer reduce示例代码

```
@Override
protected void reduce(IntWritable key, Iterable<SumNumWritable> values,
        Context context) throws IOException, InterruptedException {
    double[] sum=null;
    long   num =0;
    for(SumNumWritable value:values){
            if(sum==null){    // 第一次需要初始化
                    sum = new double[value.getSum().length];
            }
            addToSum(sum,value.getSum());
            num+=value.getNum();
    }
    if(num==0){
            vec.set("");
            log.info("id:{}类别没有数据! ",key.get());
```

```
    }else{
        averageSum(sum,num);
        vec.set(format(sum));
        log.info("id:{},聚类中心是: [{}]",new Object[]{key.get(),vec.toString
            ()});
    }
    context.write(vec, NullWritable.get());         //写入的顺序有影响吗？如果顺序写入呢？
}
```

（2）动手实践：Hadoop 实现 K-Means 算法思路 2

请读者参考思路 1 的动手实践，编写 K-Means 算法思路 2 的 Hadoop 实现。

2.6 TF-IDF 算法原理及 Hadoop MapReduce 实现

2.6.1 TF-IDF 算法原理

原理：在一份给定的文件里，词频（Term Frequency，TF）指的是某一个给定的词语在该文件中出现的次数。这个数字通常会被正规化，以防止它偏向长的文件（同一个词语在长文件里可能会比在短文件里有更高的词频，而不管该词语重要与否）。逆向文件频率（Inverse Document Frequency，IDF）是一个词语普遍重要性的度量。某一特定词语的 IDF 可以由总文件数目除以包含该词语的文件的数目，再将得到的商取对数得到。某一特定文件内的高词语频率，以及该词语在整个文件集合中的低文件频率，可以产生出高权重的 TF-IDF。因此，TF-IDF 倾向于过滤掉常见的词语，保留重要的词语。

举个例子来说，假如一篇文件的总词语数是 100 个，而词语 "母牛" 出现了 3 次，那么 "母牛" 一词在该文件中的词频就是 3/100＝0.03。一个计算文件频率的方法是测定有多少份文件出现过 "母牛" 一词，然后除以文件集里包含的文件总数。所以，如果 "母牛" 一词在 1000 份文件出现过，而文件总数是 10 000 000 份的话，其逆向文件频率就是 log(10 000 000/1 000)＝4。最后的 TF-IDF 的分数为 0.03×4＝0.12。

2.6.2 Hadoop TF-IDF 编程思路

这里不再给出 TF-IDF 的单机算法实现，而直接给出其 Hadoop 算法实现思路，如图 2-52 所示。

具体算法描述如下。

Job1：针对每个文件集中的每个输入文件，分别统计其各个单词出现的次数，输出为 <单词 w| 文件名 f，该单词 w 在文件 f 中出现的次数 f-w-count>。

Job2：针对 Job1 的输出，统计文件 f 中所有单词的个数（及一共有多少个唯一的单词），输出为 <单词 w| 文件名 f，该单词 w 在文件 f 中出现的次数 f-w-count | 文件 f 中的单词数 f-length>。

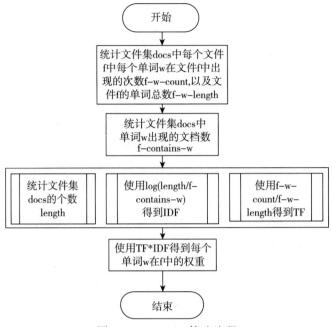

图 2-52 TF-IDF 算法流程

Job3：先统计文件集的文件个数 length；然后，根据 Job2 的输出，统计每个单词在所有文件集中出现的文件个数，输出 < 单词 w, [文件名 f1=f1-w-count|f1-length, 文件名 f2=f2-w-count|f2-length,…]>（根据这里的数据即可得到单词 w 一共在 k 个文件中出现）。根据这样的记录即可求得 < 单词 w| 文件名 f1, f1-w-count|f1-length *log(length/k)>, 单词 w| 文件名 f2, f2-w-count|f2-length *log(length/k)>，即：< 单词 w| 文件名 f1,tf-idf-f1-w>，也就是每个单词在文件中的权重 TF-IDF。

其 MapReduce 数据流如图 2-53 所示。

2.6.3 Hadoop TF-IDF 编程实现

这里给出的 TF-IDF 算法的测试数据使用的是 Avro 格式的。这里只对 Avro 进行简单介绍，如读者需要深入了解，可以上网查找相关资料。

1. Avro 简介

Avro 是一个数据序列化的系统，它可以将数据结构或对象转化成便于存储或传输的格式。Avro 设计之初就用来支持数据密集型应用，适合于远程或本地大规模数据的存储和交换。

Avro 依赖于模式（Schema）。通过模式定义各种数据结构，只有确定了模式才能对数据进行解释，所以在数据的序列化和反序列化之前，必须先确定模式的结构。

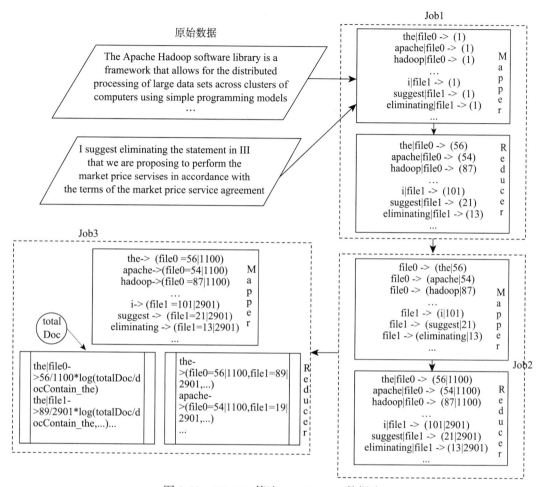

图 2-53　TF-IDF 算法 MapReduce 数据流

Schema 通过 JSON 对象表示。Schema 定义了简单数据类型和复杂数据类型，其中复杂数据类型包含不同属性。通过各种数据类型用户可以自定义丰富的数据结构。

Avro 定义了几种简单数据类型，表 2-10 是对其简单说明。

表 2-10　Avro 简单数据类型

类　　型	说　　明	示　　例
null	空，无值	
boolean	布尔值	true/false
int	32 位整数	20
long	64 位整数	300000
float	32 位单精度浮点数	12.8

(续)

类型	说明	示例
double	64位双精度浮点数	12.31892839821
bytes	比特数组	
string	字符串	"apple"

Avro 定义了 6 种复杂数据类型，分别是 record、enum、array、map、union 和 fixed，每一种复杂数据类型都具有独特的属性。表 2-11 就 record 这一种复杂数据类型进行了简要说明（后面也只会用到这种数据类型）。

表 2-11 Avro 复杂数据类型 record

类型	属性		说明	示例

Records	type name		record	{
				  "type": "record",
				  "name": "LongList",
				  "aliases": ["LinkedLongs"],
				  // old name for this
				  "fields" : [
				    {"name": "value", "type": "long"},
				    // each element has a long
				    {"name": "next",
				    "type": ["null", "LongList"]}
				    // optional next element
				  ]
				}

	name		JSON 字符串，说明这个 record 的名字（必需）	
	namespace		JSON 字符串，限定 name	
	doc		JSON 字符串，针对使用该 record 的用户的说明	
	aliases		JSON 数组，提供该 record 的可选名字	
	fields（必需）	name	JSON 字符串提供当前 field 的名字（必需）	
		doc	描述该 field 字符串	
		type	描述该 field 的类型，可以是基本类型或复杂类型（必需）	
		default	该 field 的默认值	
		order	排序方式	
		aliases	该 field 别名	

（1）动手实践：Java 基于 Avro 的序列化和反序列化

简单来说，Avro 就是提供一个数据文件的说明文档，然后可以直接根据该说明文档进行序列化和反序列化的一个框架而已。

举个例子，比如现在有一个数据描述文件，如代码清单 2-46 所示。

代码清单2-46 Avro描述文件

```
{"namespace": "example.avro",
 "type": "record",
 "name": "User",
 "fields": [
```

```
      {"name": "name", "type": "string"},
      {"name": "favorite_number", "type": ["int", "null"]},
      {"name": "favorite_color", "type": ["string", "null"]}
   ]
}
```

有定义一个 Java 类和该描述文件匹配，如代码清单 2-47 所示。

代码清单2-47　Avro描述文件对应Java实体类

```
User user1 = new User();
user1.setName("Alyssa");
user1.setFavoriteNumber(256);
// favorite color不设置

// 直接使用构造函数
User user2 = new User("Ben", 7, "red");

// 使用builder进行构造
User user3 = User.newBuilder()
             .setName("Charlie")
             .setFavoriteColor("blue")
             .setFavoriteNumber(null)
             .build();
```

> **注意**　代码清单 2-46 中的 name:User 或者 name:name、name:favorite_number 等，不需要与代码清单 2-47 中的名字 User 类或者方法 setName、setFavoriteColor 名字一模一样，只需一一对应即可。

那么怎么进行序列化呢？参考代码清单 2-48，即可把用户 user1、user2、user3 序列化到本地磁盘的 users.avro 文件。

代码清单2-48　序列化User

```
// 序列化user1、user2 and user3 到硬盘
DatumWriter<User> userDatumWriter = new SpecificDatumWriter<User>(User.class);
DataFileWriter<User> dataFileWriter = new DataFileWriter<User>(userDatumWriter);
dataFileWriter.create(user1.getSchema(), new File("users.avro"));
dataFileWriter.append(user1);
dataFileWriter.append(user2);
dataFileWriter.append(user3);
dataFileWriter.close();
```

如何进行反序列化呢？参考代码清单 2-49，即可把序列化后的 users.avro 文件内容读取出来了，并且代码清单 2-49 中的代码还把文件内容也打印出来了。

代码清单2-49　反序列化User

```
//从磁盘进行反序列化
```

```
DatumReader<User> userDatumReader = new SpecificDatumReader<User>(User.class);
DataFileReader<User> dataFileReader = new DataFileReader<User>(file, user-
DatumReader);
User user = null;
while (dataFileReader.hasNext()) {
user = dataFileReader.next(user);
System.out.println(user);
}
```

参考上面的示例，进行下面的实验。

实验步骤如下：

1）新建 Java 工程，引入 avro-1.7.4.jar、avro-tools-1.7.4.jar（非必需）、jackson-core-asl-1.9.13.jar、jackson-mapper-asl-1.9.13.jar、junit-4.11.jar、hamcrest-core-1.3.jar。

2）参考代码清单 2-46、代码清单 2-47、代码清单 2-48、代码清单 2-49，缩写对应程序实现，运行程序查看结果。

（2）动手实践：Hadoop 基于 Avro 的反序列化

这里增加一点 Hadoop Job Counter 的知识，Hadoop Job Counter 可以在 Hadoop Map-Reduce 程序运行的过程中定义全局计数器，对一些必要的参数进行统计，通过 doc api 查看该用法，如图 2-54 所示。

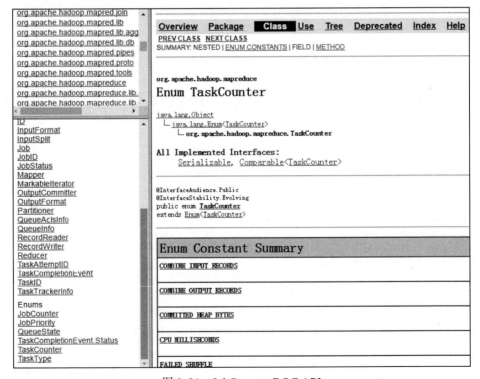

图 2-54　JobCounter DOC API

在 Java 代码中遍历所有 Hadoop MapReduce Counter，可参考代码清单 2-50。

代码清单2-50　Java代码获取Hadoop MapReduce Counter

```
Counters counter = job.getCounters();
    Iterator<CounterGroup> icg= counter.iterator();
    while(icg.hasNext()){
        System.out.println(icg.next());
        CounterGroup counterGroup = icg.next();
        System.out.println(counterGroup.getName());
        Iterator<org.apache.hadoop.mapreduce.Counter>counters = counterGroup.
            iterator();
        while(counters.hasNext()){
            Counter c =  counters.next();
            System.out.println(c.getName()+","+c.getValue());
            }
        }
```

实验步骤如下：

1）拷贝 avro-mapred-1.7.4-hadoop2.jar 到 Hadoop 集群 lib 目录，上传 hadoop/data/mann.avro 数据到 HDFS。

2）设置读取 Avro 文件的 FileInputFormat 为 AvroKeyInputFormat。

3）参考示例程序 2.5_004_avro_mr，读懂程序代码，运行程序，查看结果。

2. Job1：统计单个文件某个单词个数

针对 2.6.2 节分析的 Hadoop MapReduce 实现 TF-IDF 的流程中的 Job1，分析如下。

驱动程序 Driver：只需要设置 Mapper 以及 Reducer，需要注意这里的输入需要使用 AvroKeyInputFormat，这里考虑到编程方便以及效率，输出使用 SequenceFileOutputFormat，如代码清单 2-51 所示。

代码清单2-51　TF-IDF Job1 Driver类示例

```
// Job1 计算每个文件中单词个数
    Job job1 = Job.getInstance(getConf(), "Word Count per document");
    job1.setJarByClass(getClass());
    Configuration conf1 = job1.getConfiguration();
    FileInputFormat.setInputPaths(job1, in);
    out.getFileSystem(conf1).delete(out, true);
    FileOutputFormat.setOutputPath(job1, out);

    job1.setMapperClass(WordCountPerDocumentMapper.class);
    job1.setReducerClass(IntSumReducer.class);

    job1.setInputFormatClass(AvroKeyInputFormat.class);
    job1.setOutputFormatClass(SequenceFileOutputFormat.class);

    job1.setOutputKeyClass(Text.class);
```

```
job1.setOutputValueClass(IntWritable.class);

int ret = job1.waitForCompletion(true) ? 0 : -1;
```

Mapper 要做的工作只是读取 Avro 数据,然后针对数据分隔各个单词(注意这里有些单词是不需要进行统计的,可以直接忽略)。Mapper 的功能描述如下:

1)读取 Avro 格式数据,获取文件名和文件内容(类似 Java 单机程序),如代码清单 2-52 所示。

代码清单2-52　读取Avro数据示例

```
@Override
protected void map(AvroKey<GenericRecord> key, NullWritable value,
         Mapper<AvroKey<GenericRecord>, NullWritable, Text, IntWritable>.
Context context)
              throws IOException, InterruptedException {
    String name = key.datum().get(Utils.FIELD_FILENAME).toString();
    ByteBuffer contentsByte = (ByteBuffer) key.datum().get(Utils.FIELD_CONTENTS);
    String contents = new String(contentsByte.array());
...
}
```

2)分隔文件的内容,这里需要注意不用统计的单词,具体单词如代码清单 2-53 所示。

代码清单2-53　需要忽略的单词

```
private static Set<String> STOPWORDS;
static {
    STOPWORDS = new HashSet<String>() {
        {
            add("I");
            add("a");
            add("about");
            add("an");
            add("are");
            add("as");
            add("at");
            add("be");
            add("by");
            add("com");
            add("de");
            add("en");
            add("for");
            add("from");
            add("how");
            add("in");
            add("is");
            add("it");
            add("la");
```

```
            add("of");
            add("on");
            add("or");
            add("that");
            add("the");
            add("this");
            add("to");
            add("was");
            add("what");
            add("when");
            add("where");
            add("who");
            add("will");
            add("with");
            add("and");
            add("the");
            add("www");
        }
    };
```

分隔采用 Match 类正则进行分隔,如代码清单 2-54 所示。

代码清单2-54　Match类分隔文本内容到单词

```
//定义Pattern
private static final Pattern WORD_PATTERN = Pattern.compile("\\w+");
// map函数
while (matcher.find()) {
        StringBuilder valueBuilder = new StringBuilder();
        String matchedKey = matcher.group().toLowerCase();
        if (!Character.isLetter(matchedKey.charAt(0)) ||
 Character.isDigit(matchedKey.charAt(0))
                        || STOPWORDS.contains(matchedKey) ||
 matchedKey.contains(UNDERSCORE)) {
                continue;
        }
        ...
    }
```

3)只须输出单词、文件名和计数 1 即可,如代码清单 2-55 所示。

代码清单2-55　TF-IDF Job1 Mapper类输出示例

```
valueBuilder.append(matchedKey);
        valueBuilder.append(SEPARATOR);
        valueBuilder.append(name);
        fileWord.set(valueBuilder.toString());
            // <key,value> -> <word|file , 1>
        context.write(fileWord, one);
```

Reducer 类直接采用 Hadoop 内部类 IntSumReducer 即可，即把相同的 key 的所有 value 值全部加起来，其输入输出描述如表 2-12 所示。

表 2-12　TF-IDF Job1 Reducer 输入输出描述

```
// Reducer
// in:  <key,value> -> <word|file, [1,1,1,1,…]>
// out: <key,value> -> <word|file, 1+1+…+1>
```

3. Job2：统计某个文件所有单词个数

Job2 的 Driver 驱动程序是统计某个文件的所有单词个数，输入是 Job1 的输出，所以输入格式为 SequenceFileInputFormat，输出格式也设成 SequenceFileOutputFormat，方便 Job3 的读取，其设置参考代码清单 2-56。

代码清单2-56　Job2 Driver驱动类示例代码

```
Job job2 = Job.getInstance(getConf(), "DocumentWordCount");
    job2.setJarByClass(getClass());
    Configuration conf2 = job2.getConfiguration();
    FileInputFormat.setInputPaths(job2, in);

    out.getFileSystem(conf2).delete(out, true);
    FileOutputFormat.setOutputPath(job2, out);

    job2.setMapperClass(DocumentWordCountMapper.class);
    job2.setReducerClass(DocumentWordCountReducer.class);

    job2.setInputFormatClass(SequenceFileInputFormat.class);
    job2.setOutputFormatClass(SequenceFileOutputFormat.class);

    job2.setOutputKeyClass(Text.class);
    job2.setOutputValueClass(Text.class);

    ret = job2.waitForCompletion(true) ? 0 : -1;
```

Mapper 类只需把 Job1 的输出的键值对进行重构即可，这里即可以利用 MapReduce 按照 key 进行分组的特性，输出 <文件名,文件中的单词|文件中单词的个数> 这样的键值对，如代码清单 2-57 所示。

代码清单2-57　Job2 Mapper map函数示例代码

```
public void map(Text key, IntWritable value, Context context) throws IOException,
    InterruptedException {
        int wordAndDocCounter = value.get();
        // wordAndDoc = word|filename
        String[] wordAndDoc = StringUtils.split(key.toString(), SEPARATOR);
        outKey.set(wordAndDoc[1]);
        outValue.set(wordAndDoc[0] + SEPARATOR + wordAndDocCounter);
```

```
      // <key,value> -> <filename, word| wordCount>
      context.write(outKey, outValue);
}
```

在 Reucer 中利用分组的特性（每个键值对按照键进行分组，所以会得到每个文件的所有单词作为一个列表），统计每个文件的所有单词个数，如代码清单 2-58 所示。

代码清单2-58　Job2 Reducer reduce函数示例代码

```
// <filename, [word| wordCount, word|wordCount, ...]>
  protected void reduce(Text key, Iterable<Text> values, Context context) throws
      IOException, InterruptedException {
    int sumOfWordsInDocument = 0;
    Map<String, Integer> tempCounter = new HashMap<String, Integer>();
    for (Text val : values) {
    // wordCounter = word| wordCount
      String[] wordCounter = StringUtils.split(val.toString(), SEPARATOR);
      tempCounter.put(wordCounter[0], Integer.valueOf(wordCounter[1]));
      sumOfWordsInDocument += Integer.parseInt(wordCounter[1]);
    }
    for (String wordKey : tempCounter.keySet()) {
      outKey.set(wordKey + SEPARATOR + key.toString());
      outValue.set(tempCounter.get(wordKey) + SEPARATOR + sumOfWordsInDocument);
      // <key,value> -> <word|filename , wordCount|sumOfWordsInDoc>
      context.write(outKey, outValue);
    }
}
```

4. Job3：计算单个文件某个单词的 TF-IDF

Job3 综合前面两个的输出结构，得到最终每个文件每个单词的 TF-IDF 值。Driver 需要配置输入输出以及格式，这里注意需要把 Job1 统计的总文件个数传入 Job3 中，这里为了便于观察，输出格式使用默认值 TextFileOutputFormat，其示例代码如代码清单 2-59 所示。

代码清单2-59　Job3 Driver驱动类示例代码

```
Job job3 = Job.getInstance(getConf(), "DocumentCountAndTfIdf");
job3.setJarByClass(getClass());
Configuration conf3 = job3.getConfiguration();
FileInputFormat.setInputPaths(job3, in);
out.getFileSystem(conf3).delete(out, true);
FileOutputFormat.setOutputPath(job3, out);

conf3.setInt("totalDocs", (int) totalDocs);

job3.setMapperClass(TermDocumentCountMapper.class);
job3.setReducerClass(TfIdfReducer.class);
job3.setInputFormatClass(SequenceFileInputFormat.class);
```

```
job3.setOutputFormatClass(SequenceFileOutputFormat.class);
job3.setOutputKeyClass(Text.class);
job3.setOutputValueClass(Text.class);

ret = job3.waitForCompletion(true) ? 0 : -1;
```

Mapper 类根据 Job2 的输入进行重构，再次使用 word 作为 key，使用 filename、wordCount、sumOfWordsInDoc 作为 value，如代码清单 2-60 所示。

代码清单2-60　Job3 Mapper类map函数示例代码

```
// <key,value> -> <word|filename , wordCount|sumOfWordsInDoc>
  public void map(Text key, Text value, Context context) throws IOException,
  InterruptedException {
// worddAndDoc = word|filename
    String[] wordAndDoc = StringUtils.split(key.toString(), SEPARATOR);
    outKey.set(wordAndDoc[0]);
    outValue.set(wordAndDoc[1] + DOC_SEPARATOR + value.toString());
    // <key,value> -> <word,filename=wordCount|sumOfWordsInDoc>
    context.write(outKey, outValue);
  }
```

Reducer 根据 Mapper 的输出，同时利用相同的 key 聚合的特性，即可统计出每个单词在多少个文件中存在；在所有需要的参数计算完成后，即可利用 TF-IDF 的公式进行最后的计算，如代码清单 2-61 所示。

代码清单2-61　Job3 Reducer类reduce函数示例代码

```
// <key,value> -> <word, [filename=wordCount|sumOfWordsInDoc,
//                        filename=wordCount|sumOfWordsInDoc,...]>
    protected void reduce(Text key, Iterable<Text> values, Context context) throws
    IOException, InterruptedException {
      int totalDocs = context.getConfiguration().getInt("totalDocs", 0);

      int totalDocsForWord = 0;
      Map<String, String> tempFrequencies = new HashMap<String, String>();
      for (Text value : values) {
        // documentAndFrequencies = filename, wordCount|sumOfWordsInDoc
        String[] documentAndFrequencies = StringUtils.split(value.toString(), DOC_
            SEPARATOR);
        totalDocsForWord++;// the number of files which contains word
        // tempFrequencies = (filename,wordCount|sumOfWordsInDoc)
        tempFrequencies.put(documentAndFrequencies[0], documentAndFrequencies[1]);
      }
      for (String document : tempFrequencies.keySet()) {
        // wordFrequencyAndTotalWords = wordCount,sumOfWordsInDoc
        String[] wordFrequencyAndTotalWords = StringUtils.split(tempFrequencies.
            get(document), SEPARATOR);
```

```
            // TF = wordCount / sumOfWordsInDoc
            double tf = Double.valueOf(wordFrequencyAndTotalWords[0]) / Double.valueOf
            (wordFrequencyAndTotalWords[1]);

            // IDF
            double idf = (double) totalDocs / totalDocsForWord;

            double tfIdf = tf * Math.log10(idf);

            outKey.set(key + SEPARATOR + document);
            outValue.set(DF.format(tfIdf));
            // <key,value> -> <word|filename , tfIdf>
            context.write(outKey, outValue);
        }
    }
```

（1）动手实践：Hadoop 实现 TF-IDF 算法

理解上面 Hadoop MapReduce 框架实现 TF-IDF 算法的原理，结合部分示例代码，完成该动手实践。

实验步骤如下：

1）参考"动手实践：Hadoop 基于 Avro 的反序列化"内容，建立程序开发环境（主要是 Avro 相关开发包）；

2）参考工程 2.5_005_tf-idf 示例代码，结合前面的分析，理解代码功能；

3）修复工程功能（TODO 提示），运行程序；

4）查看输出，对结果进行解释。

（2）思考

请读者思考，针对 Hadoop MapReduce 实现 TF-IDF 算法是否还有优化的空间？如果有优化的空间，怎么做呢？可以考虑下面几点：

1）是否可以缩减 Job 的个数？（提示：输出多目录、自定义键值对）

2）如果使用自定义键值对技术，应该如何修改程序？

2.7 本章小结

本章首先介绍了 Hadoop 的基本概念、原理以及 Hadoop 生态系统各个框架。接着，介绍了 Hadoop 的安装配置以及开发环境 IDE 配置。在此基础上介绍了 Hadoop 常用的集群命令、Hadoop MapReduce 编程开发原理，针对 MapReduce 编程开发，详细介绍了 MapReduce 原理、单词计数源码分析，结合源码分析了 MapReduce 原理。在本章的最后两个小节，分别介绍了数据挖掘中的经典算法：K-Means 算法、TF-IDF 算法，并针对其 Hadoop

MapReduce 实现进行了详细分析。同时，本章中包含大量动手实践章节，这些动手实践章节要求读者自行完成（部分有示例代码参考），通过这些动手实践环节，可以加深读者对 Hadoop、Hadoop HDFS、Hadoop MapReduce 的理解，同时对如何针对经典算法或者单机算法使用 Hadoop MapReduce 模式来实现肯定会有自己的心得体会。

相信通过本章的学习，读者不仅可以对 Hadoop、Hadoop MapReduce 的原理有更深入的了解，而且对开发 Hadoop MapReduce 程序也可以说初窥门径了。

第 3 章 Chapter 3

大数据查询——Hive

Hive 是基于 Hadoop 的一个数据仓库工具，可以将结构化的数据文件映射为一张数据库表，并提供简单的类 SQL 查询功能，主要用于对大规模数据的提取转化加载（ETL）。其优点是学习成本低，可以通过类 SQL 语句快速实现简单的 MapReduce 统计，不必开发专门的 MapReduce 应用，十分适合数据仓库的统计分析。

接下来，本章将详细介绍 Hive 的相关知识。

3.1 Hive 概述

从早期的互联网主流大爆发开始，主要的搜索引擎公司和电子商务公司就一直在跟不断增长的数据进行较量。同时，不断增长的数据所带来的价值也不言而喻，但要让蕴藏在海量数据中的价值高效地体现出来，必然涉及海量数据的计算，而传统的数据处理方式面对海量数据的挖掘计算可谓"心有余而力不足"。

因此，Hadoop 生态系统应运而生，Hadoop 实现了一个特别的计算模型——MapReduce，它可以实现分布式处理，而数据的存储依赖于 Hadoop 分布式文件系统（HDFS）。

不过，仍然存在一个挑战，就是用户如何从一个现有的数据基础架构转移到 Hadoop 上，而这个基础架构是基于传统关系型数据库和结构化查询语句（SQL）的。对于大量的 SQL 用户（包括专业数据库设计师、管理员及那些使用 SQL 从数据仓库中抽取信息的临时用户）来说，这个问题又将如何解决呢？

Hive 的出现正好可以解决这一系列问题，Hive 最初是由 Facebook 设计的，是基于 Hadoop 的一个数据仓库工具，可以将结构化的数据文件映射为一张数据库表，并提供简单的类 SQL 查询语言（称为 HiveQL）。底层将 HiveQL 语句转换为 MapReduce 任务运行，它允许熟悉 SQL 的用户基于 Hadoop 框架分析数据。其优点是学习成本低，对于简单的统计分析，不必开发专门的 MapReduce 程序，直接通过 HiveQL 即可实现。

3.1.1 Hive 体系架构

如图 3-1 所示，Hive 体系架构可以分为 4 部分。

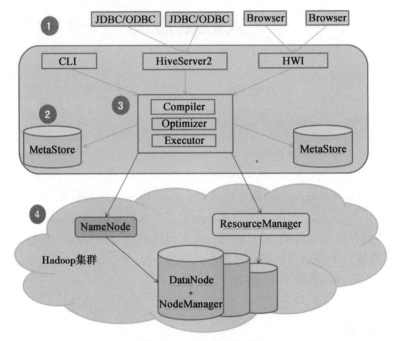

图 3-1　Hive 体系架构

- 用户接口。用户与 Hive 交互主要有 3 种方式：CLI、Client 和 WUI。CLI 方式主要用于 Linux 平台命令行查询。WUI 方式是 Hive 的 Web 界面访问方式，通过浏览器访问 Hive。Client 是 Hive 的客户端，连接至远程服务 HiveServer2。
- 元数据存储。Hive 将元数据存储在数据库中，如 MySQL、Derby 等，其中元数据存储依赖于 Metastore DB 服务。Hive 中的元数据包括表名、表的列和分区及其属性、表的属性（是否为外部表）、表的数据所在目录等。
- 解析器、编译器、优化器。完成 HQL 查询语句从词法分析、语法分析、编译、优化以及查询计划的生成，随后由 MapReduce 调用执行。
- 数据存储。Hive 中表的数据存储在 HDFS 中，包含表（Table）、外部表（External Table）、分区（Partition）、桶（Bucket）等数据模型，其中数据库、分区、表都对应 HDFS 上的某个目录，Hive 表里的数据存储在表目录下面。

HiveQL 执行过程：用户通过 CLI、JDBC/ODBC 或 WUI 接口提交 HiveQL 到 Hive-

Server2 服务，通过解释器、编译器、优化器完成 HiveQL 查询语句从词法分析、语法分析、编译、优化以及查询计划的生成，将元数据存储到数据库中，执行器完成查询计划的处理，由 MapReduce 调用执行。

1. 用户接口

Hive 对外提供了 3 种服务模式，即 CLI（Hive 命令行模式）、Client（Hive 的远程服务）和 WUI（Hive 的 Web 模式）。

（1）Hive 命令行模式

Hive 命令行模式有两种启动方式。

1）进入 Hive 安装目录 bin 目录下，执行命令：./hiv。

2）配置 Hive 环境变量，直接执行命令：hive -- service cli 或 hive。

Hive 命令行模式用于 Linux 平台命令行查询，查询语句跟 MySQL 查询语句类似，启动之后 Jps 查看发现有 RunJar 进程，启动如图 3-2 所示。

（2）Hive 的 Web 模式

Hive Web 界面的启动执行命令：hive –service hwi。启动之后，通过浏览器访问 http://master:9999/hwi/（其中，master 是 hive 服务所在机器的机器名，9999 是其默认端口），浏览器运行效果如图 3-3 所示。

图 3-2　Hive 命令行模式

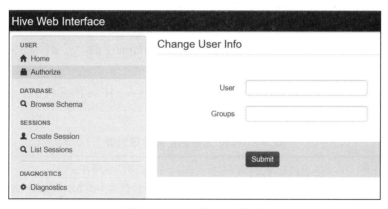

图 3-3　Hive 的 Web 模式

（3）Hive 的远程服务

远程服务（端口号默认 10000）启动执行命令：nohup hive --service hiveserver2 &。其中，"&" 是 Linux 命令，表示在后台运行。通过 JDBC 访问 Hive 就是使用这种启动方式，Hive 的 JDBC 连接和 MySQL 类似，其代码如代码清单 3-1 所示。

代码清单3-1　JDBC连接Hive

```
// 创建emp表
```

```
import java.sql.Connection;
import java.sql.DriverManager;
import java.sql.PreparedStatement;
import java.sql.ResultSet;
public class Test {
    public static void main(String[] args) {
        Class.forName("org.apache.hive.jdbc.HiveDriver");
        Connection conn=DriverManager.getConnection
("jdbc:hive2://192.168.0.130:10000/testhive","root","");
        String sql = "create table emp(empno int,ename string,job string) row format delimited fields terminated by ','";
        PreparedStatement ps =conn.prepareStatement(sql);
        ps.execute();
    }
}
```

2. Hive 元数据库

Hive 将元数据存储在 RDBMS 中，一般常用 MySQL 和 Derby。Hive 默认将元信息存储在内嵌的 Derby 中。如果使用默认的数据库 Derby，那么只能允许一个会话连接，只适合简单的测试。在实际的生产环境中，为了支持多用户会话，则需要一个独立的元数据库，使用 MySQL 作为元数据库，可以满足此要求，同时 Hive 内部对 MySQL 提供了很好的支持，所以生成环境一般情况下都是配置 MySQL 数据库作为 Hive 的元数据存储库。

Hive 在启动时会加载两个配置文件：默认配置文件 hive-default.xml 及用户自定义文件 hive-site.xml。当 hive-site.xml 中的配置参数值与 hive-default.xml 中不一致时，以用户自定义的为准。其中 hive-default.xml 是 hive-default.xml.template 的一个副本，hive-site.xml 是用户自定义的，其格式与 hive-default.xml 类似。

Hive 启动之后会在元数据库中创建元数据字典信息表，Hive 的元数据字典信息如表 3-1 所示。

表 3-1 Hive 元数据字典信息列表

表 名	说 明
BUCKETING_COLS	Hive 表 CLUSTERED BY 字段信息（字段名，字段序号）
COLUMNS	Hive 表字段信息（字段注释，字段名，字段类型，字段序号）
DBS	Hive 中所有数据库的基本信息
NUCLEUS_TABLES	元数据表和 hive 中 class 类的对应关系
PARTITIONS	Hive 表分区信息（创建时间，具体的分区）
PARTITION_KEYS	Hive 分区表分区键（名称，类型，comment，序号）
PARTITION_KEY_VALS	Hive 表分区名（键值，序号）
SDS	所有 Hive 表、表分区所对应的 HDFS 数据目录和数据格式
SEQUENCE_TABLE	Hive 对象的下一个可用 ID

(续)

表　　名	说　　明
SERDES	Hive 表序列化反序列化使用的类库信息
SERDE_PARAMS	序列化反序列化信息，如行分隔符、列分隔符、NULL 的表示字符等
SORT_COLS	Hive 表 SORTED BY 字段信息（字段名，sort 类型，字段序号）
TABLE_PARAMS	表级属性，如是否外部表、表注释等
TBLS	所有 Hive 表的基本信息

根据前面的介绍，已知 HiveQL 语句执行过程，结合元数据字典信息列表，Hive 创建表的整个过程可如下理解。

用户提交 HiveQL 语句→对其进行解析→分解为表、字段、分区等 Hive 对象。根据解析到的信息构建对应的表、字段、分区等对象，从 SEQUENCE_TABLE 中获取对象的最新 ID，与构建对象信息（名称、类型等）一同通过 DAO 方法写入元数据表中，成功后将 SEQUENCE_TABLE 中对应的最新 ID+5。

实际上常见的 RDBMS 都是通过这种方法进行组织的，其系统表中和 Hive 元数据一样显示了这些 ID 信息，而 Oracle 等商业的系统则隐藏了这些具体的 ID。通过这些元数据可以很容易读到数据，如创建一个表的数据字典信息、导出建表语句等。

3. Hive 的数据存储

首先，Hive 没有专门的数据存储格式，也没有为数据建立索引，用户可以自由地组织 Hive 中的表，只需要在创建表时说明 Hive 数据中的列分隔符和行分隔符，Hive 就可以解析数据。其次，Hive 中所有的数据都存储在 HDFS 中，Hive 的数据模型包括表（Table）、外部表（External Table）、分区（Partition）、桶（Bucket）。

Hive 中的表和数据库中的 Table 在概念上类似，每一个 Table 在 HDFS 中都有一个相应的目录存储数据。例如，一个表 people，它在 HDFS 中的路径为 /user/hive/warehouse/people，其中 /user/hive/warehouse 是在 hive-site.xml 中由参数 hive.metastore.warehouse.dir 指定的数据仓库的目录，所有的 Table 数据（不包括外部表）都保存在这个目录中。

外部表和表主要区别是对数据的管理。External Table 数据存储在建表时由 Location 指定的目录中，且当删除 External Table 时，只删除表的结构，而不删除数据。

分区对应于数据中 Partition 列的密集索引，但是 Hive 中 Partition 的组织方式与数据库中的不同。在 Hive 中，表中的一个 Partition 对应于表下的一个目录，所有 Partition 的数据都存在对应的目录中。例如，people 表包含 city 和 work 两个 Partition。

- ❑ 对应于 city=Beijing，work=teacher 的 HDFS 子目录为：
  /user/hive/warehouse/people/city=Beijing/work=teacher
- ❑ 对应于 city=Shanghai，work=clerk 的 HDFS 子目录为：
  /user/hive/warehouse/people/city=Shanghai/work=clerk

桶对指定列计算 hash，根据 hash 值切分数据，目的是并行，每个 Bucket 对应一个文件。例如将 salary 列分散至 32 个 bucket，那么首先需要对 salary 列计算 hash 值。

- hash 值为 0 的 HDFS 目录为：
  /user/hive/warehouse/people/city=Beijing/work=teacher/part-00000
- hash 值不为 0 的 HDFS 目录为：
  /user/hive/warehouse/people/city=Shanghai/work=clerk/part-00020

4. Hive 解释器

Driver 调用解释器（Compiler）处理 HiveQL 字符串，这些字符串可能是一条 DDL、DML 或查询语句。编译器将字符串转化为策略（plan）。策略由元数据操作和 HDFS 操作组成，元数据操作只包含 DDL 语句，HDFS 操作只包含 LOAD 语句。对插入和查询而言，策略由 MapReduce 任务中的具有方向的非循环图（directedacyclic graph，DAG）组成，具体流程如下。

- 解析器：将查询字符串转换为解析树表达式。
- 语义分析器：将解析树表达式转换为基于块的内部查询表达式，将输入表的模式信息从 metastore 中进行恢复。用这些信息验证列名，展开 SELECT * 以及类型检查。
- 逻辑策略生成器：将内部查询表达式转换为逻辑策略，这些策略由逻辑操作树组成。
- 优化器：通过逻辑策略构造多途径并以不同方式重写。优化器的功能如下。
  1）将多 multiple join 合并为一个 multi-way join；
  2）对 join、group-by 和自定义的 map-reduce 操作重新进行划分；
  3）削减不必要的列；
  4）在表扫描操作中进行使用断言（predicate）；
  5）对于已分区的表，削减不必要的分区；
  6）在抽样（sampling）查询中，削减不必要的桶。

此外，优化器还能增加局部聚合操作用于处理大分组聚合（grouped aggregations），增加再分区操作用于处理不对称（skew）的分组聚合。

3.1.2　Hive 数据类型

Hive 的数据类型可以分为两大类：基础数据类型和复杂数据类型。需要注意的是，在创建表时数据类型不区分大小写。

1. 基础数据类型

基础数据类型包括：TINYINT、SMALLINT、INT、BIGINT、BOOLEAN、FLOAT、DOUBLE、STRING、BINARY、TIMESTAMP、DECIMAL、CHAR、VARCHAR、DATE，它们与传统 SQL 中的数据类型很类似，具体数据类型及所占字节如表 3-2 所示。

表 3-2　Hive 数据类型

类　　型	大　　小	举　　例
TINYINT	1BYTE 有符号整型	20
SMALLINT	2BYTE 有符号整型	20
INT	4BYTE 有符号整型	20
BIGINT	8BYTE 有符号整型	20
BOOLEAN	布尔类型	True
FLOAT	单精度浮点型	3.14159
DOUBLE	双精度浮点型	3.14159
STRING（CHAR、VARCHAR）	字符串	'hello world'
TIMESTAMP（DATE）	时间戳	1327882394
BINARY	字节数组	01
DECIMAL	小数	24.0
CHAR	字符类型	'a'
VARCHAR	字符串类型	'abc'
DATE	时间类型	2017-2-24

2. 复杂数据类型

（1）ARRAY

ARRAY 类型是由一系列相同数据类型元素组成的，这些元素可以通过下标来访问，ARRAY 类型的下标是从 0 开始的。例如 user 是一个 ARRAY 类型，由 ['firstname', 'lastname'] 组成，那么可以通过 user[1] 来获取该用户的 lastname。

（2）MAP

MAP 包含 key → cfvalue 键值对，可以通过 key 来访问元素。例如 user 是一个 map 类型，其中 name 是 key，age 是 value，那么可以通过 user['name'] 来获取对应的 age。

（3）STRUCT

STRUCT 可以包含不同数据类型的元素。这些元素可以通过"点语法"的方式来获取。例如 user 是一个 STRUCT 类型，那么可以通过 user.age 得到该用户的年龄。

3.1.3　Hive 安装

Hive 在安装之前需要先配置好其元数据库，本书中 Hive 使用的元数据库为 MySQL，所以需要先配置好 MySQL 数据库。在配置好元数据库后，对 Hive 相关配置文件进行配置以及对其主要配置内容进行解读。

1. MySQL 安装及配置

MySQL 数据库可以安装在 Windows 或 Linux 上（这里只说主要的少数操作系统，如

Mac 操作系统请读者自行查找），在 Windows 上安装直接双击下载好的 exe 文件即可，这里不做过多介绍。主要介绍基于 Linux 下的 MySQL 安装配置。

安装 MySQL 可以分为在线安装和离线安装。

- 在线安装：在线安装需要 Linux 机器联网才行，同时保证 yum 源可用（只针对本书使用的 Linux 版本 CentOS，如果是 Ubuntu 则参考对应的命令即可），执行如下命令，即可安装 MySQL。

```
yum install mysql-server.x86_64 -y
```

- 离线安装：离线安装不需要 Linux 机器联网，但是需要预先下载必要的安装包，包括：MySQL-server-5.6.28-1.el6.x86_64.rpm、MySQL-client-5.6.28-1.el6.x86_64.rpm、MySQL-devel-5.6.28-1.el6.x86_64.rpm（如果是非 CentOS 系统，请查看对应安装包）。接着，执行如代码清单 3-2 所示的命令，即可安装 MySQL。

代码清单3-2　Linux离线安装MySQL命令

```
rpm -ivh MySQL-server-5.6.28-1.el6.x86_64.rpm
rpm -ivh MySQL-client-5.6.28-1.el6.x86_64.rpm
rpm -ivh MySQL-devel-5.6.28-1.el6.x86_64.rpm
```

如果 Hive 服务和 MySQL 不在同一个机器，那么需要开启 MySQL 远程权限。在 MySQL 的终端执行 MySQL 命令即可（针对 root 用户开启远程访问权限），如代码清单 3-3 所示。

代码清单3-3　MySQL开启远程访问权限命令

```
use mysql;
delete from user where 1=1;
GRANT ALL PRIVILEGES ON *.* TO 'root'@'%' IDENTIFIED BY 'root' WITH GRANT OPTION;
FLUSH PRIVILEGES;
```

修改完 MySQL 访问权限后，使用命令 service mysqld start 启动 MySQL，接着在其他机器直接访问 MySQL，看是否可以访问，如果可以访问，则说明配置成功。

2. Hive 配置

本书中，如无特殊说明，使用的 Hive 都是 1.2.1 版本，如果读者使用其他版本请参考本节及官网文档进行配置。Hive 的配置包括以下几个步骤：

1）上传 apache-hive-1.2.1-bin.tar.gz 到 Linux 机器（Hive 服务所在的机器），并解压到 /usr/local 目录，其命令如下所示。

```
tar -zxvf apache-hive1.2.1-bin.tar.gz -C /usr/local
```

2）拷贝 /usr/local/apache-hive-1.2.1-bin/conf 目录下的 hive-env.sh.template 为 hive-env.sh，并添加 HADOOP_HOME 路径配置。编辑 /etc/profile，添加 Hive 环境变量。

```
export HIVE_HOME=/usr/local/apache-hive-1.2.1-bin,
export PATH=$HIVE_HOME/bin:$PATH
```

3）进入 MySQL，创建元数据库，名称为 hive，在 $HIVE_HOME/conf 目录下新建 hive-site.xml 文件，其内容如代码清单 3-4 所示。

代码清单3-4　hive-site.xml配置文件

```xml
<property>
<name>javax.jdo.option.ConnectionURL</name>
<value>jdbc:mysql://master:3306/hive?createDatabaseIfNotExist=true</value>
</property>
<property>
<name>javax.jdo.option.ConnectionDriverName</name>
<value>com.mysql.jdbc.Driver</value>
</property>
<property>
<name>javax.jdo.PersistenceManagerFactoryClass</name>
<value>org.datanucleus.api.jdo.JDOPersistenceManagerFactory</value>
</property>
<property>
<name>javax.jdo.option.DetachAllOnCommit</name>
<value>true</value>
</property>
<property>
<name>javax.jdo.option.NonTransactionalRead</name>
<value>true</value>
</property>
<property>
<name>javax.jdo.option.ConnectionUserName</name>
<value>root</value>
</property>
<property>
<name>javax.jdo.option.ConnectionPassword</name>
<value>root</value>
</property>
<property>
<name>javax.jdo.option.Multithreaded</name>
<value>true</value>
</property>
<property>
<name>datanucleus.connectionPoolingType</name>
<value>BoneCP</value>
</property>
<property>
<name>hive.metastore.warehouse.dir</name>
<value>/user/hive/warehouse</value>
</property>
<property>
<name>hive.server2.thrift.port</name>
<value>10000</value>
</property>
<property>
```

```xml
<name>hive.server2.thrift.bind.host</name>
<value>master</value>
</property>
<!--
<name>hive.metastore.uris</name>
<value>thrift://master:9083</value>
<property>
-->
<name>hive.hwi.listen.host</name>
<value>0.0.0.0</value>
</property>
<property>
<name>hive.hwi.listen.port</name>
<value>9999</value>
</property>
<property>
<name>hive.hwi.war.file</name>
<value>lib/hive-hwi-1.2.1.war</value>
</property>
```

其中，部分重要属性说明如下。

- javax.jdo.option.ConnectionURL：配置 MySQL 数据库连接，用来存储 Hive 元信息。
- javax.jdo.option.ConnectionDriverName：MySQL 数据库驱动名称。
- javax.jdo.option.ConnectionUserName：MySQL 数据库用户名。
- javax.jdo.option.ConnectionPassword：MySQL 数据库密码。
- hive.metastore.warehouse.dir：Hive 数据存储的 HDFS 目录，用来存储 Hive 数据库、表等数据。
- hive.server2.thrift.bind.host：远程服务 HiveServer2 绑定的 IP。
- hive.server2.thrift.port：远程服务 HiveServer2 绑定的端口。
- hive.metastore.uris：Hive 远程安装模式下，绑定元数据存储服务器，所在服务器要启动 metastore 服务。
- hive.hwi.listen.host：配置 Hive Web 方式时，绑定的 IP 地址，这里使用 master（机器名和 IP 通用）。
- hive.hwi.listen.port：配置 Hive Web 方式时，监听的端口。
- hive.hwi.war.file：配置 Hive Web 方式时，对应的 war 包内容包含 Hive 源码中 Web 相关内容。

4）Jar 包配置：添加 MySQL 驱动 mysql-connector-java-5.1.25-bin.jar 到 $HIVE_HOME/lib 目录；将 $HADOOP_HOME/share/hadoop/yarn/lib/ 下的 jline*.jar 文件替换为 $HIVE_HOME/lib/jline-2.12.jar。

5）启动 Hive。用户与 Hive 有 3 种交互方式，其中 Web 访问方式对应 hwi 服务，JDBC 访问对应 hiveserver2 服务，CLI 方式直接与 Hive 交互。

- CLI 方式启动：在 Shell 命令行输入 hive，直接进入 hive；使用 Jps 命令查看进程，如有 RunJar 进程，则正常启动。
- Web 表方式启动：在 Shell 中输入 nohup hive –service hwi &；然后在浏览器访问 IP:9999/hwi/ 可看到 Hive Web 界面，则正常启动。
- 远程服务方式启动：在 Shell 中输入 nohup hive --service hiveserver2 &；然后执行 netstat –ntpl |grep 10000，如果可以看到 10000 端口已绑定 IP，则正常启动。

3.1.4 动手实践：Hive 安装配置

在 3.1.1 节已介绍过 HiveQL 的执行流程及所用到的服务，为了更好地学习 Hive，后面有大量的动手实践，这些实践都是基于已搭建好的 Hive，因此为了便于学习，Hive 的安装配置是必需的。此实验即是完成 Hive 的安装配置，根据下面的实验步骤完成实验。

实验步骤：

1）上传解压 Hive 安装包，添加环境变量，配置 hive-site.xml。
2）安装 MySQL 服务，开启远程权限，创建元信息数据库。
3）上传 MySQL 驱动，Hive 相关 jline-*.jar 包替换。
4）以 CLI 方式启动 Hive。

思考：

1）如果 Hive 服务和 MySQL 服务在同一台机器，那么是否还需要开启 MySQL 的远程访问权限？
2）第 3 步中替换 jline 相关 jar 包是否必须？为什么要替换？

3.1.5 动手实践：HiveQL 基础——SQL

HiveQL 与传统 SQL 语句非常类似，将 HiveQL 与传统 SQL 编写进行比较，发现二者的区别及各自的优势，无疑是学习 Hive 的一个捷径。因此，在这里设置了 SQL 练习，目的是先让大家熟悉 SQL 的编写，作为后面学习 HiveQL 的基础。

如表 3-3、表 3-4、表 3-5 所示，有 3 张表：部门信息表（dept）、雇员信息表（emp）、薪水等级表（salgrade），其中部门信息表（dept）和雇员信息表（emp）通过 EMPNO 字段关联，三张表的关联关系如表 3-4 所示。在了解表结构以及表关联关系后，根据实验步骤完成实验。

表 3-3 dept 表

字 段	类 型	含 义
Deptno	Number(2)	部门编号
Dname	Varchar2(14)	部门名字
Loc	Varchar2(14)	部门所在地

表 3-4 emp 表

字 段	类 型	含 义
Empno	Number(4)	雇员编号
Ename	Varchar2(10)	雇员姓名
Job	Varchar2(9)	工作岗位
Mgr	Number(4)	该雇员的经理人编号
Hiredate	Date	入职时间
Sal	Number(7,2)	薪水
Comm	Number(7,2)	津贴
Deptno	Number(2)	雇员所在部门编号

表 3-5 salgrade 表

字 段	类 型	含 义
Grade	Number(5)	薪水等级
Losal	Number(5)	该等级的最低薪水值
Hisal	Number(5)	该等级的最高薪水值

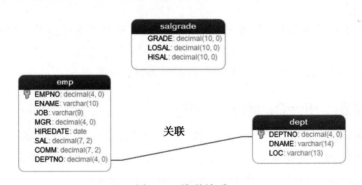

图 3-4 关联关系

实验步骤：

1）使用 NavicatPremium 工具连接 MySQL 数据库。

2）新建数据库，使用数据 hive\data\data.psc 还原备份。

3）完成以下 SQL 练习题。

❑ distinct 关键字的应用

- 查看 emp 表中所有员工所在的部门情况。
- 去掉部门情况中重复的部门。
- 当部门编号和工作岗位组合后，有重复的就去掉。

❑ where 查询条件与运算符

- 查看 emp 表中薪水大于 1500 的记录所有信息。
- 查看 emp 表中姓名等于 CLARK 的记录信息。
- 查看 emp 表中部门编号不等于 10 的记录的所有信息。
- 查看 emp 表中工资在 800 至 1500 之间的记录的所有信息。
- 查看 emp 表中津贴不等于 null 的所有记录。
- 查看 emp 表中薪水是 800 或 1500 或 2000 的记录的所有信息。

❑ order by 排序
  - 按部门编号升序排列（默认 asc 为升序）。
  - 将部门编号不为 10 的所有员工按员工编号升序排列。
  - 将所有员工先按部门编号升序排序，当部门一样时，再按姓名降序排序。

❑ max()、min()、avg()、sum()、count() 函数应用
  - 查看 emp 表中最高的薪水。
  - 查看 emp 表中平均薪水是多少并对其四舍五入保留两位小数显示。
  - 计算 emp 表中总的薪水是多少。
  - 统计 emp 表中总的记录是多少。

❑ group by 应用
  - 将各部门的平均薪水找出来。
  - 将平均薪水大于 2000 的部门找出来。
  - 找出薪水大于 1200 的所有员工，并按部门编号分组，找出部门平均薪水在 1500 以上的部门编号及其平均薪水，并按平均薪水降序排列。

❑ 表自连接查询
  从 emp 表中查找每个员工对应的经理人是谁，并要求按经理人排序。

❑ 子查询（嵌套查询）
  - 在 emp 表中，查找哪个员工的工资最高。
  - 在 emp 表中，查找哪些员工的工资高于平均工资。
  - 在 emp 表中，查找各部门中哪个员工的工资最高。
  - 每个部门的平均工资所属的等级。

3.2 HiveQL 语句

HiveQL 是一种类 SQL 语言，用于分析处理存储在 HDFS 中的结构化数据，它不支持事务及更新操作，延迟比较大。但是，HiveQL 语句通过解释器、编译器、优化器转换为 MapReduce 作业提交到 Hadoop 集群执行，可以并行处理海量数据，大大方便了数据分析人员，简化他们的编程操作。HiveQL 有 3 种执行方式：hive 命令行；hive -e hiveql；hive -f hive.script。

其中，-e 选项的执行方式是直接执行跟着后面的 HiveQL 命令；而 -f 选项则是执行一个包含 HiveQL 命令的文件。

HiveQL 语句和常规的 SQL 语句类似，主要包括管理命令和查询命令。管理命令包括：数据库常规操作、表常规操作、数据导入导出；查询命令就是各种 select 和多种条件结合查询的语句。下面分别介绍。

3.2.1　数据库操作

数据库相关操作就是创建数据库、查看数据库、使用数据库、删除数据库，其命令对应为：create database mydatabase、show databases、use mydatabase、drop database mydatabase。

3.2.2　Hive 表定义

Hive 和 MySQL 的表操作语句很类似，如果熟悉 MySQL，学习 Hive 的表操作就非常容易了。代码清单 3-5 是 Hive 创建表的基本语法。

代码清单3-5　Hive创建表语句

```
CREATE [EXTERNAL] TABLE [IF NOT EXISTS] [db_name.]table_name
  [(col_name data_type [COMMENT col_comment], ...)]
  [PARTITIONED BY (col_name data_type, ...)]
  [CLUSTERED BY (col_name, col_name, ...) [SORTED BY (col_name [ASC|DESC], ...)]
INTO num_buckets BUCKETS]
  [ROW FORMAT row_format]
  [STORED AS file_format]
  [LOCATION hdfs_path]
```

其中，参数说明如下：

- CREATE TABLE：创建一个指定名字的表。如果相同名称的表已经存在，则抛出异常；用户可以使用 IF NOT EXISTS 这个选项来忽略这个异常。
- EXTERNAL：该关键字可以让用户创建一个外部表，在建表的同时使用 LOCATION 关键字指向数据存储路径。外部表在删除时，只删除其对应的元数据，而不删除数据。
- COMMENT：用作字段的注释。
- PARTITIONED BY：指定分区表的分区字段，可以为多个字段。
- CLUSTERED BY：Hive 中 Table 可以拆分成 PARTITION，Table 和 PARTITION 可以通过 PARTITIONED BY 进一步分为 Bucket，Bucket 中的数据可以通过 CLUSTERED BY 对数据排序。
- STORED AS：指定 Hive 文件存储格式，Hive 存储格式有以下 4 种：
  - TEXTFILE 格式，默认格式，数据不压缩，磁盘开销大，数据解析开销大。可结合 Gzip、Bzip2 使用（系统自动检查，执行查询时自动解压），但使用这种方式，

Hive 不会对数据进行切分，从而无法对数据进行并行操作。
- SequenceFile 格式，是 Hadoop API 提供的一种二进制文件支持，其具有使用方便、可分割、可压缩的特点。SequenceFile 支持 3 种压缩选择：NONE、RECORD、BLOCK。Record 压缩率低，一般建议使用 BLOCK 压缩。
- RCFILE 格式，是一种行列存储相结合的存储方式。首先，其将数据按行分块，保证同一个 record 在一个块上，避免读一个记录需要读取多个块。其次，块数据列式存储，有利于数据压缩和快速的列存取。

❑ LOCATION：创建外表时，指定数据在 HDFS 上的存储目录。

Hive 中定义表有 5 种方式，分别为：创建内表、创建外表、创建静态分区表、创建动态分区表、创建带有数据的表。接下来将详细介绍这 5 种创建表的方式。

1. 创建内表

创建内表是比较常见的一种创建表的方式，使用 CREATE TABLE 创建，使用 LOAD DATA 加载数据。这种表可以理解为数据和表都保存在一起的数据表，当通过 DROP TABLE 删除时，元数据和表数据都会删除。例如，创建一个内表 customer，其字段包括 ID、姓名和生日，使用 HiveQL 进行建表，其建表语句如代码清单 3-6 所示。

代码清单3-6　创建customer表

```
CREATE TABLE customer(
customerID INT,
firstName STRING,
lastName STRING,
birthday TIMESTAMP)
ROW FORMAT DELIMITED FIELDS TERMINATED BY',';
```

其中，"ROW FORMAT DELIMITED FIELDS TERMINATED BY ','"表示指定使用 "," 分隔每列数据。

2. 创建外表

外表的创建与内表的不同之处在于，在创建时带有 EXTERNAL 关键字、外表可以理解为元数据和表数据存储在不同的地方，在删除外表时，只是删除了外表的元信息，即表的结构，但表的数据依然在 HDFS 目录中。例如，创建外表 salaries 的代码如代码清单 3-7 所示。

代码清单3-7　创建salaries表

```
CREATE EXTERNAL TABLE salaries (
gender string,
age int,
salary double,
zip int)
ROW FORMAT DELIMITED FIELDS TERMINATED BY ',' LOCATION '/user/train/salaries/';
```

说明：

- ❑ salaries 表是外表，与 customer 表相比，创建时带有 EXTERNAL 前缀和 LOCATION。
- ❑ LOCATION 用来指定数据存储位置（默认存储在 hive-site.xml 中 hive.metastore.warehouse.dir 对应目录下面）。

3. 动手实践：创建内 / 外表

通过该动手实践，可以让读者熟悉 HiveQL 基本建表语句，帮助理解 Hive 表的结构及其对应 HDFS 目录关系，在实践过程中深刻理解 Hive 的有关知识。请读者根据实验步骤完成该动手实践。

实验步骤：

1）参考如下示例 HiveQL 语句，创建内表 customer，查看表结构、HDFS 目录结构。

```
CREATE TABLE customer( customerID INT, firstName STRING, lastName STRING,
birthday TIMESTAMP )
ROW FORMAT DELIMITED FIELDS TERMINATED BY ',';
```

2）参考如下 HiveQL 语句，创建外表 salaries，查看表结构，HDFS 结构。

```
CREATE EXTERNAL TABLE salaries( gender string, age int, salary double, zip int )
ROW FORMAT DELIMITED FIELDS TERMINATED BY ',' LOCATION '/user/train/salaries';
```

思考：

1）customer 与 salaries 表的 HDFS 目录结构有何区别？
2）创建外表能否去掉 LOCATION 关键字？能否去掉 EXTERNAL 关键字？为什么？

4. 创建静态分区表

一般的 SELECT 查询会扫描整个表，但是如果一个表创建时使用了 PARTITIONED BY 子句，查询时就可以只扫描它关心的那一部分，即只扫描指定的分区，如此就可以大大提高查询效率。例如创建 employees_part 静态分区表，其建表语句如代码清单 3-8 所示。

代码清单 3-8 创建 employees 表

```
-- 1、创建employees表
CREATE TABLE employees (
id int,
name string,
salary double,
depts string)
ROW FORMAT DELIMITED FIELDS TERMINATED BY '\t';
-- 2、导入数据到employees表
LOAD DATA LOCAL INPATH '/data/employees_part.txt' OVERWRITE INTO TABLE employees;
-- 3、创建静态分区表employees_part
CREATE TABLE employees_part (
id int,
name string,
salary double
```

```
depts string)
PARTITIONED BY (dept string) ROW FORMAT DELIMITED FIELDS TERMINATED BY '\t';
4、导入数据到静态分区表employees_part
INSERT OVERWRITE TABLE employees_part PARTITION(dept='SALES') SELECT * FROM
employees WHERE depts='SALES';
```

针对代码清单 3-8 语句，做如下说明：

- 创建 employees 表并导入数据，创建 employees_part 静态分区表，从 employees 表查询数据并导入。
- 表列数据用制表符 '\t' 分隔，PARTITIONED BY 指定分区字段为 dept，导入数据时可以指定分区导入。
- 使用 PARTITION(dept='SALES') 指定分区导入数据后，HDFS 目录结构如图 3-5 所示。

5. 动手实践：静态分区表

通过创建静态分区表，查看其结构及 HDFS 目录，深刻理解分区的概念，对比创建的内表及外表，理解它们之间的区别，根据实验步骤完成实验。

Name	Type	Size	Replication	Block Size
dept=SALES	dir			

图 3-5　HDFS 目录结构

实验步骤：

1）创建 employees 表，并导入数据 hive/data/employees_part.txt，命令语句如代码清单 3-9 所示。

代码清单3-9　创建employees表

```
CREATE TABLE employees ( id int, name string , salary double) PARTITIONED BY (dept
string) ROW FORMAT DELIMITED FIELDS TERMINATED BY '\t' ;
LOAD DATA LOCAL INPATH '/data/employees_part.txt' OVERWRITE INTO TABLE employees;
```

2）创建静态分区表 employees_part，并从 employees 表查询数据导入 SALES 分区，命令语句如代码清单 3-10 所示。

代码清单3-10　创建静态分区表employees_part

```
CREATE TABLE employees_part (
id int,
name string,
salary double)
PARTITIONED BY (dept string) ROW FORMAT DELIMITED FIELDS TERMINATED BY '\t';
INSERT OVERWRITE TABLE employees_part PARTITION(dept='SALES') SELECT
    id,name,salary FROM employees WHERE dept='SALES';
```

3）查看 employees_part 表结构及对应 HDFS 目录结构。

思考：

1）如果有多个分区字段，则 HDFS 结构如何变化？
2）多个分区字段加大效率的同时，会有什么不好的地方？

6. 创建动态分区表

在 Hive 中，默认是使用静态分区的，其动态分区功能是关闭的。但有时因为业务需求，而需要动态创建不同的分区，这时就用到了 Hive 的动态分区。动态分区功能可以通过设置 hive.exec.dynamic.partition 参数来开启，其默认值是 false，开启需要设置为 true。同时，hive.exec.dynamic.partition.mode 为必须至少有一个分区字段是指定有值的，其默认值为 strict，需要设置为 nostrict，分区字段可以全为动态指定。

代码清单3-11　创建student_dynamic表

```
-- 1、创建student表
CREATE TABLE student (
id int,
name string,
score double,
classes string)
ROW FORMAT DELIMITED FIELDS TERMINATED BY '\t';
-- 2、导入数据到student表
load data local inpath '/data/students.txt' overwrite into table student;
-- 3、创建动态分区表student_dynamic
set hive.exec.dynamic.partition=true;
set hive.exec.dynamic.partition.mode=nostrict;
CREATE TABLE student_dynamic (
id int,
name string,
score double,
classes string)
PARTITIONED BY (class string) ROW FORMAT DELIMITED FIELDS TERMINATED BY '\t';
-- 4、导入数据到动态分区表
INSERT OVERWRITE TABLE student_dynamic PARTITION(class) SELECT *,classes FROM student;
```

动态分区表 student_dynamic 的分区字段为 class，使用 INSERT 语句导入分区数据时，PARTITION 关键字指定的分区字段顺序必须与 SELECT 语句中后面的几个查询字段顺序保持一致，但名称可以不一致。表 student_dynamic 只有一个分区字段，由以上 INSERT 语句，可知分区字段 class 与查询字段 classes 对应，导入数据后 HDFS 目录结如图 3-6 所示。

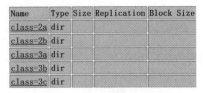

图 3-6　HDFS 目录结构

7. 动手实践：动态分区表

假如 HDFS 上有一份一个月的原始数据，数据量非常大，需要加载到 Hive 中处理，可能仅需要对某几天的数据进行分析，这时就可以创建动态分区表，指定以天为分区字段，在导入数据时就会将每一天的数据放到不同的分区目录中，当分析某一天的数据时，指定分区即可，无需全表扫描，即可快速得出分析结果。此实验即是这种建表方式的一个简单应用。根据实验步骤，完成实验。

实验步骤：

1）创建 student 表，并导入数据 hive/data/students.txt，命令语句如代码清单 3-12 所示。

代码清单3-12　创建student表

```
CREATE TABLE student (
id int,
name string,
score double,
classes string)
ROW FORMAT DELIMITED FIELDS TERMINATED BY '\t';
LOAD DATA LOCAL INPATH '/data/students.txt' OVERWRITE INTO TABLE student;
```

2）创建 student_dynamic 表，命令语句如代码清单 3-13 所示。

代码清单3-13　创建student_dynamic表

```
set hive.exec.dynamic.partition=true;
set hive.exec.dynamic.partition.mode=nostrict;
CREATE TABLE student_dynamic (
id int,
name string,
score double,
classes string)
PARTITIONED BY (class string) ROW FORMAT DELIMITED FIELDS TERMINATED BY '\t';
```

3）导入数据到 student_dynamic 表，观察 HDFS 目录结构变化，如图 3-7 所示。

```
hive> INSERT OVERWRITE TABLE student_dynamic PARTITION (class) SELECT *,classes FROM student ;
      Partition tipdm.student_dynamic{class=2a}
      Partition tipdm.student_dynamic{class=2b}
      Partition tipdm.student_dynamic{class=3a}
      Partition tipdm.student_dynamic{class=3b}
      Partition tipdm.student_dynamic{class=3c}
```

图 3-7　HDFS 目录结构变化

思考：步骤 3 的导入语句中，SELECT 查询语句中的 classes 字段能否去掉？为什么？

8. 创建带有数据的表

在实际应用中，表的输出结果可能非常多，不适合显示在控制台上，因此，可将 Hive 的查询结果直接存储在一个新的临时表中，以便分析。比如，现在有表 stu，需要针对表 stu 进行查询，然后创建临时表 stucopy，其中表 stucopy 的数据直接从表 stu 查询得到。

```
CREATE TABLE stucopy  AS SELECT id,name,score FROM stu;
```

9. 动手实践：创建带有数据的表

在实际应用中，创建带有数据的表是很常用的，可以从原始表分析出来一些结果，后续可能还要对这些结果进行再次分析。为了方便，可以将第一次的分析结果导出到另外一张表中，即创建带有数据的表，创建表的同时导入数据。此实验即是这种建表方式的一个简单应用。根据实验步骤，完成实验。

实验步骤：

1）创建 stu 表，并导入数据（导入数据可以参考 3.2.3 节内容）。

```
CREATE TABLE stu (id int, name string , score double , classes string) ROW FORMAT DELIMITED FIELDS TERMINATED BY '\t' ;
LOAD DATA INPATH '/data/students.txt' OVERWRITE TABLE stu;
```

其中，/data/students.txt 可以在 hive/data/students.txt 中下载。

2）参考前面，创建带有数据的 stucopy 表。

思考：对比表 stu 与 stucopy 表结构及 HDFS 目录结构，有何不同？

3.2.3 数据导入

Hive 数据导入，又称 Hive 数据装载。Hive 在装载数据时没有做任何转换，加载到表中的数据只是进入相应的配置单元表的位置移动数据文件。语法如下：

```
LOAD DATA [LOCAL] INPATH 'filepath' [OVERWRITE] INTO TABLE tablename [PARTITION (partcol1=val1, partcol2=val2 ...)]
```

LOAD 操作只是单纯地复制 / 移动操作，将数据文件移动到 Hive 表对应的位置，filepath 可以是以下类型。

❑ 相对路径：例如 project/data。
❑ 绝对路径：例如 /user/hive/project/data。
❑ 包含模式的完整 URI：例如 hdfs://namenode:8020/user/hive/project/data。

注意：filepath 可以引用一个文件或一个目录，加载的目标（tablename）可以是一个表或分区。如果是一个分区表，必须指定分区名称。

Hive 中导入数据有 4 种方式：本地导入、HDFS 导入、单表插入、多表插入。接下来将详细讲解每种导入方式。

1. 本地与 HDFS 导入

本地导入数据时，被导入文件在本地文件系统中（Hive 客户端所在的系统，比如 Linux）；HDFS 导入数据时，被导入文件在 HDFS 文件系统中。导入数据语法如下：

```
LOAD DATA [LOCAL] INPATH 'filepath' OVERWRITE INTO TABLE table_name PARTITION (字段='值') ;
```

如果是直接导入表（非分区表），那么不需要后面指定的 PARTITION 语句。如果导入的是分区表，那么过程会比较复杂。具体分析如下：

❑ 导入语句带有 LOCAL 关键字，那么 LOAD 命令会查找本地文件系统中的 filepath。如果没有 LOCAL 关键字，那么就会查找 HDFS 上面的路径。这里建议使用绝对路径，如 file:///user/hive/project/data，或 hdfs://namenode:8020/user/root/data/test.txt。
- LOAD 命令会将 filepath 中的文件复制到目标文件系统中（也就是 HDFS 中）。
- OVERWRITE 指定覆盖表之前的数据，如果是追加，则去掉 OVERWRITE 关键字即可。
- 如果是内表，那么数据会被复制到 hive-site.xml 配置文件中 hive.metastore.warehouse.dir 对应目录下；如果是外表，那么数据会被复制 LOCATION 指定目录下。

2. 动手实践：本地及 HDFS 导入

本地导入和 HDFS 导入一般导入的是原始数据，可能是存储在文件系统中的各种不同的文件，这两种导入方式在使用 Hive 处理数据时是必不可少的。下面请读者根据实验步骤，完成本次实验。

实验步骤：

1）创建 customer_local 表，本地导入数据 hive/data/customer.txt。

```
CREATE TABLE customer_local( customerID INT, firstName STRING,lastName STRING ,
birthday STRING) ROW FORMAT DELIMITED FIELDS TERMINATED BY ',';
```

2）创建 customer_hdfs 表（字段与 customer_local 字段一样），用 HDFS 方式导入数据 hive/data/customer.txt（需要先把数据上传到 HDFS）。

思考：

1）customer_hdfs 表和 customer_local 表的数据是否一样？HDFS 中的目录结构是否一样？

2）如果 customer_local 表是按照 birthday（年）进行分区，那么导入 HiveQL 语句应该怎么编写？

3. 单表插入

单表插入指从一张表中查询数据插入另一张表，两张表都是提前创建好的，且单表插入时，对应的查询字段与要插入的表中的字段类型对应。单表插入语法如下：

```
INSERT[OVERWRITE|INTO]表1[PARTITION（part1=val1,part2=val2）]SELECT字段1,字段2,字段3
FROM表2;
```

说明如下：

- 从表 2 查询字段 1、字段 2、字段 3 插入表 1 中，插入时可以指定分区插入。
- 表 1 中的 3 个字段与表 2 中的 3 个字段类型对应一致。
- OVERWRITE 指覆盖原有表或分区数据，INTO 指追加数据到分区或表。

4. 动手实践：单表插入

实际生产中，原始数据全部导入一张表中，但由于业务需求不同，可能某些分析只需要原始数据中的部分属性，因此，可以从原始数据表中查询并插入当前业务表中，这样以后分析时只针对该表分析，不用针对原始表进行分析，提高效率。本次实验为单表插入，读者根据实验步骤，完成本次实验。

实验步骤：

1）创建外表 employees_external 并使用本地导入数据 HiveQL 语句导入数据，数据在 hive/data/employees.txt 中。

```
CREATE EXTERNAL TABLE employees_external( id int, name string , salary double )
ROW FORMAT DELIMITED FIELDS TERMINATED BY '\t' ;
```

2）创建外表 employees_part。

```
CREATE EXTERNAL TABLE employees_part(name string , salary double ) PARTITIONED BY
(dept string) ROW FORMAT DELIMITED FIELDS TERMINATED BY '\t'  LOCATION '/data/
out_part';
```

3）使用单表插入导入数据到 employees_part 中，并查看 HDFS 结构。

思考：

1）单表插入 HiveQL 语句应该怎么编写？

2）如果在查询的导入数据的时候，只关心 salary 大于 1000 的数据，应该怎么编写单表插入的 HiveQL 语句？

5. 多表插入

多表插入指可以从一个源表中执行多个查询，并将结果导入多个表中。语法结构是把 INSERT 语句倒过来，把 FROM 放在最前面。从表 1 查询数据，插入到表 2 和表 3 中，语法如下：

```
FROM 表1
INSERT INTO TABLE 表2 SELECT 字段 LIMIT N
INSERT INTO TABLE 表3- SELECT 字段 WHERE … ;
```

多表插入类似于数据导入的第 3 种方式，从别的表中查询出相应的数据并导入 Hive 表。与第 3 种导入方式的区别是：多表插入可以从一个源表中执行多个查询，并将结果导入多个表中。

6. 动手实践：多表插入

多表插入与单表插入很类似，其应用场景有一定的区别，实际生产中，原始数据全部导入一张表中，单表插入一次只能插入一张业务表。但如果事先已根据业务需求，创建好多个用于不同业务分析的表，这时就用到多表插入了，一条语句可将不同的数据插入多个表中，提高效率。下面将创建 3 个表 emp、empcopy1、empcopy2，其中 empcopy1 和 empcopy2 表通过多表插入方式，从 emp 表中查询并导入数据。注意：empcopy1 表和 empcopy2 表结构不同。

请读者根据实验步骤，完成本次多表插入实验。

实验步骤：

1）创建 emp 表，参考如下 HiveQL 语句。

```
CREATE EXTERNAL TABLE emp ( id int , name string , salary double ) ROW FORMAT
DELIMITED FIELDS TERMINATED BY '\t' LOCATION '/data/out_emp';
```

2）使用 HDFS 导入数据方式，导入数据 hive/data/employees.txt 到 emp 表。

3）创建 empcopy1 和 empcopy2 表，参考如下 HiveQL 语句。

```
CREATE EXTERNAL TABLE empcopy1 ( id int , name string ) ROW FORMAT DELIMITED
FIELDS TERMINATED BY '\t' LOCATION '/data/out_empcopy1';
CREATE EXTERNAL TABLE empcopy2 (name string, name string ) ROW FORMAT DELIMITED
FIELDS TERMINATED BY '\t' LOCATION '/data/out_empcopy2';
```

4）执行多表插入，并查看插入结果。

思考：

1）多表插入 HiveQL 语句应该怎么编写？

2）如果在查询的导入数据的时候，只关心 salary 大于 1000 的数据，应该怎么编写多表插入的 HiveQL 语句？

3.2.4 数据导出

Hive 不支持用 INSERT 语句一条一条地进行插入操作，也不支持 UPDATE 操作。数据以 LOAD 的方式加载到建立好的表中，数据一旦导入就不可以修改。通过查询可以将表中的数导出到本地或 HDFS。Hive 数据导出有两种方式：导出到本地和导出到 HDFS。接下来将详细介绍两种导出方式。

1. 导出数据到本地及 HDFS

当在 Hive 中已经完成分析后，需要将数据导出为一个文件（而不是导出到另外一个表）给第三方用于其他应用系统时，这时就涉及数据的离线转移（这里指文件系统的改变）。这种情况就需要这种导出方式。

导出数据具体语法如下：

```
INSERT OVERWRITE [LOCAL] DIRECTORY'路径' ROW FORMAT DELIMITED FIELDS TERMINATED
BY ',' SELECT 字段1, 字段2, 字段3 FROM 表名;
```

- ❑ 如果添加 LOCAL 关键字，那么导出的是本地目录；如果没有该关键字，那么导出的是 HDFS 目录；
- ❑ "ROW FORMAT DELIMITED FIELDS TERMINATED BY ','"在这里指定导出数据的分隔符为逗号。
- ❑ OVERWRITE LOCAL DIRECTORY 表示查询结果将覆盖本地目录。

2. 动手实践：导出数据到本地

结合之前学过的知识，创建一张表，使用 hive -e 方式为其导入数据，并根据条件查询相关数据导出到本地文件系统。请读者根据实验步骤，完成以下数据导出实验。

实验步骤：

1）创建 customer_exp 表，参考如下 HiveQL 语句。

```
CREATE TABLE customer_exp ( customerID INT, firstName STRING, lastName STRING, birthday STRING) ROW FORMAT DELIMITED FIELDS TERMINATED BY ',';
```

2）导入数据 hive/data/customer.txt 到 customer_exp 表，查看如下 Hive 命令。

```
hive -e "user test ; LOAD DATA LOCAL INPATH '/data/customer.txt' OVERWRITE INTO TABLE customer_exp;"
```

3）导出 customer_exp 表中 firstName 以大写字母 S 开头（Hive 中区分大小写）的数据到本地。

4）导出 customerID 大于 20000 的数据到 HDFS。

思考：

1）数据导出到本地的 HiveQL 语句应该怎样编写？

2）如果导出数据的条件变化，又应该如何修改 HiveQL 语句？

3.2.5　HiveQL 查询

HiveQL 是一种类似 SQL 的语言，它与大部分的 SQL 语法兼容，但是并不完全支持 SQL 标准，如 HiveQL 不支持更新操作，也不支持事务，它的子查询和 join 操作也很有限，这是因其底层依赖于 Hadoop 云平台这一特性决定的。但其有些特点是 SQL 所无法企及的，例如多表查询、支持 create table as select 和集成 MapReduce 脚本等。本节主要介绍 Hive 常用的 HiveQL 查询操作。

1. HiveQL 基本语法

以下是 HiveQL 的基本语法，理解 HiveQL 语句的执行过程是掌握 HiveQL 的前提，依据 HiveQL 执行过程来编写 HiveQL 无疑是一个快捷而高效的思路。本节将为大家介绍 HiveQL 的执行过程及相关子句。

HiveQL 基本语法如下：

```
SELECT [ALL|DISTINCT] 字段列表(字段1 别名,……)
FROM 表1 别名, 表2 别名,……
WHERE 条件……
GROUP BY 分组字段   HAVING(组约束条件)
ORDER BY 排序字段1 Asc | Desc, 字段2 Asc|Desc,……
[CLUSTER BY 字段 | [DISTRIBUTE BY字段] [SORT BY字段]]
LIMIT M,N;
```

HiveQL 语句执行流程如下：

1）系统先执行 FROM 子句，可知道从哪些表取数据，数据如何取，依据什么条件；接着执行 WHERE 子句；然后基于前面的结果进行分组，HAVING 子句对分组约束，若没有

GROUP BY 子句则整张表为一个组。

2）执行 SELECT 语句，这里只能使用分组中的字段，或分组函数。到此结果已经有了，下面执行 ORDER BY 或 CLUSTER BY 等，控制结果的数据；最后执行 LIMIT 语句，限制输出的记录数。

具体单个子句的意义如下。

- ALL|DISTINCT：ALL 指返回有的记录，DISTINCT 指返回其后字段不重复的记录。
- GROUP BY：按照其后的字段分组，通常配合 HAVING 使用，HAVING 后面的条件是对组的约束。
- ORDER BY：按某个字段排序，且是全局排序，会启动一个 reducer 任务。当参数 hive.mapred.mode 为 strict 时，配合 LIMIT 使用。
- CLUSTER BY：用于查询时会按照其后的字段分发数据到 reducer 中，相同字段的数据会分发到同一个 reducer 中，且有序。但不保证一个 reducer 中只有相同字段的数据，常用于向桶表中插入数据。
- DISTRIBUTE BY：用于查询时会按照其后的字段分发数据到 reducer 中，相同字段的数据会分发到同一个 reducer 中，且无序。但不保证一个 reducer 中只有相同字段的数据，常用于向桶表中插入数据，常配合 SORT BY 使用。
- SORT BY：用于查询时，如果有多个 reducer 任务，则能保证每个 reducer 中的数据有序，全局无序。
- LIMIT：LIMIT 语句中 M 指索引，从 0 开始。N 指从 M 下标开始，包含 M 下标数据，取 N 条记录。其中 M 可以省略，默认为 0。

以下将结合具体的 HiveQL 例子进行讲解。在此之前要做如下准备工作：将 3.1.5 节中的 3 张表 dept、emp、salgrade 迁移到 Hive 中，具体可以参考 hive/scripts/create_3table.hive、hive/scripts/load_3table.hive 脚本，其数据分别在 hive/data/dept.txt、hive/data/emp.txt、hive/data/salgrade.txt 文件中。

2. HiveQL ALL|DISTINCT 关键字

DISTINCT 关键字作用是去掉重复的记录，ALL 是保留重复的记录，默认为 ALL。使用 DISTINCT 关键字需要注意以下几点：

- DISTINCT 后面可跟单个或多个字段。
- DISTINCT 可用于分组函数中，例如 COUNT(DISTINCT col)。
- DISTINCT 必须放在 SELECT 子句的开头，SELECT 显示的字段只能是 DISTINCT 指定的字段，其他字段是不可能出现的。

以下为使用 DISTINCT 的具体例子：

1）查询 emp 表所有员工所在部门情况。

```
select distinct deptno from emp;
```

2）查询 emp 表相同部门不同职位的部门职位信息。

```
select distinct deptno, job from emp;
```

3. HiveQL 内置函数

常用内置函数有 max()、min()、avg()、sum()、count()、concat()、substr()、round() 函数。函数使用注意以下几点：

- max()、min()、avg()、sum() 函数分别计算某列最大、最小、平均值及和。
- count() 为统计函数，统计记录的行数，例如，count(distinct col)。
- concat() 为字符串连接函数，例如，concat('hello,', 'world')，结果为，'hello,world'。
- substr() 为字符串截取函数，substr（STRINGs，开始下标，截取长度），例如，substr('201601061121',0,8)，结果为 20160106。
- round() 为格式化函数，round(num,n)，其中，num 为数字，n 为小数点后 n 位小数。

以下是使用内置函数具体的例子：

1）查看 emp 表中平均薪水是多少，并对其四舍五入保留两位小数显示。

```
select round(avg(sal),2) from emp;
```

2）统计 emp 表中有多少个不重复部门。

```
select count(distinct deptno) from emp;
```

4. HiveQL ORDER BY 关键字

ORDER BY 子句主要用来按某个字段排序，且是全局排序，会启动一个 reducer 任务。hive-site.xml 文件中当参数 hive.mapred.mode 默认为 nonstrict，当设置为 strict 时，需要配合 LIMIT 使用，原因是 ORDER BY 进行全局排序时，所有的数据都会发送到一个 reducer 中，当数据量很大时，效率会很慢甚至出现异常，使用 LIMIT 可防止这种情况发生。

以下是使用 ORDER BY 子句的具体例子：

1）将部门编号不为 10 的所有员工按员工编号升序排列。

```
select empno,ename from emp where deptno<>10 order by empno asc;
```

2）将所有员工先按部门编号升序，当部门一样时，再按姓名降序排列。

```
select ename, sal, deptno from emp order by deptno asc,ename desc;
```

5. HiveQL GROUP BY 用法

GROUP BY 的作用是进行分组，按照其后的字段分组，可使用多个字段进行分组。通常配合 HAVING 使用，HAVING 后面的条件是对组的约束。同时 SELECT 子句中的字段必须是分组中的字段或分组函数。

以下是使用 GROUP BY 子句的具体例子：查询 emp 表平均薪水大于 2000 的部门编号及平均薪水。

```
select avg(sal), deptno from emp group by deptno having avg(sal) > 2000;
```

6. HiveQL JOIN ON 用法

JOIN ON 子句主要用于表的连接，用法是：JOIN 表 ON 条件，即按某个条件关联两个表，与 WHERE 子句作用相同。

以下是使用 JOIN ON 子句的具体例子：查询 emp 表薪水大于 2500 的员工姓名及所在部门名称。

```
select a.ename,b.dname from emp a join dept b on a.deptno=b.deptno where a.sal > 2500;
```

7. HiveQL 子查询

在有些业务场景下一个简单的 HiveQL 语句可能无法完成分析，需要两个甚至多个才能完成分析或利用子查询完成分析。子查询即是在一个简单的查询中内嵌了另外一个查询。

以下是使用子查询的具体例子：

1）在 emp 表中，查询工资最高的员工姓名、薪水。

```
select ename,sal from emp a,(select max(sal) max_sal from emp) b where a.sal = b.max_sal;
```

2）在 emp 表中，查询工资高于平均工资的员工姓名、薪水。

```
select ename,sal from emp a,(select avg(sal) avg_sal from emp) b where a.sal > b.avg_sal;
```

8. 动手实践：HiveQL 查询

为了使读者深刻理解并熟练掌握 HiveQL 查询，设计如下动手实践。该动手实践用到了 HiveQL 查询中讲解过的相关知识，请读者根据实验步骤，完成实验。

实验步骤：

1）查询 emp 表中所有雇员的姓名、年薪。
2）查看 emp 表中工资在 800 至 1500 之间的记录所有信息。
3）查询 emp 表部门编号不为 10 的员工编号、姓名，并按员工编号升序排列。
4）查询 emp 表每个部门的编号、平均工资。
5）统计 emp 表中有多少个不重复部门。
6）查询 emp 表薪水大于 2000 的员工的姓名及所在部门名称。
7）在 emp 表中，查询工资最高的员工的姓名、薪水。
8）在 emp 表中，查询工资高于平均工资的员工姓名、薪水。
9）查询 emp 表平均年薪小于 30 000 的部门编号、平均年薪。

思考：

1）在执行查询的时候如果涉及排序，那么 Hive 转换为 MapReduce 程序的效率是否很低？

2）针对有 Reducer 的 Hive 查询语句，是否可以设置 Reducer 的个数？

3.3 动手实践：基于 Hive 的学生信息查询

前面已讲解了 Hive 表定义、导入导出数据、查询等相关知识，本节是对相关 HiveQL 语句的整体回顾。该动手实践全面考查了 HiveQL 语句的相关知识，包括多种表的创建方式、数据导入导出方式等。请读者根据实验步骤，完成实验。

实验步骤：

1）创建 students 表，表结构如表 3-6 所示。

表 3-6 students 表结构字段说明

字 段 名	类 型	字 段 名	类 型
id	int	course_id	int
name	string	score	double
gender	string	classes	string
age	int		

2）导入数据 hive\data\ students_data.txt 到 students 表。

3）创建 course 表，包含两个字段，字段 course_id 为整型，course_name 为字符串类型，并导入数据 hive\data\course.txt。

4）创建动态分区表 students_dynamic，表结构如图 3-8 所示。

5）按班级分区，从 students 表导入数据到 students_dynamic 分区表，导入后，其 HDFS 结果如图 3-9 所示。

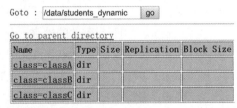

图 3-8 students_dynamic 表结构字段说明　　图 3-9 students_dynamic 分区表 HDFS 目录结构

6）创建 classA、classB、classC 三张表，同时分别导入 students_dynamic 表中 3 个对应分区的数据。导入后，其 HDFS 结果如图 3-10 所示。

7）查询 classA、classB、classC 三个班级的平均分，并导出到 HDFS 目录 /data/score_avg 下，其 HDFS 结果如图 3-11 所示。

8）找出所有学生中，course_id 为 40 的课程分数最高的同学，输出该同学姓名、分数、课程名称、所在班级到本地目录 /data/40_max_score。

思考：

1）第 4 步中的动态分区表可以用静态分区表代替吗？为什么？

2）如果按成绩分区可以吗？怎么做？

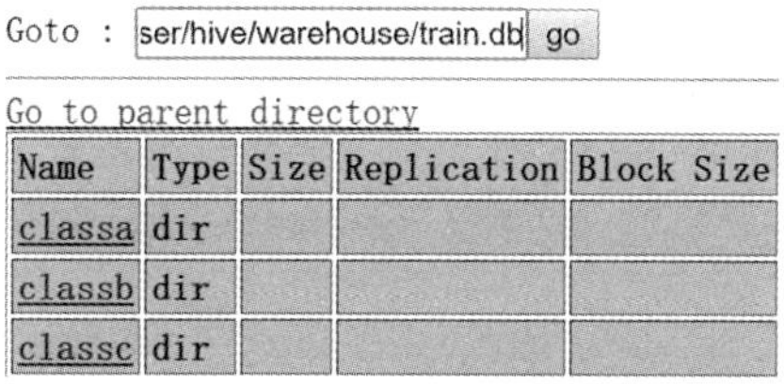

图 3-10　classA、classB、classC 表对应 HDFS 目录结构

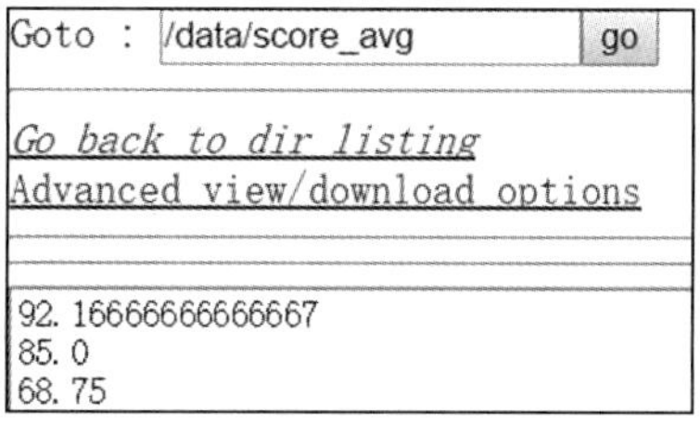

图 3-11　HDFS 上各班级平均分

3.4　基于 Hive 的航空公司客户价值数据预处理及分析

在本节中，使用 Hive 针对航空客户价值分析的前期挖掘内容进行处理和分析，即进行数据预处理的工作。接下来的挖掘建模、客户价值分析等内容将在后面章节给出。

3.4.1　背景与挖掘目标

信息时代的来临使得企业营销重点从产品中心转变为客户中心，客户关系管理成为企业的核心问题。客户关系管理的关键问题是客户分类，通过客户分类，得到不同价值的客户，采取个性化服务方案，将有限营销资源集中于高价值客户，实现企业利润最大化目标。面对激烈的市场竞争，各个航空公司都推出了更优惠的营销方式来吸引更多的客户。国内某航空公司面临着常旅客流失、竞争力下降和航空资源未充分利用等经营危机，通过建立合理的客户价值评估模型，对客户进行分群，分析比较不同客户群的客户价值，制定相应营销策略，对不同的客户群提供个性化的客户服务是必需的和有效的。目前该航空公司已积累了大量的会员档案信息和其乘坐航班记录，经加工后得到如图 3-12 所示的部分数据信息。

各个字段说明如表 3-7 所示。

表 3-7　航空信息属性表

	属 性 名 称	属 性 说 明
客户基本信息	MEMBER_NO	会员卡号
	FFP_DATE	入会时间
	GENDER	性别
	FFP_TIER	会员卡级别
	WORK_CITY	工作地城市
	AGE	年龄
乘机信息	FLIGHT_COUNT	观测窗口内的飞行次数（单位：次）
	LOAD_TIME	观测窗口的结束时间
	LAST_TO_END	最后一次乘机时间至观测窗口结束时长（单位：天）
	AVG_DISCOUNT	平均折扣率

(续)

	属性名称	属性说明
乘机信息	SUM_YR	观测窗口的票价收入
	SEG_KM_SUM	观测窗口的总飞行公里数（单位：公里）
	LAST_FLIGHT_DATE	末次飞行日期
积分信息	EXCHANGE_COUNT	积分兑换次数
	EP_SUM	总精英积分
	POINTS_SUM	总累计积分
	BP_SUM	总基本积分

MEMBER_NO	FFP_DATE	FIRST_FLIGHT	GENDER	FFP_T	WORK_CITY	WORK_PROVINCE	WORK_COUNTRY	AGE	LOAD_TIME	FLIGHT	BP_SUM
289047040	2013/03/16	2013/04/28	男	6			US	56	2014/03/31	14	147158
289053451	2012/06/26	2013/05/16	男	6	乌鲁木齐	新疆	CN	50	2014/03/31	65	112582
289022508	2009/12/08	2010/02/05	男	5		北京	CN	34	2014/03/31	33	77475
289004181	2009/12/10	2010/10/19	男	4	S.P.S	CORTES	HN	45	2014/03/31	6	76027
289026513	2011/08/25	2011/08/25	男	6	乌鲁木齐	新疆	CN	47	2014/03/31	22	70142
289027500	2012/09/26	2013/06/01	男	5	北京	北京	CN	36	2014/03/31	26	63498
289058898	2010/12/27	2010/12/27	男	4	ARCADIA	CA	US	35	2014/03/31	5	62810
289037374	2009/10/21	2009/10/21	男	4	广州	广东	CN	34	2014/03/31	4	60484
289036013	2010/04/15	2013/06/02	女	6	广州	广东	CN	54	2014/03/31	25	59357
289046087	2007/01/26	2013/04/24	男	6	.	天津	CN	47	2014/03/31	36	55562
289062045	2006/12/26	2013/04/17	女	5	长春市	吉林省	CN	55	2014/03/31	49	54255
289061968	2011/08/15	2011/08/20	男	6	沈阳	辽宁	CN	41	2014/03/31	51	53926
289022276	2009/08/27	2013/04/18	男	5	深圳	广东	CN	41	2014/03/31	62	49224
289056049	2013/03/18	2013/07/28	男	4	Simi Valley		US	54	2014/03/31	12	49121
289000500	2013/03/12	2013/04/01	男	5	北京	北京	CN	41	2014/03/31	65	46618
289037025	2007/02/01	2011/08/22	男	6	昆明	云南	CN	57	2014/03/31	28	45531
289029053	2004/12/18	2005/05/06	男	4			CN	46	2014/03/31	6	41872
289048589	2008/08/15	2008/08/15	男	5	NUMAZU		CN	60	2014/03/31	15	41610
289005632	2011/08/09	2011/08/09	男	5	南阳县	河南	CN	47	2014/03/31	40	40726
289041886	2011/11/23	2013/09/17	女	5	温州	浙江	CN	42	2014/03/31	7	40589
289049670	2010/04/18	2010/04/18	男	5	广州	广东	CN	39	2014/03/31	35	39973
289020872	2008/06/22	2013/06/30	男	6	.	北京	CN	47	2014/03/31	33	39737
289021001	2008/03/09	2013/07/10	男	6			CN	47	2014/03/31	40	39584
289041371	2011/10/15	2013/09/04	男	6	武汉	湖北	CN	56	2014/03/31	30	38089
289062046	2007/10/19	2007/10/19	男	5	上海	上海	CN	39	2014/03/31	48	37188
289037246	2007/08/30	2013/04/18	男	6	贵阳	贵州	CN	47	2014/03/31	40	36471
289045852	2006/08/16	2006/11/08	男	4	ARCADIA	CA	US	69	2014/03/31	8	35707

图 3-12 航空信息数据截图

观测窗口的意思是，以过去某个时间点为结束时间，某一时间长度作为宽度，得到历史时间范围内的一个时间段。

根据表 3-7 和图 3-12 所示数据，本节主要实现如下目标：

❑ 对航空公司客户数据进行探索分析，得出数据分布情况或基本规律；

❑ 根据数据探索分析结果，进行数据预处理，包括数据清洗、属性归约、数据变换，得到挖掘建模所需要的数据。

3.4.2 分析方法与过程

本案例针对前期数据分析处理部分主要包括以下几个步骤：
- 从航空公司的数据源中进行数据抽取。
- 对抽取的数据集进行数据探索分析，包括数据缺失值与异常值的探索分析。
- 根据数据探索分析结果，对数据进行预处理，包括数据清洗、属性归约、数据变换，进而得到挖掘建模所需要的数据。

建模所需数据指将客户关系长度 L、消费时间间隔 R、消费频率 F、飞行里程 M 和折扣系数的平均值 C 五个指标作为航空公司识别客户价值指标，如表 3-8 所示。记为 LRFMC 模型指标数据。

表 3-8 指标含义表

模型	L	R	F	M	C
航空公司 LRFMC 模型	会员入会时间距观测窗口结束的月数	客户最近一次乘坐公司飞机距观测窗口结束的月数	客户在观测窗口内乘坐公司飞机的次数	客户在观测窗口内累计的飞行里程	客户在观测窗口内乘坐舱位所对应的折扣系数的平均值

1. 数据抽取

以 2014-03-31 为结束时间，选取宽度为两年的时间段作为分析观测窗口，即抽取 2012-04-01 至 2014-03-31 内所有乘客的详细数据，总共 62 988 条记录。记录包含了会员卡号、入会时间、性别、年龄、会员卡级别、工作地城市、工作地所在省份、工作地所在国家、观测窗口结束时间、观测窗口乘机积分、飞行公里数、飞行次数、飞行时间、乘机时间间隔、平均折扣率等 44 个属性。

2. 数据探索分析

使用 Hive 对数据进行缺失值分析与异常值分析，得出数据的规律以及异常值。根据原始数据进行数据探索分析，分析目标如下：
- 原始数据中存在票价为空值，票价为空值的数据可能是客户不存在乘机记录造成的。
- 票价最小值为 0、折扣率最小值为 0、总飞行公里数大于 0 的数据，其可能是客户乘坐 0 折机票或者积分兑换造成。

分析得到的结果如表 3-9 所示。

表 3-9 数据探索分析结果表

属性名称	SUM_YR_1	……	SEG_KM_SUM	AVG_DISCOUNT
空值记录数	591		0	0
最小值	0		368	0.0

3. 动手实践：数据探索分析

数据探索分析主要用于发现原始数据的分布情况、基本规律等，为后面的数据预处理提供依据，根据业务分析，得出数据探索分析的目标。

该实验根据数据探索目标使用 Hive 对原始数据进行缺失值分析与异常值分析，得出数据的规律以及异常值。请读者根据实验步骤，完成实验。

实验步骤：

1）使用 hive\script\ create_air_data_base.hive 脚本创建 air_data_base 表。

2）导入数据 hive\script\air_data_base.txt 到 air_data_base 表。

3）统计 SUM_YR_1、SEG_KM_SUM、AVG_DISCOUNT 三个字段的空值记录数，保存到 null_count 表中。

4）统计 SUM_YR_1、SEG_KM_SUM、AVG_DISCOUNT 三个字段的最小值，并保存到 min_count 表中。

思考：

1）票价 SUM_YR_1 为 0 与为空一样吗？各自可能是什么原因造成的？

2）能否先将实验步骤 3 中 3 个字段不为空值的记录保存到一张表中，在步骤 4 再基于此表进行分析？与以上实验结果会有何区别？

4. 数据预处理

在使用 Hive 针对所有数据进行了初步探索后，就需要采用数据归约、数据清洗、与数据变换的预处理方法来针对数据进行进一步的处理，本节就进行数据预处理的相关分析。

（1）数据清洗

通过数据探索分析，发现数据中存在缺失值、票价为 0 或折扣率为 0 的数据等。由于原始数据量大，这类数据所占比例较小，对结果影响不大，因此对其进行丢弃处理。具体数据清洗规则如下：

❑ 丢弃票价为空的记录。

❑ 丢弃平均折扣率为 0.0 的记录。

❑ 丢弃票价为 0、平均折扣率不为 0、总飞行公里数大于 0 的记录。

根据数据清洗规则对数据进行清洗，结果如表 3-10 所示。其中先丢弃原始数据中票价为空的记录，中间结果存储在 sum_yr_1_not_null 表，再丢弃平均折扣率为 0.0 的记录，中间结果存储在 avg_discount_not_0 表，最后丢弃票价为 0、平均折扣率不为 0、总飞行公里数大于 0 的记录，最终结果存储在 sum_0_seg_avg_not_0 表。

表 3-10 数据清洗结果表

表名	记录数	表名	记录数	表名	记录数
sum_yr_1_not_null	62397	avg_discount_not_0	62386	sum_0_seg_avg_not_0	61587

（2）动手实践：数据清洗

通过数据探索分析，发现数据中存在缺失值、票价为 0 或折扣率为 0 的数据分布情况。

因此,需要对原始数据进行数据清洗,请读者依据上节数据清洗规则和如下实验步骤完成实验。

实验步骤:

1)丢弃票价为空的记录,将结果存储到 sum_yr_1_not_null 表(读者自定义该表,下同)。

2)丢弃平均折扣率为 0.0 的记录,将结果存储到 avg_discount_not_0 表。

3)丢弃票价为 0、平均折扣率不为 0、总飞行公里数大于 0 的记录,将结果存储到 sum_0_seg_avg_not_0 表。

思考:

1)各个清洗规则对应的实际情况是怎样的?

2)存储各个规则清洗掉的数据到 Hive 中,可以使用怎样的 HiveQL 语句来进行表数据插入?有哪几种方法?

(3)属性归约

从清洗后的数据中,根据航空公司客户价值 LRFMC 模型,选择与 LRFMC 指标相关的 6 个属性:入会时间(FFP_DATE)、观测窗口的结束时间(LOAD_TIME)、观测窗口的飞行次数(FLIGHT_COUNT)、平均折扣率(AVG_DISCOUNT)、观测窗口总飞行公里数(SEG_KM_SUM)、最后一次乘机时间至观察窗口末端时长(LAST_TO_END)。经过属性选择后的数据集如表 3-11 所示。

表 3-11 属性归约后的数据集

LOAD_TIME	FFP_DATE	LAST_TO_END(months)	FLIGHT_COUNT	SEG_KM_SUM(km)	AVG_DISCOUNT(%)
2014-03-31	2014-03-16	23	14	126850	1.02
2014-03-31	2012-06-26	6	65	184730	0.76
2014-03-31	2009-12-10	123	6	62259	1.02
2014-03-31	2009-12-08	2	33	60387	1.27

(4)动手实践:属性归约

为了构建航空公司客户价值 LRFMC 模型,需要从数据清洗后的数据中,选择与 LRFMC 指标相关的 6 个属性,相关属性在实验步骤中有说明,请读者根据实验步骤完成实验。

实验步骤:

从数据清洗结果中选择 6 个属性:FFP_DATE、LOAD_TIME、FLIGHT_COUNT、AVG_DISCOUNT、SEG_KM_SUM、LAST_TO_END,形成数据集,存储到 flfasl 表中。

思考:

1)为什么这 6 个属性是和客户价值 LRFMC 模型是相关的?可以选择其他属性吗?

2）Hive 的 flfasl 表是否需要分区？

3）从清洗后的 Hive 表选取数据到 flfasl 表中可用的 HiveQL 语句有哪些？

（5）数据变换

数据变换是将数据转换成"适当的"格式，以适应挖掘任务及算法的需要。本案例中主要采用的数据变换方式有属性构造和数据标准化。原始数据中并没有直接给出 LRFMC5 个指标，需要结合属性归约后的数据提取这 5 个指标，具体如表 3-12 所示。

表 3-12 提取的 5 个 LRFMC 指标

指标名称	计算方式
会员入会时间距离观测窗口结束的月数（L）	L=LOAD_TIME-FFP_DATE
客户最近一次乘坐公司飞机距观测窗口结束的月数（R）	R=LAST_TO_END
客户在观测窗口内乘坐公司飞机的次数（F）	F=FLIGHT_COUNT
客户在观测时间内在公司累计的飞行里程（M）	M=SEG_KM_SUM
客户在观测时间内乘坐舱位所对应的折扣系数的平均值（C）	C=AVG_DISCOUNT

提取 5 个指标的数据后，使用 Hive 对每个指标取值范围进行分析，如表 3-13 所示。可以发现 5 个指标的取值范围数据差异较大，为了消除数量级数据带来的影响，需要对数据进行标准化处理。

表 3-13 LRFMC 指标取值范围

属性名称	L	R	F	M	C
最小值	12.23	0.03	2	368	0.11
最大值	114.63	24.37	213	580717	1.5

标准化处理后，形成 ZL、ZR、ZF、ZM、ZC 五个属性的数据，如表 3-14 所示。

表 3-14 标准化处理后的数据集

ZL	ZR	ZF	ZM	ZC
1.68988211	0.140299458	−0.635787795	0.068794184	−0.337185929
1.68988211	−0.322442488	0.852453133	0.84384813	−0.553612813
1.681743419	−0.487707469	−0.210576101	0.158568772	−1.094680026
1.534185416	−0.785184434	0.002029746	0.273090747	−1.148786747
0.890167271	−0.426559426	−0.635787795	−0.685169859	1.231908986

（6）动手实践：数据变换

属性归约结果中有 6 个属性，需要基于此 6 个属性计算出 LRFMC 五个指标，用于模型输入，根据上面的计算规则提取这 5 个指标，请读者根据实验步骤，完成此实验。

实验步骤：

1）构造 LRFMC5 个指标，并将结果存储到 lrfmc 表中。

2）根据 lrfmc 表，统计 LRFMC 五个指标的取值范围。

思考：

1）使用 HiveQL 如何统计每个指标的取值范围？

2）使用 HiveQL 可以直接对数据进行标准化处理吗？如果可以，怎么编写 HiveQL 语句？如果不行，可以有其他方法吗？

3.5 本章小结

本章首先介绍了 Hive 的基本概念以及 Hive 的体系架构，包括用户接口、元数据库、数据存储、解释器等。针对 Hive 的数据类型、安装配置等做了简单介绍。通过这些介绍可以让读者对 Hive 有一个完整的认识，并且搭建好 Hive 开发环境。在此基础上，对本章的重点环节——HiveQL 语句进行了详细的介绍，比如常用的 Hive 各种表定义、数据导入导出以及 HiveQL 查询，而且每个小节都有对应的动手实践，帮助读者理解对应的 HiveQL 语句。如果读者自己动手完成每个实验，那么对与其对应的 HiveQL 语句将会有一个更加深入的了解。最后一节给出了一个实际用到 Hive 的项目，主要分析了 Hive 在项目开发中的作用，也就是用于数据探索分析、数据预处理部分。

通过本章的学习，相信读者对 Hive 会有一个完整清晰的认识，并且读者能够非常熟练地应用各种 HiveQL 来对自己的实际海量数据进行分析。在已经到来的大数据时代，相信 Hive 将会成为您分析大数据的又一利器。

Chapter 4 第 4 章

大数据快速读写——HBase

本章主要介绍 HBase 的基本概念、原理、架构，包括数据模型、数据读取 / 写入原理、模式设计、RowKey 设计等，在动手实践环节分析了常用的 HBase shell 操作，给出了 HBase 的 Java API 操作及 HBase 与 MapReduce 交互实例等。在本章最后，通过一个真实的企业案例，分析如何应用 HBase 相关技术解决相关业务，实现相关功能，使读者可以真正认识到 HBase 在企业及实际生产环节中的应用。

4.1 HBase 概述

HBase 是 Hadoop 平台下的数据存储引擎，是一个非关系型数据库，即一个 NoSQL 数据库。它能够为大数据提供实时的读 / 写操作。由于 HBase 具备开源、分布式、可扩展性以及面向列的存储特点，使得 HBase 可以部署在廉价的 PC 服务器集群上，处理大规模的海量数据。但如果数据只有千到百万级行，最好还是考虑使用关系型数据库。

HBase 最早由 Google 的 Bigtable 演变而来，其存储的数据从逻辑上就像一张很大的表，并且它的数据列可以根据需要动态增加。HBase 的存储的是松散型数据，也就是半结构化数据，所以存储维度是动态可变的，也就是说 HBase 表中的每一行可以包含不同数量的列，并且某一行的某一列还可以有多个版本的数据，这主要通过时间戳范围进行区分。

HBase 的存储方式有两种，一种是使用操作系统的本地文件系统，另外一种则是在集群环境下使用 Hadoop 的 HDFS。为了提高数据的可靠性和系统的健壮性，并且发挥 HBase 处理大型数据的能力，还是使用 HDFS 作为文件存储系统更为稳妥。

HBase 比较适合于在线的数据分析，虽然 HBase 对 Hadoop 添加了一些事务的特性，可以使用户对表进行增删、改查，但是对于事务支持还是略显不足。

我们总是被告知说 HBase 不同于传统数据库，那它和传统数据库到底有哪些不一样呢？表 4-1 显示了其与 RDBMS 的特点对比，从其对比中可以看出，如果应用场景是大数据的话，使用 HBase 更为合适。

表 4-1 HBase 与 RDBMS 特点对比

	HBase	RDBMS
硬件	集群商用硬件	较贵的多处理器硬件
容错	针对单个或少个节点宕机没有影响	需要额外较复杂的配置
数据大小	TB 到 PB 级数据，千万到十亿级行	GB 到 TB 级数据，十万到百万级行
数据层	一个分布式、多维度的、排序的 Map	行或列导向
数据类型	只有 Bytes	多种数据类型支持
事务	单个行的 ACID	支持表间和行间的 ACID
查询语言	支持自身提供的 API	SQL
索引	Row-key 索引	支持
吞吐量	每秒百万次查询	每秒千次查询

表 4-2 显示了 HBase 与 HDFS 的对比，从中也可以看出 HBase 和 HDFS 最大的不同是随机读取。HDFS 对一次写入、多次读取的场景支持较好，但是对于随机读取支持比较差，而 HBase 则弥补了这一不足，这也正是 HBase 得以发展的原因。

表 4-2 HBase 与 HDFS 特点对比

	HBase	HDFS
存储	HBase 是一个数据库，构建在 HDFS 之上	HDFS 是一个分布式的文件系统，用于存储大量文件数据
查询	HBase 支持快速表数据查找	HDFS 不支持快速单个记录查找
延迟性	在十亿级表中查找单个记录延迟低	对于批量操作延迟较大
读取方式	可以随机读取数据	只能顺序读取数据

在本书第 3 章中，已对 Hive 进行了介绍，通过本章前面几段的描述，读者可能觉得 HBase 和 Hive 似乎差别不大，其实不然。表 4-3 显示了两者间的特点对比。

表 4-3 HBase 与 Hive 特点对比

	HBase	Hive
延迟性	在线，低延迟	批处理，较高延迟
适用范围	在线读取	批量查询
结构化	非结构化数据	结构化数据
适用人员	程序员	分析人员

此外，在 HBase 之上还可以使用 Hadoop 的 MapReduce 的计算模型来并行处理大规模数据，这也是 HBase 具有强大性能的核心所在。它向下提供了存储，向上提供了运算，将数据存储与并行计算完美地结合在一起，如图 4-1 所示。

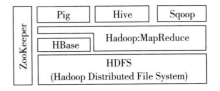

图 4-1　HBase 在 Hadoop 生态系统中的位置

表 4-4 列出了 HBase 的适用场景。

表 4-4　HBase 适用场景与非适用场景

适 用 场 景	非适用场景
针对已经存在的 Hadoop 集群 针对大量的数据 要求快速随机读取或写入 简单访问模式	只需要增加数据的场景 只有批量处理而不是随机读取的场景 复杂的访问模式（如 joins） 需要完全 SQL 支持 单个节点可以处理所有数据的场景

从表 4-4 中也可以看出，如果使用场景中的数据量没有达到比较高的量级或者访问的模式较为复杂，并不推荐使用 HBase。

4.2　配置 HBase 集群

HBase 的配置有 3 种模式，分别为单机模式、伪分布模式和完全分布式模式。其中伪分布式模式、完全分布式模式需要有 Zookeeper、Hadoop 集群的支持，本章中的模式是完全分布式模式，所以需要读者的集群环境中已经配置好 Hadoop 集群和 Zookeeper 集群。

  注意：Zookeeper 集群可由读者自行配置，或者直接使用 HBase 中自带的 Zookeeper 集群，不过这里一般使用自己配置的 Zookeeper 集群。

4.2.1　Zookeeper 简介及配置

ZooKeeper 分布式服务框架是 Apache Hadoop 的一个子项目，它主要是用来解决分布式应用中经常遇到的一些数据管理问题，如：统一命名服务、状态同步服务、集群管理、分布式应用配置项的管理等。

ZooKeeper 各个服务节点组成一个集群（2n+1 个节点允许 n 个失效），在 ZooKeeper 集群中有两个角色，一个是 leader，主要负责写服务和数据同步；另一个是 follower，提供读服务，leader 失效后会在 follower 中重新选举新的 leader。

ZooKeeper 客户端与服务端关系如图 4-2 所示。

在图 4-2 中：

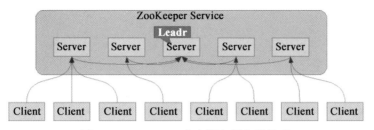

图 4-2　Zookeeper 客户端与服务端关系

1）客户端可以连接到每个 Server，每个 Server 的数据完全相同。
2）每个 follower 都和 leader 有连接，接收 leader 的数据更新操作。
3）Server 记录事务日志和快照到持久存储。
4）大多数 Server 可用，整体服务就可用。

在本书中，ZooKeeper 使用的版本是 3.4.6，其集群拓扑如图 4-3 所示。

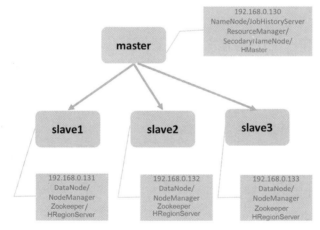

图 4-3　Zookeeper 及 HBase 集群拓扑

其安装步骤如下：

1）从 Apache 官方网站下载 ZooKeeper3.4.6 版本（如果读者下载其他版本，则需要注意各个版本之间的差异）。

2）将下载的压缩包解压到合适的位置，本书的位置是 /usr/local/zooKeeper（需要在所有的子节点部署）。命令如下：

```
tar -zxf ZooKeeper-3.4.6.tar.gz -C /usr/local/zooKeeper/
```

3）配置环境变量。编辑 /etc/profile 文件，在末尾加上 ZooKeeper 配置，如下所示：

```
export ZK_HOME=/usr/local/zooKeeper/
export PATH=$PATH:$ZK_HOME/bin
```

4）配置文件 zoo.cfg，在 $ZK_HOME/conf 中，复制 zoo_sample.cfg 文件到 zoo.cfg 文

件。命令如下：

```
cd $ZK_HOME/conf
cp zoo_sample.cfg zoo.cfg
```

其配置内容如代码清单 4-1 所示。

代码清单4-1　zoo.cfg配置文件内容

```
dataDir=/usr/lib/zooKeeper
dataLogDir=/var/log/zooKeeper
clientPort=2181
tickTime=2000
initLimit=5
syncLimit=2
server.1=slave1:2888:3888
server.2=slave2:2888:3888
server.3=slave3:2888:3888
```

配置属性说明如下。

- dataDir：存储内存中数据库快照的位置（需要读者先建立对应目录）。
- dataLogDir：事物日志写入指定的目录中（需要读者先建立对应目录）。
- clientPort：监听客户端连接的端口。
- tickTime：基本事件单元，以毫秒为单位。它用来控制心跳和超时，默认情况下最小的会话超时时间为两倍的 tickTime。
- initLimit：允许 follower（相对于 leader 而言的"客户端"）连接并同步到 leader 的初始化连接时间，它是以 tickTime 的倍数来表示。当初始化连接时间超过设置倍数的 tickTime 时间时，则连接失败。
- syncLimit：leader 与 follower 之间发送消息时，请求和应答的时间长度。如果 follower 在设置的时间内不能与 leader 通信，那么此 follower 将被丢弃。
- server.x=[hostname]:[port1]:[port2]：其中 x 是一个数字，表示这个是第几号服务器，与 myid（下面会有 myid 的配置）文件中的 id 是一致的；右边可以配置两个端口，第 1 个端口用于 follower 和 leader 之间的数据同步和其他通信，第 2 个端口用于 Leader 选举过程中投票通信。

5）配置 myid 文件。在 slave1、slave2、slave3 的 /usr/lib/zooKeeper 目录（注意这个目录是 dataDir 目录）新建文件 myid，内容分别为数值 1、2、3。

6）启动 / 关闭 ZooKeeper 集群及状态查看，命令如下（注意如果是启动和关闭命令，则在所有安装 Zookeeper 服务的节点都需要执行）：

```
cd $ZK_HOME
bin/zkServer.sh start|stop|status
```

start|stop|status 表示 3 个参数，当参数为 start 时启动服务；当参数为 stop 时停止服

务；当参数为 status 时查看服务状态。

4.2.2 配置 HBase

1）从 Apache HBase 官网（http://hbase.apache.org/）下载一个 HBase 的稳定版本，本书基于 hbase-1.1.2 版本。将下载的压缩包解压到合适的位置，本书的位置是 /usr/local/hbase，命令如下：

```
tar -zxf hbase-1.1.2.tar.gz -C /usr/local/hbase
```

2）配置环境变量。编辑 /etc/profile 文件，在末尾加上 HBase 配置，如代码清单 4-2 所示。

代码清单4-2　HBase环境变量

```
export HBASE_HOME =/usr/local/hbase/
export PATH=$PATH:$HBASE_HOME/bin
```

3）进入 HBase 配置目录 $HBASE_HOME/conf，进行相应配置。修改 hbase-site.xml 文件，内容如代码清单 4-3 所示。

代码清单4-3　hbase-site.xml配置

```xml
<configuration>
    <property>
        <name>hbase.rootdir</name>
        <value>hdfs://master:8020/hbase</value>
    </property>
    <property>
        <name>hbase.master</name>
        <value>master</value>
    </property>
    <property>
        <name>hbase.cluster.distributed</name>
        <value>true</value>
    </property>
    <property>
        <name>hbase.ZooKeeper.property.clientPort</name>
        <value>2181</value>
    </property>
    <property>
        <name>hbase.ZooKeeper.quorum</name>
        <value>slave1,slave2,slave3</value>
    </property>
    <property>
        <name>ZooKeeper.session.timeout</name>
        <value>60000000</value>
    </property>
    <property>
```

```
            <name>dfs.support.append</name>
            <value>true</value>
    </property>
</configuration>
```

> **注意** 其中的节点机器名配置需要和前面的图 4-3 相一致。

配置 hbase-env.sh，内容如代码清单 4-4 所示。

代码清单4-4　hbase-env.sh配置

```
export HBASE_CLASSPATH=/usr/local/hadoop/hadoop-2.6.0/etc/hadoop
export JAVA_HOME=/usr/local/java/jdk1.7.0_67
export HBASE_MANAGES_ZK=false
```

配置 regionserver，内容如代码清单 4-5 所示。

代码清单4-5　regionserver配置

```
slave1
slave2
slave3
```

> **注意** 此文件的配置就是 HBase 的子节点的机器名，每个一行。

4）运行 HBase，命令如下：

```
cd /usr/hbase/hbase-1.1.2/bin
./start-hbase.sh
```

4.2.3　动手实践：HBase 安装及运行

实验步骤：

1）需要先确保 JDK、Hadoop、Zookeeper 集群安装成功；

2）参考上一节 HBase 相关配置，配置 HBase；

3）依次启动 Hadoop 集群、Zookeeper 集群和 HBase 集群，HBase 集群启动方式为：进入 HBase 根目录（/usr/local/HBase1.1.2），执行 sbin/start-hbase.sh 即可（如要关闭，则执行 sbin/stop-hbase.sh）；

4）查看 HBase 网页监控，在浏览器中访问地址 http://master:16010（注意，不同版本其监控默认端口可能不一样，具体请查看每个版本的帮助文档），即可打开如图 4-4 所示界面。

4.2.4　动手实践：ZooKeeper 获取 HBase 状态

实验步骤：

1）打开终端，使用 `hbase zkcli` 命令进入 ZooKeeper。

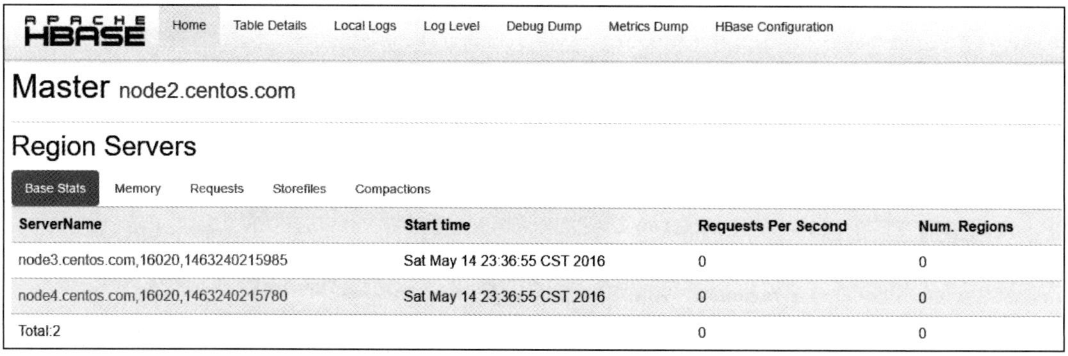

图 4-4　HBase 主节点监控

- 进入终端：`hbase zkcli`；
- 查看当前存储的数据：`ls /`；
- 新建 ZooKeeper 的 node：`create -e /test 'hello'`（-e 选项是指一个短暂的节点，如果 ZooKeeper 连接断开，数据也会丢失）；
- 获取 ZooKeeper 节点的值：`get /test`；
- 删除节点：`delete test ; ls /`；
- 创建一个持久化节点：`create /test 'hello'`。

2）退出终端，再次进入终端：`hbase zkcli`。

3）查看 HBase 相关存储数据：`ls /hbase`。

4）查看 META 表所在的 RegionServer：`get /hbase/meta-region-server`。

5）查看 HBase 当前表：`ls /hbase/table`。

6）打开 hbase shell 终端，新建表：`hbase shell ; create 'zktest','a'`。

7）重新回到 zk，查看表：`ls /hbase/table`。

8）重新回到 hbase shell 终端：`disable 'zktest'; drop 'zktest'`。

9）再次回到 zk，查看表。

思考：

1）通过上述操作，可以指定 Zookeeper 存储 HBase 哪些信息？

2）如果 Zookeeper 不可用，HBase 是否可以正常使用？为什么？

4.3　HBase 原理与架构组件

4.3.1　HBase 架构与组件

HBase 整体结构由 HMaster、Standby HMaster（备份节点）、RegionServer 节点、Zookeeper 集群及 HBase 各种访问接口构成，如图 4-5 所示。

构架中各个组件介绍如下。

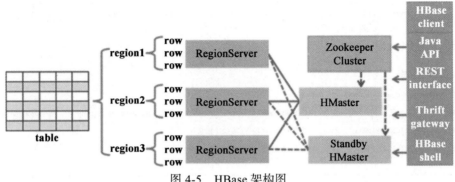

图 4-5 HBase 架构图

1. 主节点 HMaster

HMaster 没有单点问题，HBase 中可以启动多个 HMaster，通过 Zookeeper 的 Master Election 机制保证总有一个 Master 在运行。HMaster 主要功能如下：

1）负责 Table 和 Region 的管理工作；
2）管理用户对表的增删改查操作；
3）管理 RegionServer 的负载均衡，调整 Region 分布；
4）Region Split 后，负责新 Region 的分布；
5）在 RegionServer 停机后，负责失效 RegionServer 上 Region 迁移。

如果 HMaster 失败，HBase 表仍然可以通过读写操作。但是，一些 HBase 的操作需要等到 HMaster 启动后才可以。比如，region 不能分割，新的 HBase 客户端不能找到 region 信息（所以也就访问不到表）。HBase 可以配置高可用性，只需安装配置一个或多个 Standby HMaster。如果一个 active HMaster 失败了，一个备用的 HMaster 将会被选举为新的 active HMaster。

2. 子节点 RegionServer

RegionServer 是 HBase 中最核心的模块，主要负责响应用户 I/O 请求，向 HDFS 文件系统中读写数据。具体功能如下：

1）存储和管理 regions；
2）处理读取/写入请求；
3）当 region 过多时，自动分割 regions；
4）表操作直接和客户端连接。

如图 4-6 所示，RegionServer 包含一个 Write-Ahead Log（WAL，也叫 Hlog）、一个 Block-Cache 和多个 HRegion。每个 HRegion 包含多个 HStore，每个 HStore 存储一个 column family。每个 HRegion 由一个 memStore 和多个 StoreFile 组成，每个 StoreFile 有一个 HFile 实例。HFile 和 Hlog 在 HDFS 上存储。

3. 表块 Region

一个 Region 存储一个连续的集合，也就是说在同一个 Region 中数据是排序的，同时这些数据在 start key 和 end key 之间。Regions 之间没有重叠的，比如一个 row key 只属于确定的一个 Region。一个 Region 只被一个 Region Server 服务，这也就是 HBase 保持行强一致性的原因。

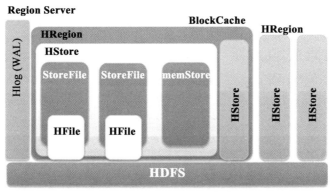

图 4-6　RegionServer 内部构造

每个 Region 就是一部分数据，当这部分数据随着数据的插入而变得太大的时候（有阈值可以设置），就会造成 split 操作。

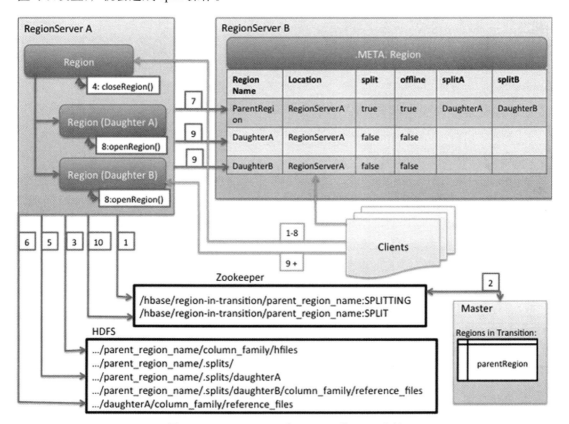

图 4-7　RegionServer 中 Region 的 split 过程

在图4-7中，描述了RegionServer中的某个Region的split操作，其详细过程为：

1）RegionServer决定进行split region时，首先在ZooKeeper中建立一个znode在 /hbase/region-in-transition/region-name中，状态是SPLITTING；

2）Master使用一个监听器，就会知晓这个znode的状态；

3）RegionServer在父Region目录中产生一个.split的子文件夹；

4）RegionServer关闭父Region，同时强制执行一个cache的flush操作，同时把Region标记为下线（在本地数据结构中）；

5）RegionServer在.splits中新建两个Region目录，DaughterA、DaughterB，并且创建必要的数据结构。接着，就会分割store files，即创建Reference files；

6）RegionServer创建真正的Region目录，然后把Reference files移到到每个子Region目录中；

7）RegionServer发送一个Put请求到.META.表，接着设置父Region为下线状态，同时添加子Region的相关信息；

8）RegionServer开启子Region，接收并行写入；

9）RegionServer添加子Region A和Region B，当前RegionServer存储RegionA、Region B的信息到.META.表中。客户端本地会缓存.META表，但是当重新请求RegionServer或.META.表时，这些缓存就会失效；

10）RegionServer更新znode的状态为SPLIT（在/hbase/region-in-transition/region-name中）；

11）split完后，META和HDFS仍然存储指向父Region的Reference files，这些文件在执行compactions（数据紧实）的过程中会被删除。

4. 底层存储结构HFile

HFile是一个HBase RegionServer的底层文件存储格式，存储表中的cell。cell数据的写入需要先对添加的rowkey进行排序，然后添加HBase的列名，最后添加时间戳。MapReduce的shuffle-sort-reduce用来对cell数据进行排序，然后数据才真正写入HFile文件。

HBase表存储数据在HFile里面，HFile包含存储的记录，同时包含一个索引，这个索引是每个HBlock开始位置的RowKey。每个HBlock的BlockSize默认是64k。HBase中存储并没有存储所有记录的索引，而是一个粗粒度的索引，即只存储每个Block的开始位置。

当HFile被从硬盘读取的时候，整个Block都会被加载进BlockCache中，BlockCache会一直保留这个Block直到需要加载其他Block的时候。BlockCache中Block替换策略（算法）可以配置，默认使用LRU算法。

5. 通信服务ZooKeeper

分布式的HBase需要ZooKeeper集群的支持，所有节点以及客户端都需要能够接入

ZooKeeper 集群。默认，HBase 提供一个 ZooKeeper 集群，在 HBase 启动或关闭时，同时启动或关闭 ZooKeeper。但是，也可以提供一个独立的 ZooKeeper 集群，只需要告诉 HBase ZooKeeper 集群的地址即可。在 conf/hbase-env.sh 里面配置 HBASE_MANGES_ZK 为 true，则是使用 HBase 自带的 ZooKeeper，否则，则需要另外的 ZooKeeper 集群。工程应用中，一般都会配置外置的 ZooKeeper 集群，这样一是方便管理，二是可以供其他软件使用。

6. 访问接口

使用 HBase RPC 机制可以和 HMaster、RegionServer 进行通信，包含访问 HBase 的接口，并维护 Cache 来加快对 HBase 的访问，比如 Region 的位置信息。读取 HBase 可以通过 Java API、REST interface、Thrift gateway 或者 HBase shell 接口。

4.3.2 HBase 数据模型

HBase 是一个类似于 Bigtable 的分布式数据库，它是一个稀疏的长期存储的（存在硬盘上）、多维度的、排序的映射表。这张表的索引是行关键字、列关键字和时间戳。HBase 中的数据都是比特数组，没有类型（如果使用字符串或者整型，那么需要转换为比特数组类型）。

从图 4-8 可以看出，可以看到 HBase 表有 3 个维度，这些维度有：行键（rowkey）、列索引（column family＋column qualifier）、时间戳（timestamp）。用户在表格中存储数据，每一行都有一个可排序的主键和任意多的列。由于是稀疏存储，所以同一张表里面的每一行数据都可以有截然不同的列。不同的列，使用不同的 qualifier 即可。

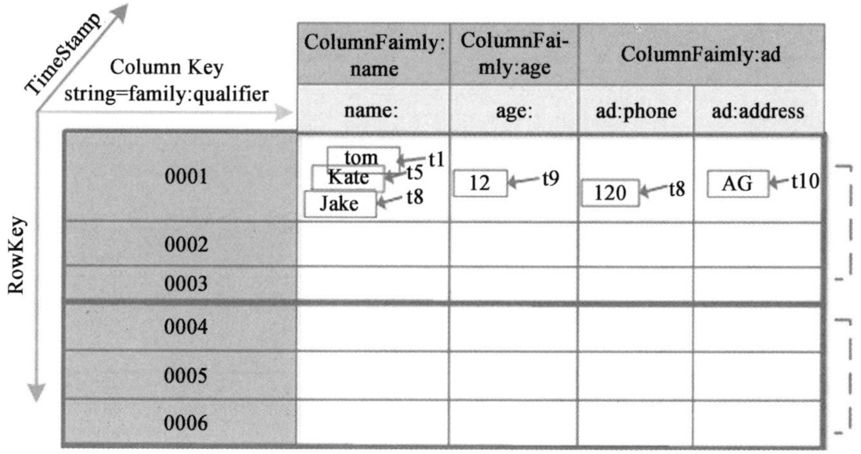

图 4-8 HBase 数据模型

HBase 数据存储可以看成 <rowkey, column family:column qualifier, timestamp> -> cell (value-t2,value-t3…)，即 Map 数据结构。每个确定的 cell 可以存储不同的值版本（version），

但是每次获取的时候，获取的是最新的值（如果在获取时指定版本，那么获取的就是指定版本的值）。

HBase 的数据存储按照 rowkey 进行排序，同时多个连续的 rowkey（相邻）组成一个 Region；同时，column family 是分开存储的，也就是一个 HFile 文件只存储一个 column family 的数据。一个 Region 包含多个 HFile。

图 4-9、图 4-10 显示了 HBase 的数据存储的一些特性，读者可以上传一些示例数据到 HBase，然后查看相关监控信息，看是否可以和理论对应。

Name	Region Server	Start Key	End Key	Locality	Requests
test_1,,1461495663686.7660149 6b21d0b354cbb4a5d09636524.	node4.centos.c om:16020		rk-100	1.0	201
test_1,rk-100,1461495663686.2dec0d485c 99df74d24ea7cc6b28eb20.	node4.centos.c om:16020	rk-100	rk-400	1.0	601
test_1,rk-400,1461495663686.72667d4db9 dc26bc3eec3e431e0c5fd3.	node3.centos.c om:16020	rk-400	rk-700	1.0	600
test_1,rk-700,1461495663686.be146e39f4f 1b67e982261cb0969820d.	node3.centos.c om:16020	rk-700		1.0	600

图 4-9　HBase 数据存储监控

```
[root@node2 ~]# hadoop fs -ls -R /hbase/data/default/test_1
16/04/24 19:09:08 WARN util.NativeCodeLoader: Unable to load native-hadoop library for your platform... using builtin-java classes where applicable
drwxr-xr-x   - root supergroup          0 2016-04-24 19:01 /hbase/data/default/test_1/.tabledesc
-rw-r--r--   1 root supergroup        529 2016-04-24 19:01 /hbase/data/default/test_1/.tabledesc/.tableinfo.0000000001
drwxr-xr-x   - root supergroup          0 2016-04-24 19:01 /hbase/data/default/test_1/.tmp
drwxr-xr-x   - root supergroup          0 2016-04-24 19:06 /hbase/data/default/test_1/2dec0d485c99df74d24ea7cc6b28eb20
-rw-r--r--   1 root supergroup         53 2016-04-24 19:06 /hbase/data/default/test_1/2dec0d485c99df74d24ea7cc6b28eb20/.regioninfo
drwxr-xr-x   - root supergroup          0 2016-04-24 19:06 /hbase/data/default/test_1/2dec0d485c99df74d24ea7cc6b28eb20/.tmp
drwxr-xr-x   - root supergroup          0 2016-04-24 19:06 /hbase/data/default/test_1/2dec0d485c99df74d24ea7cc6b28eb20/cf1
-rw-r--r--   1 root supergroup      17357 2016-04-24 19:06 /hbase/data/default/test_1/2dec0d485c99df74d24ea7cc6b28eb20/cf1/51c6cf16fac44b798db745e0f
ef5b58a
drwxr-xr-x   - root supergroup          0 2016-04-24 19:06 /hbase/data/default/test_1/2dec0d485c99df74d24ea7cc6b28eb20/cf2
-rw-r--r--   1 root supergroup      17357 2016-04-24 19:06 /hbase/data/default/test_1/2dec0d485c99df74d24ea7cc6b28eb20/cf2/1b0b9cf7fe85473f91bmef3a9
17a5438
drwxr-xr-x   - root supergroup          0 2016-04-24 19:01 /hbase/data/default/test_1/2dec0d485c99df74d24ea7cc6b28eb20/recovered.edits
-rw-r--r--   1 root supergroup          0 2016-04-24 19:01 /hbase/data/default/test_1/2dec0d485c99df74d24ea7cc6b28eb20/recovered.edits/2.seqid
drwxr-xr-x   - root supergroup          0 2016-04-24 19:06 /hbase/data/default/test_1/72667d4db9dc26bc3eec3e431e0c5fd3
-rw-r--r--   1 root supergroup         53 2016-04-24 19:06 /hbase/data/default/test_1/72667d4db9dc26bc3eec3e431e0c5fd3/.regioninfo
drwxr-xr-x   - root supergroup          0 2016-04-24 19:06 /hbase/data/default/test_1/72667d4db9dc26bc3eec3e431e0c5fd3/.tmp
drwxr-xr-x   - root supergroup          0 2016-04-24 19:06 /hbase/data/default/test_1/72667d4db9dc26bc3eec3e431e0c5fd3/cf1
-rw-r--r--   1 root supergroup      17357 2016-04-24 19:06 /hbase/data/default/test_1/72667d4db9dc26bc3eec3e431e0c5fd3/cf1/dd845b2f5d414752a0132653e
b9db6e0
drwxr-xr-x   - root supergroup          0 2016-04-24 19:06 /hbase/data/default/test_1/72667d4db9dc26bc3eec3e431e0c5fd3/cf2
-rw-r--r--   1 root supergroup      17357 2016-04-24 19:06 /hbase/data/default/test_1/72667d4db9dc26bc3eec3e431e0c5fd3/cf2/314654aa77fc4a3294795002f
87a9099
drwxr-xr-x   - root supergroup          0 2016-04-24 19:01 /hbase/data/default/test_1/72667d4db9dc26bc3eec3e431e0c5fd3/recovered.edits
-rw-r--r--   1 root supergroup          0 2016-04-24 19:01 /hbase/data/default/test_1/72667d4db9dc26bc3eec3e431e0c5fd3/recovered.edits/2.seqid
drwxr-xr-x   - root supergroup          0 2016-04-24 19:06 /hbase/data/default/test_1/76601496b21d0b354cbb4a5d09636524
-rw-r--r--   1 root supergroup         47 2016-04-24 19:01 /hbase/data/default/test_1/76601496b21d0b354cbb4a5d09636524/.regioninfo
```

图 4-10　HBase 数据在 HDFS 按列簇存储

4.3.3　读取 / 写入 HBase 数据

1. 数据读取

如图 4-11 所示，在 HBase 中，.META. 同样是 HBase 的一个表（HBase 系统表），客户端需要先确定 .META. 表的位置（.META. 表的位置存放在 ZooKeeper 节点中，由 Master 控制），客户端直接从 ZooKeeper 的节点中读取包含 .META. 的 RegionServer 地址。

客户端会保存一个 Region 地址的缓存，这样在下次访问同一个 Region 时就不需要再次去访问 .META. 表来获取 Region 的地址了。在 Region 进行 split 或移动到其他 RegionServer 时，客户端访问本地缓存时会获得一个异常，接着缓存就会再次访问 .META. 表，同时更新本地缓存。

如图 4-12 所示，.META. 表用于存储 Regions 的位置，包含 RegionServer name 和 Region 标识符：Table name、StartKey。通过查找 StartKey 和下一个 Region 的 StartKey，客户端可以确定当前 Region 包含的所有 RowKey。

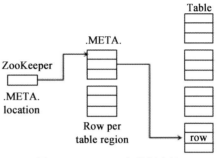

图 4-11　HBase 表数据查询

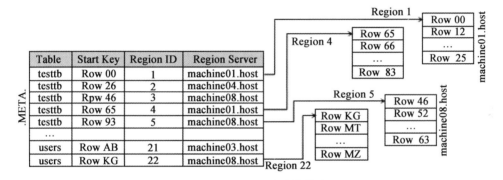

图 4-12　.META. 表存储信息

2. 数据写入

如图 4-13 所示，HBase 数据写入表的过程可以描述如下：

1）客户端通过 ZooKeeper 和 HMaster 沟通，HMaster 分配要写入的 RegionServer，客户端直接和 RegionServer 通信，写入数据到 MemStore；

2）在写入到 MemStore 时，也会写一份数据到 HLog（WAL），防止 MemStore 数据丢失或 RegionServer 失败而不能恢复；

3）客户端写入到 MemStore 的数据过大时，MemStore 会溢满，就会 Flush 成一个 StoreFile；

4）StoreFile 增长到一定阈值，会进行 Compact 合并操作，即多个 StoreFile 合并成一个 StoreFile（里面涉及版本合并和数据删除）；

5）当单个 StoreFile 大小超过一定阈值后，会触发 Split 操作，即把当前 Region 分割成 2 个 Region。

4.3.4　RowKey 设计原则

HBase 中的行数据按照 RowKey 的字母表进行排序（这是对 scan 的优化），以存储相关的行数据。这样，进行读取时，可以把和当前 RowKey 相关的数据（比如当前 RowKey 是 22，那么可以读取 RowKey 为 21 或 23 的数据）进行读取。

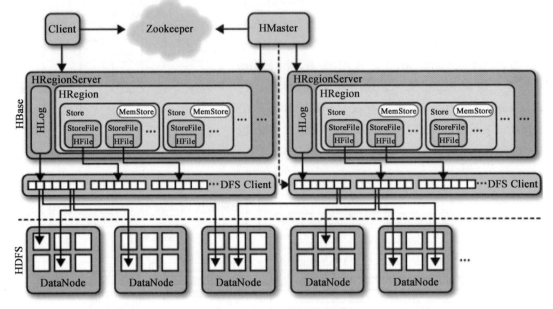

图 4-13　HBase 数据写入流程

但是，弱的 RowKey 设计会导致热点问题。什么是热点问题（Hotspotting）呢？当客户端对一个节点请求大量数据时会出现这样的问题。这样的问题可能出现在写入、读取或其他操作的时候。Hotspotting 造成的网络拥堵可能降低 Region 的可用性，同时还可能影响与当前 Region 在同一个 RegionServer 的其他 Region。

HBase 中表的 RowKey 设计需要遵循下面的准则。

1. RowKey 唯一

RowKey 是按照字典排序存储的，RowKey 相同，会造成数据冲突（不同版本除外）。同时，需要注意将经常一起读取的数据存储到一块，这样不管是读取还是写入都会提高效率。

2. 长度尽量小

HFile 中存储的是键值对（KeyValue），如果 RowKey 过大，那么存储的值（Value）就会相对较少，影响 HFile 的效率。同时，如果 MemStore 缓存的数据中的 RowKey 过大，同样会影响检索效率。

3. 避免 Hotspotting

如果知道数据的访问模式或者数据的分布规律，那么可以使用下面的几种方式来减少或者避免出现热点问题。

（1）随机数

在 RowKey 前面加上一个固定长度的随机数。例如：RowKey 是时间戳，那么可以在 RowKey 前加上一个随机的字符，即可达到负载均衡（但是，这样会加大 RowKey 的长度，所以需要注意随机数不要太长）。

（2）哈希

直接对 RowKey 进行哈希（hash），对类似于时间戳的 RowKey 直接求其 hash 值，也可以到达避免 Hotspotting 的目的。

（3）反转 RowKey

反转 RowKey，针对于类似 URL 的 RowKey，可以反转 RowKey，即可达到避免 Hotspotting 的目的。

（4）合成 RowKey

可以把 column family 或 value 的一部分合成，作为 RowKey。

HBase 中 RowKey 设计非常重要，往往决定 HBase 的使用性能，好的 RowKey 设计可以带来比较高的性能提升。但是，在 HBase 中，除了 RowKey 设计，还需要注意其他事项，比如：HBase 中没有 Join 的操作，如果需要使用的场景，那么建议使用单表（大表，同时包含要关联的两个表）；HBase 的列簇一般设计为 1~2 个，这个主要是为了在进行一些合并操作的时候提升性能；HBase 表对简单访问模式支持较好，针对复杂访问模式支持较差，这时就需要考虑是继续使用 HBase 还是使用其他框架。

4.3.5 动手实践：HBase 数据模型验证

实验步骤：

1）使用命令打开 HBase Shell 终端：

```
hbase shell;
```

2）在 HBase Shell 终端中确定是否有 test 表，如果有则删除：

```
list ; disable 'test' ; drop 'test' ;
```

3）新建 test 表，并指定两个 column family，4 个 Region。

```
create 'test' ,'cf1','cf2',{SPLITS=>['rk-100','rk-400','rk-700']}
```

4）往 test 表中插入数据：

```
for i in '0'..'9' do for j in '0'..'9' do for k in '0'..'9' do
    put 'test',"rk-#{i}#{j}#{k}","cf1:#{j}#{k}-1","#{j}#{k}"
    put 'test',"rk-#{i}#{j}#{k}","cf2:#{j}#{k}-2","#{j}#{k}"
end end end
```

5）查看 HDFS 中对应表数据以及 HBase 表监控信息。

思考：

1）插入数据后，查看 HDFS 文件中是否有数据？为什么？执行什么操作才能查看到数据？

2）查看到的文件分别对应什么信息？

4.4 HBase Shell 操作

4.4.1 HBase 常用 Shell 命令

HBase 可以使用 Shell 进行一些常规的 HBase 增删改查以及数据库表管理操作，下面介绍几种常用的 HBase Shell 命令操作。

1）启动。打开终端，直接输入：hbase shell，（注意，需要配置 HBase 相关环境变量，否则需要进入 /usr/local/hbase1.1.2/bin 目录执行）即可启动，如图 4-14 所示。

```
[root@node80 ~]# hbase shell
SLF4J: Class path contains multiple SLF4J bindings.
SLF4J: Found binding in [jar:file:/usr/local/hbase-1.1.2/lib/slf4j-log4j12-1
.7.5.jar!/org/slf4j/impl/StaticLoggerBinder.class]
SLF4J: Found binding in [jar:file:/usr/local/hadoop-2.6.4/share/hadoop/commo
n/lib/slf4j-log4j12-1.7.5.jar!/org/slf4j/impl/StaticLoggerBinder.class]
SLF4J: See http://www.slf4j.org/codes.html#multiple_bindings for an explanat
ion.
SLF4J: Actual binding is of type [org.slf4j.impl.Log4jLoggerFactory]
2016-05-31 05:50:03,302 WARN  [main] util.NativeCodeLoader: Unable to load n
ative-hadoop library for your platform... using builtin-java classes where a
pplicable
HBase Shell; enter 'help<RETURN>' for list of supported commands.
Type "exit<RETURN>" to leave the HBase Shell
Version 1.1.2, rcc2b70cf03e3378800661ec5cab11eb43fafe0fc, Wed Aug 26 20:11:2
7 PDT 2015

hbase(main):001:0>
```

图 4-14　HBase shell 启动界面

2）查看表。使用 list 命令可以查看所有表；如果需要查看某个表（已知道表名）是否存在，那么可以使用 exist 命令，如代码清单 4-6 所示。

代码清单4-6　查看表命令

```
hbase(main):002:0> help 'list'
List all tables in hbase. Optional regular expression parameter could
be used to filter the output. Examples:
hbase> list
hbase> list 'abc.*'
hbase> list 'ns:abc.*'
hbase> list 'ns:.*'
    hbase(main):003:0> help 'exists'
```

```
    Does the named table exist?
    hbase> exists 't1'
hbase> exists 'ns1:t1'
```

3）新建表。其命令是 create，和传统数据库 DDL 的基本操作一样，不过其参数是不一样的，可以在新建表的时候设置列簇、每个列簇的版本数或其他参数，如代码清单 4-7 所示。

代码清单4-7　create命令用法及示例

```
hbase(main):009:0> help 'create'
Creates a table. Pass a table name, and a set of column family
specifications (at least one), and, optionally, table configuration.
Column specification can be a simple string (name), or a dictionary
(dictionaries are described below in main help output), necessarily
including NAME attribute.
Examples:
Create a table with namespace=ns1 and table qualifier=t1
  hbase> create 'ns1:t1', {NAME => 'f1', VERSIONS => 5}
Create a table with namespace=default and table qualifier=t1
  hbase> create 't1', {NAME => 'f1'}, {NAME => 'f2'}, {NAME => 'f3'}
  hbase> # The above in shorthand would be the following:
  hbase> create 't1', 'f1', 'f2', 'f3'
  hbase> create 't1', {NAME => 'f1', VERSIONS => 1, TTL => 2592000, BLOCKCACHE => true}
  hbase>create 't1', {NAME => 'f1', CONFIGURATION => {'hbase.hstore.blocking-
    StoreFiles' => '10'}}
  Table configuration options can be put at the end.
Examples:

  hbase> create 'ns1:t1', 'f1', SPLITS => ['10', '20', '30', '40']
  hbase> create 't1', 'f1', SPLITS => ['10', '20', '30', '40']
  hbase> create 't1', 'f1', SPLITS_FILE => 'splits.txt', OWNER => 'johndoe'
  hbase> create 't1', {NAME => 'f1', VERSIONS => 5}, METADATA => { 'mykey' =>
    'myvalue' }
  hbase> # Optionally pre-split the table into NUMREGIONS, using
  hbase> # SPLITALGO ("HexStringSplit", "UniformSplit" or classname)
  hbase> create 't1', 'f1', {NUMREGIONS => 15, SPLITALGO => 'HexStringSplit'}
  hbase> create 't1', 'f1', {NUMREGIONS => 15,
SPLITALGO => 'HexStringSplit',
REGION_REPLICATION => 2,
CONFIGURATION => {'hbase.hregion.scan.loadColumnFamiliesOnDemand' => 'true'}}

You can also keep around a reference to the created table:
hbase> t1 = create 't1', 'f1'
Which gives you a reference to the table named 't1', on which you can then
    call methods.
```

4）描述表，即查看表的数据结构。同样使用 describe 即可，如代码清单 4-8 所示。

代码清单4-8 describe命令用法

```
hbase(main):010:0> help 'describe'
Describe the named table. For example:
  hbase> describe 't1'
  hbase> describe 'ns1:t1'
Alternatively, you can use the abbreviated 'desc' for the same thing.
  hbase> desc 't1'
  hbase> desc 'ns1:t1'
```

5）修改表。在传统数据库中，可以使用 alter 来修改已经存在的表，同样，在 HBase 也可以使用 alter 来修改 HBase 表。但是需要注意，此操作执行期间，HBase 表是不可用的。其用法如代码清单4-9 所示。

代码清单4-9 alter命令用法

```
hbase(main):011:0> help 'alter'
Alter a table. If the "hbase.online.schema.update.enable" property is set to
false, then the table must be disabled (see help 'disable'). If the
"hbase.online.schema.update.enable" property is set to true, tables can be
altered without disabling them first. Altering enabled tables has caused problems
in the past, so use caution and test it before using in production.

You can use the alter command to add,
modify or delete column families or change table configuration options.
Column families work in a similar way as the 'create' command. The column family
specification can either be a name string, or a dictionary with the NAME attribute.
Dictionaries are described in the output of the 'help' command, with no arguments.

For example, to change or add the 'f1' column family in table 't1' from
current value to keep a maximum of 5 cell VERSIONS, do:

hbase> alter 't1', NAME => 'f1', VERSIONS => 5

You can operate on several column families:
hbase> alter 't1', 'f1', {NAME => 'f2', IN_MEMORY => true}, {NAME => 'f3',
    VERSIONS => 5}

To delete the 'f1' column family in table 'ns1:t1', use one of:

hbase> alter 'ns1:t1', NAME => 'f1', METHOD => 'delete'
hbase> alter 'ns1:t1', 'delete' => 'f1'
```

6）删除表。其命令和传统数据库一样，但是需要注意，在 HBase 中，如果要删除一个表，那么需要先 disable 这个表，即使其不可用。其用法如代码清单4-10 所示。

代码清单4-10 drop命令用法

```
hbase(main):025:0> help 'drop'
```

```
Drop the named table. Table must first be disabled:
  hbase> drop 't1'
  hbase> drop 'ns1:t1'
hbase(main):026:0> help 'disable'
Start disable of named table:
  hbase> disable 't1'
  hbase> disable 'ns1:t1'
```

7）插入/更新数据。在 HBase 中不管是插入还是更新数据使用的都是 put 命令，在其内部使用版本来控制。put 命令用法如代码清单 4-11 所示。

代码清单4-11　命令用法

```
hbase(main):028:0> help 'put'
Put a cell 'value' at specified table/row/column and optionally
timestamp coordinates.  To put a cell value into table 'ns1:t1' or 't1'
at row 'r1' under column 'c1' marked with the time 'ts1', do:

  hbase> put 'ns1:t1', 'r1', 'c1', 'value'
  hbase> put 't1', 'r1', 'c1', 'value'
  hbase> put 't1', 'r1', 'c1', 'value', ts1
```

8）获取数据。HBase 中，获取数据主要有两种方式：一种是 scan，一种是 get。如果使用 scan 可以不用设置任何参数，这时是全表扫描；如果使用 get，那么需要指定 Rowkey。其用法如代码清单 4-12 所示。

代码清单4-12　scan/get命令用法

```
hbase(main):029:0> help 'scan'
Scan a table; pass table name and optionally a dictionary of scanner
specifications.  Scanner specifications may include one or more of:
TIMERANGE, FILTER, LIMIT, STARTROW, STOPROW, ROWPREFIXFILTER, TIMESTAMP,
MAXLENGTH or COLUMNS, CACHE or RAW, VERSIONS

If no columns are specified, all columns will be scanned.
To scan all members of a column family, leave the qualifier empty as in
'col_family:'.

The filter can be specified in two ways:
1.Using a filterString - more information on this is available in the
Filter Language document attached to the HBASE-4176 JIRA
2.Using the entire package name of the filter.

Some examples:

  hbase> scan 'hbase:meta'
  hbase> scan 'hbase:meta', {COLUMNS => 'info:regioninfo'}
  hbase> scan 'ns1:t1', {COLUMNS => ['c1', 'c2'], LIMIT => 10, STARTROW => 'xyz'}
  hbase> scan 't1', {COLUMNS => ['c1', 'c2'], LIMIT => 10, STARTROW => 'xyz'}
```

```
hbase> scan 't1', {COLUMNS => 'c1', TIMERANGE => [1303668804, 1303668904]}
hbase(main):030:0> help 'get'
Get row or cell contents; pass table name, row, and optionally
a dictionary of column(s), timestamp, timerange and versions. Examples:

  hbase> get 'ns1:t1', 'r1'
  hbase> get 't1', 'r1'
  hbase> get 't1', 'r1', {TIMERANGE => [ts1, ts2]}
  hbase> get 't1', 'r1', {COLUMN => 'c1'}
  hbase> get 't1', 'r1', {COLUMN => ['c1', 'c2', 'c3']}
  hbase> get 't1', 'r1', {COLUMN => 'c1', TIMESTAMP => ts1}
  hbase> get 't1', 'r1', {COLUMN => 'c1', TIMERANGE => [ts1, ts2], VERSIONS => 4}
  hbase> get 't1', 'r1', {COLUMN => 'c1', TIMESTAMP => ts1, VERSIONS => 4}
```

9）删除数据。在 HBase 中删除数据使用命令 delete，但是执行 delete 命令并不会真正删除 HBase 表中的数据，只是会在表中设置一个删除标志位，当在下次合并的时候才执行删除操作。删除命令用法如代码清单 4-13 所示。

代码清单4-13　delete命令用法

```
hbase(main):031:0> help 'delete'
Put a delete cell value at specified table/row/column and optionally
timestamp coordinates.  Deletes must match the deleted cell's
coordinates exactly.  When scanning, a delete cell suppresses older
versions. To delete a cell from  't1' at row 'r1' under column 'c1'
marked with the time 'ts1', do:
  hbase> delete 'ns1:t1', 'r1', 'c1', ts1
  hbase> delete 't1', 'r1', 'c1', ts1
hbase(main):032:0> help 'deleteall'
Delete all cells in a given row; pass a table name, row, and optionally
a column and timestamp. Examples:
  hbase> deleteall 'ns1:t1', 'r1'
  hbase> deleteall 't1', 'r1'
  hbase> deleteall 't1', 'r1', 'c1'
  hbase> deleteall 't1', 'r1', 'c1', ts1
```

从上面的描述可以看出，其实 HBase 中的 shell 命令和传统数据库的 DDL 中的大部分是类似的，并且其用法也是一样的，所以对于之前了解或熟悉 SQL 的读者来说，这部分内容应该比较简单。

4.4.2　动手实践：HBase Shell 操作

实验步骤：

1）查看表 test，是否存在。

2）新建表 test，设置 2 个 column family：cf1、cf2，设置 4 个 regions，对应分割点为 250、500、750。

3）插入数据，具体代码如下：

```
for i in '0'..'9' do for j in '0'..'9' do for k in '0'..'9' do
    put 'test',"#{i}#{j}#{k}","cf1:#{j}#{k}-1","#{j}#{k}"
    put 'test',"#{i}#{j}#{k}","cf2:#{j}#{k}-2","#{j}#{k}"
end end end
```

4）获取 rowKey 为 100 的记录。

5）获取 rowkey 为 100、column 为 cf:20 的记录。

思考：

1）表中的 rowkey 设计是否合理？数据是否均衡？

2）get 和 scan 有何异同？

4.5 Java API &MapReduce 与 HBase 交互

本节先给出 HBase 开发环境的搭建，然后再分别使用 Java API 来操作 HBase，使用 MapReduce 来操作 HBase。

4.5.1 搭建 HBase 开发环境

本书的开发环境使用 Eclipse 搭建（如果没有特别声明，一般都是使用 Eclipse），其他工具，如 Intellij IDEA，这里不再分析。Eclipse 配置 HBase 开发环境，其实就是把 Hadoop 以及 HBase 相关 jar 包加入工程的 classpath 路径中。本节介绍两种方式，一种使用 Maven 来构建工程，这样可以自动加包（但是，如果网络环境较差，则下载相关 jar 包需要时间），这种方式一般适合企业使用。另外，也可以直接使用手动方式加包，这种方式一般适合离线教学或自主学习等。

1. 使用 Maven 构建 HBase 工程

1）打开 Eclipse，设置 Maven；通过 Window->Preferences->Myeclipse->Maven4Myeclipse->Installations（Myeclipse）或 Window->Preferences-> Maven->Installations（eclipse）设置 maven 安装路径；通过 Window->Preferences->Myeclipse->Maven4Myeclipse->User Settings（Myeclipse）或 Window->Preferences-> Maven->User Settings（eclipse）设置 Maven 配置文件路径。

2）新建 Maven project，执行下面一系列操作：

① File → new → other → Maven → Maven Project，如图 4-15 所示。

② Next → Next，如图 4-16 所示。

③ 选择参数 maven-archetype-quickstart → Next，如图 4-17 所示。

④ 输入 Group Id 和 artifact id → Finish，如图 4-18 所示。

⑤ 建好的工程如图 4-19 所示。

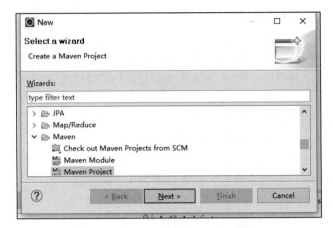

图 4-15　Eclipse 新建 Maven 工程 1

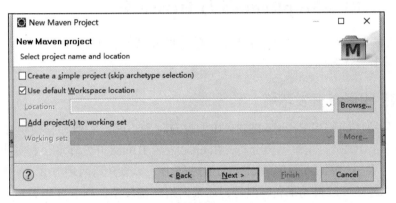

图 4-16　Eclipse 新建 Maven 工程 2

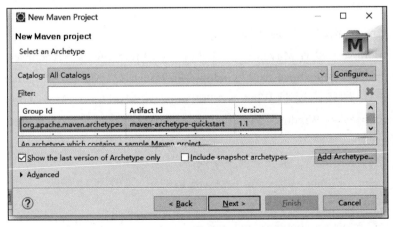

图 4-17　Eclipse 新建 Maven 工程 3

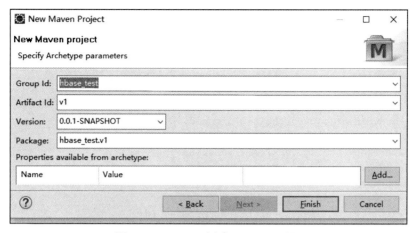

图 4-18　Eclipse 新建 Maven 工程 4

图 4-19　Eclipse 新建 Maven 工程 5

3）修改 pom.xml 文件，添加 Hadoop 及 HBase 相关依赖（只修改 dependencies 和 properties 部分即可）。pom.xml 文件内容如代码清单 4-14 所示。

代码清单4-14　pom.xml文件内容

```xml
<properties>
    <project.build.sourceEncoding>UTF-8</project.build.sourceEncoding>
    <hadoop.version>2.6.0</hadoop.version>
    <hbase.version>1.1.2</hbase.version>
</properties>

<dependencies>
    <dependency>
        <groupId>junit</groupId>
        <artifactId>junit</artifactId>
        <version>4.12</version>
        <scope>test</scope>
```

```xml
    </dependency>
    <dependency>
        <groupId>org.apache.hbase</groupId>
        <artifactId>hbase-server</artifactId>
        <version>${hbase.version}</version>
    </dependency>
    <dependency>
        <groupId>org.apache.hbase</groupId>
        <artifactId>hbase-client</artifactId>
        <version>${hbase.version}</version>
    </dependency>
    <dependency>
        <groupId>javax.servlet</groupId>
        <artifactId>javax.servlet-api</artifactId>
        <version>3.0.1</version>
        <scope>provided</scope>
    </dependency>
    <!-- hadoop -->
    <dependency>
        <groupId>org.apache.hadoop</groupId>
        <artifactId>hadoop-hdfs</artifactId>
        <version>${hadoop.version}</version>
        <exclusions>
            <exclusion>
                <groupId>javax.servlet</groupId>
                <artifactId>servlet-api</artifactId>
            </exclusion>
        </exclusions>
    </dependency>
    <dependency>
        <groupId>org.apache.hadoop</groupId>
        <artifactId>hadoop-auth</artifactId>
        <version>${hadoop.version}</version>
    </dependency>
    <dependency>
        <groupId>org.apache.hadoop</groupId>
        <artifactId>hadoop-common</artifactId>
        <version>${hadoop.version}</version>
        <exclusions>
            <exclusion>
                <groupId>javax.servlet</groupId>
                <artifactId>servlet-api</artifactId>
            </exclusion>
        </exclusions>
    </dependency>

    <dependency>
        <groupId>org.apache.hadoop</groupId>
```

```xml
        <artifactId>hadoop-mapreduce-client-core</artifactId>
        <version>${hadoop.version}</version>
    </dependency>
    <dependency>
        <groupId>org.apache.hadoop</groupId>
        <artifactId>hadoop-mapreduce-client-common</artifactId>
        <version>${hadoop.version}</version>
    </dependency>
    <dependency>
        <groupId>org.apache.hadoop</groupId>
        <artifactId>hadoop-mapreduce-client-jobclient</artifactId>
        <version>${hadoop.version}</version>
    </dependency>
    <dependency>
        <groupId>org.apache.hadoop</groupId>
        <artifactId>hadoop-yarn-api</artifactId>
        <version>${hadoop.version}</version>
    </dependency>
    <dependency>
        <groupId>jdk.tools</groupId>
        <artifactId>jdk.tools</artifactId>
        <version>1.7</version>
        <scope>system</scope>
        <systemPath>${JAVA_HOME}/lib/tools.jar</systemPath>
    </dependency>
</dependencies>
<build>
    <finalName>exploringhadoop</finalName>
    <plugins>
        <plugin>
            <groupId>org.apache.maven.plugins</groupId>
            <artifactId>maven-compiler-plugin</artifactId>
            <configuration>
                <source>1.7</source>
                <target>1.7</target>
            </configuration>
        </plugin>
    </plugins>
</build>
```

4）更新工程，右键工程：Maven->Update Project->OK（更新工程主要是为了让Eclipse下载相关jar包，并添加到工程的classpath中）。

5）更新后的工程如图4-20所示（在Maven Dependencies下面就可以看到对应的jar包）。

6）添加log4j.properties (src/main/java)，该文件主要是设置日志记录格式等，其内容如代码清单4-15所示。

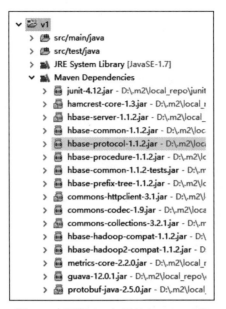

图 4-20　更新 jar 包后的 HBase 工程

代码清单4-15　log4j.properties配置文件

```
log4j.rootLogger=INFO, stdout
log4j.appender.stdout=org.apache.log4j.ConsoleAppender
log4j.appender.stdout.layout=org.apache.log4j.PatternLayout
log4j.appender.stdout.layout.ConversionPattern=%d %p [%c] - %m%n
```

2. 手动加包构建 HBase 工程

1）打开 Eclipse，新建 MapReduce 工程（参考第 2 章中建立 Hadoop Eclipse 插件使用相关章节）。

① 选择 File → New → Map/Reduce Project，如图 4-21 所示。

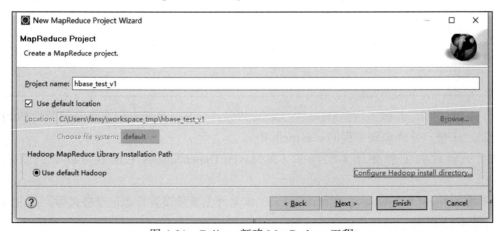

图 4-21　Eclipse 新建 MapReduce 工程

② 输入工程名，单击 Finish 按钮，查看建好的工程，如图 4-22 所示。

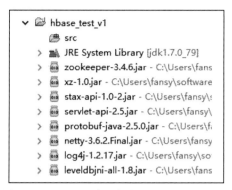

图 4-22　Eclipse 建立好的 MapReduce 工程

2）添加 Hbase jar 包。

① 右键工程→ Build Path → Configure Build Path → Libraries → Add Library → User Library → Next → User Libraries → New；输入"hbase.1.1.2"→ OK，如图 4-23 所示。

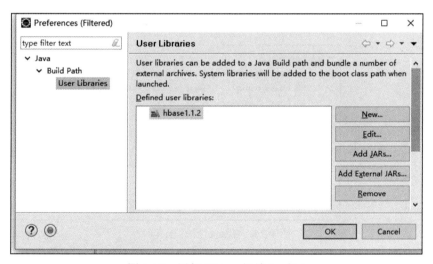

图 4-23　添加 HBase 相关 jar 包 1

② Add External JARs，选择 HBase 对应 jar 包（图 4-24 是添加好 jar 包后的截图）。

3）在建好的工程中，即可看到新建的 HBase1.1.2 的 jar 包了，如图 4-25 所示。

> **注意**　添加 HBase 相关 jar 包时，需要和图 4-25 中的 jar 包一一对应，如果有多或者少，那么工程可能会出问题。

4）添加 log4j.properties (src)，此文件是日志格式等相关配置，内容可以参考代码清单 4-15。

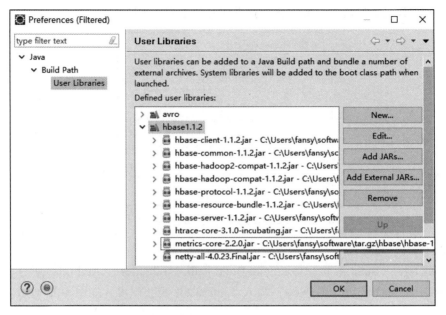

图 4-24　添加 HBase 相关 jar 包 2

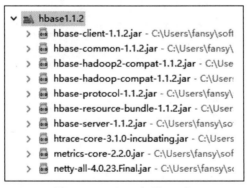

图 4-25　HBase 相关 jar 包

4.5.2　使用 Java API 操作 HBase 表

使用 Java API 操作 HBase 表，主要包括获取 HBase 连接、对 HBasc 进行新增或删除表操作、对 HBase 表进行增删改查操作。本节将对这些常用的操作直接给出其示例代码，供读者参考，同时针对部分代码进行解释。

1. 获取连接

如代码清单 4-16 所示，在 Java 中，可以直接获取一个 HBase 集群的链接，只需要提供 HMaster 服务的 IP 地址、端口号、HBase 在 HDFS 上的根目录地址、Zookeeper 集群地址即可。使用 ConnectionFactory 的静态 create 方法即可创建 HBase 的连接。

代码清单4-16　Java API获取HBase连接

```
Configuration conf = HBaseConfiguration.create();
conf.set("hbase.master", "master:16000");--指定HMaster
conf.set("hbase.rootdir", "hdfs://master:8020/hbase");--指定HBase在HDFS上存储路径
conf.set("hbase.ZooKeeper.quorum", "slave1,slave2,slave3");--指定使用的ZooKeeper集群
conf.set("hbase.ZooKeeper.property.clientPort", "2181");--指定使用ZooKeeper集群的端口
Connection connection = ConnectionFactory.createConnection(conf);--获取连接
```

> **注意** 上面的具体连接，如master:8020等，都是本书使用的具体集群配置，读者需要根据自己的实际集群环境进行修改。

2. 新建/删除表

如代码清单4-17所示，Java API新建或删除HBase表，需要获取Admin，即获取HBase管理客户端（注意，此客户端由HBase连接生成）。获取后，直接调用Admin实例的createTable或deleteTable即可完成创建表或删除表的操作。这里的HTableDescriptor即是对表的描述，主要指表名。同时需要注意，在删除表的时候需要调用Admin实例的distableTable方法，然后才能调用deleteTable方法。

代码清单4-17　Java API新建/删除HBase表

```java
public static void createTable(Connection connection) throws IOException {
    Admin admin = connection.getAdmin();
    TableName tableName = TableName.valueOf(TABLE);
    HTableDescriptor hTableDescriptor = new HTableDescriptor(tableName);
    hTableDescriptor.addFamily(new HColumnDescriptor(FAMILY));
    if (!admin.tableExists(TableName.valueOf(TABLE))) {
        --不存在，创建表
        admin.createTable(hTableDescriptor);
        System.out.println(TABLE+"表 被新建！");
    } else {
        --该表存在，删除后再创建
        if (!admin.isTableAvailable(tableName)) {
            --该表disable,直接删除
            admin.deleteTable(tableName);
            System.out.println(TABLE+"表 被删除！");
        } else {
            --该表enable状态；先disable,再删除
            admin.disableTable(tableName);
            System.out.println(TABLE+"表 被disable！");
            admin.deleteTable(tableName);
            System.out.println(TABLE+"表 被删除！");
        }
        admin.createTable(hTableDescriptor);
        System.out.println(TABLE+"表 被新建！");
    }
}
```

3. 插入数据

如代码清单4-18所示，Java API 插入数据到 HBase 表中，需要构造一个 Put 对象或 List<Put> 对象，该 Put 对象里面就包含 Rowkey 以及列簇中列的具体值了。插入数据，使用 Table 实例的 put 方法即可，Table 实例使用 Connection 实例的 getTable 方法获得。注意，在插入数据时，也可以指定时间戳。

代码清单4-18　Java API插入HBase表数据

```
public static void put(Connection connection) throws IOException {
    Table table = connection.getTable(TableName.valueOf(TABLE));
    List<Put> list = new ArrayList<Put>();
    Put put = new Put(Bytes.toBytes(ROWKEY1));
    put.addColumn(Bytes.toBytes(FAMILY), Bytes.toBytes(COL1), Bytes.toBytes("v11"));
    put.addColumn(Bytes.toBytes(FAMILY), Bytes.toBytes(COL2), Bytes.toBytes("v12"));
    list.add(put);
    put = new Put(Bytes.toBytes(ROWKEY2));
    put.addColumn(Bytes.toBytes(FAMILY), Bytes.toBytes(COL1), Bytes.toBytes("v21"));
    put.addColumn(Bytes.toBytes(FAMILY), Bytes.toBytes(COL2), Bytes.toBytes("v22"));
    list.add(put);
    table.put(list);
    System.out.println("data putted!");
    table.close();
}
```

4. 获取数据

如代码清单4-19、代码清单4-20所示，Java API 获取 HBase 表数据也和 Shell 操作一样，有两种方式：get 方法和 scan 方法，其实际操作和 Shell 里面一样。在获取到数据后，如何读取数据，也需要读者注意。这里，把结果都放入 Result 对象中，然后遍历 Result 对象，获取其各个列簇、列的值。

代码清单4-19　Java API通过get方法获取HBase表数据

```
public static void get(Connection connection) throws IOException {
    System.out.println("get..........");
    Table table = connection.getTable(TableName.valueOf(TABLE));
    Get get = new Get(ROWKEY1.getBytes());
    Result result = table.get(get);
    System.out.println(new String(result.getValue(Bytes.toBytes(FAMILY),
                     Bytes.toBytes(COL1))));
    table.close();
}
```

代码清单4-20　Java API通过scan方法获取HBase表数据

```
public static void scan(Connection connection) throws IOException {
    System.out.println("scan.............");
    Table table = connection.getTable(TableName.valueOf(TABLE));
```

```
Scan scan = new Scan();
ResultScanner scanner = table.getScanner(scan);
Iterator<Result> list = scanner.iterator();
Result result = null;
while (list.hasNext()) {
   result = list.next();
   System.out.println(new String(result.getRow())+":"+
new String(result.getValue(Bytes.toBytes(FAMILY), Bytes.toBytes(COL1))));
   System.out.println(new String(result.getRow())+":"+
new String(result.getValue(Bytes.toBytes(FAMILY), Bytes.toBytes(COL2))));
}
table.close();
}
```

4.5.3 动手实践：HBase Java API 使用

实验步骤：

1）打开 eclipse，导入工程 4.5_001_HBase_Java_API。

2）修复工程的编译错误（Hadoop 路径、HBase 路径、jdk 路径）。

3）浏览工程文件 MyConnection，了解代码功能。

4）完善缺失代码（缺失代码有 TODO 提示）。

5）依次注释 main 函数中的方法调用，查看输出。

6）使用 hbase shell 查看 hbase 数据库中对应的表及数据。

思考：

1）如果不设置连接，是否可以连接 HBase？如何连接？

2）如果建表时需要添加多个 Region，代码如何实现？

4.5.4 MapReduce 与 HBase 交互

使用 MapReduce 来与 HBase 交互，主要是指使用 MapReduce 代码来把数据从 HDFS 导入 HBase 或把数据从 HBase 导入 HDFS 或把数据从 HBase 一个表导入 HBase 另一个表中。下面就这 3 种方式给出其示例代码，并给出解释。

1. HDFS 导入 HBase

我们知道 MapReduce 程序一般都会包含 3 个部分：Driver 驱动程序、Mapper 程序、Reducer 程序。在 MapReduce 和 HBase 的交互程序中，一般只会包含两个部分：Driver 驱动程序、Mapper 程序。

如代码清单 4-21、代码清单 4-22 所示，HDFS 导入 HBase，只需要在 Driver 中调用 TableMapReduceUtil 的静态 initTableReducerJob 方法，然后把表名传入即可，同时设置 Reducer 的个数为 0。在 Mapper 中，需要继承 Mapper（和传统 MapReduce 程序的 Mapper 一样），但是其输出的键值对格式一定是 <ImmutableBytesWritable,Put>，里面的逻辑可以

根据自己的需要去构建。比如需要添加处理字符串代码,把字符串数据分割成各个字段值,然后构造 Put 对象等操作。

代码清单4-21　　HDFS导入HBase Driver程序

```
Configuration conf = getConf();
TableName tableName = TableName.valueOf(args[1]);
Path inputDir = new Path(args[0]);
String jobName = "Import to "+ tableName.getNameAsString();
Job job = Job.getInstance(conf, jobName);
job.setJarByClass(ImportMapper.class);
FileInputFormat.setInputPaths(job, inputDir);
job.setInputFormatClass(TextInputFormat.class);
job.setMapperClass(ImportMapper.class);
TableMapReduceUtil.initTableReducerJob(tableName.getNameAsString(), null,job);
job.setNumReduceTasks(0);
return job.waitForCompletion(true) ? 0 : 1;
```

代码清单4-22　　HDFS导入HBase Mapper程序

```
public class ImportMapper extends Mapper<LongWritable, Text, ImmutableBytes-
Writable, Put>{
    protected void setup(Mapper<LongWritable, Text, ImmutableBytesWritable, Put>.
Context context)
                        throws IOException, InterruptedException {
    }
}
```

2. HBase 导入 HDFS

如代码清单 4-23、代码清单 4-24 所示,HBase 导入 HDFS,只需要在 Driver 中设置 TableMapReduceUtil 的静态方法 initTableMapperJob,在参数里面需要指定表名、scan 规则(可以为默认 Scan 实例)、Mapper 类、Mapper 的输出键值对类型,同时也需要设置 Reducer 的个数为 0。在 Mapper 中需要指定其继承类为 TableMapper,且其输入键值对格式为 <ImmutableBytesWritable,Result>。如果在 Mapper 中需要加入一些其他业务逻辑,也可以添加。

代码清单4-23　　HBase导入HDFS Driver程序

```
Configuration conf = getConf();
Path outputDir = new Path(args[0]);
Job job = Job.getInstance(conf,  "Export from hbase table " + TABLE);
job.setJarByClass(ExportFromHBase.class);
Scan scan = new Scan();
--没有 reducers,直接写入输出文件
job.setNumReduceTasks(0);
FileOutputFormat.setOutputPath(job, outputDir);
TableMapReduceUtil.initTableMapperJob(
```

```
            TABLE,      --input table
            scan,       --Scan instance to control CF and attribute selection
            ExportMapper.class,    --mapper class
            Text.class,            --mapper output key
            Text.class,            --mapper output value
            job);
    return job.waitForCompletion(true) ? 0 : 1;
```

代码清单4-24　HBase导入HDFS Mapper程序

```
public class ExportMapper extends TableMapper<Text, Text>{
public void map(ImmutableBytesWritable key, Result value, Context context)
    throws IOException, InterruptedException{
        context.write(key, value);
    }
}
```

3. HBase 导入 HBase

如代码清单4-25、代码清单4-26所示，HBase 导入 HDFS，则需要在 Driver 中设置 TableMapReduceUtil 的静态方法 initTableMapperJob，以及调用 TableMapReduceUtil 的静态 initTableReducerJob 方法，其实，可以简单认为它是前面两个的综合。Mapper 类，需要设置 Mapper 的输出键值对类型 < ImmutableBytesWritable ,Result>，在 Mapper 中需要指定其继承类为 TableMapper。可以看出，Mapper 也是前面两个的综合。

代码清单4-25　HBase导入HBase Driver程序

```
Configuration conf = getConf();
    String jobName ="From table "+FROMTABLE+ " ,Import to "+ TOTABLE;
    Job job = Job.getInstance(conf, jobName);
    job.setJarByClass(HBaseToHBase.class);
    TableMapReduceUtil.initTableMapperJob(
        FROMTABLE,       --input table
        new Scan(),// Scan instance to control CF and attribute selection
        H2HMapper.class,    --mapper class
        ImmutableBytesWritable.class, --mapper output key
        Put.class,          --mapper output value
        job);
    TableMapReduceUtil.initTableReducerJob(
        TOTABLE, null,job);
--没有reducers,    直接写入到输出文件
job.setNumReduceTasks(0);
return job.waitForCompletion(true) ? 0 : 1;
```

代码清单4-26　HBase导入HBase Driver程序

```
public class H2HMapper extends TableMapper<ImmutableBytesWritable, Put> {
@Override
protected void map(ImmutableBytesWritable key, Result value,
```

```
            Mapper<ImmutableBytesWritable, Result,
        ImmutableBytesWritable, Put>.Context context)
            throws IOException, InterruptedException {
    context.write(key, resultToPut(key,value));
  }
}
```

4.5.5 动手实践：HBase 表导入导出

实验步骤：

1）打开 HBase shell 终端，参考 "脚本 /test1.sql"。

2）新建表 test1，column family 为 cf。

3）打开 Hadoop 客户端，上传 data/data.txt 数据到 HDFS。

4）打开 Eclipse，导入工程 4.5_002_HBase_Simple_MR，修复工程的编译错误（Hadoop 路径、HBase 路径、jdk 路径）。

5）浏览工程 demo.hdfs2hbase 包中代码，了解代码功能并完善其中的内容（TODO 提示）。

6）在 HBase shell 中查看对应表数据。

实验步骤：

1）打开 HBase shell 终端，查看表 test1 数据。

2）打开 Eclipse，导入工程 4.5_002_HBase_Simple_MR，修复工程的编译错误（Hadoop 路径、HBase 路径、jdk 路径）。

3）浏览工程 demo.hbase2hdfs 包中代码，了解代码功能并完善其中的内容（TODO 提示）。

4）直接运行 Driver 主类，查看相应日志。

5）在 HDFS 中查看对应数据。

实验步骤：

1）打开 HBase shell 终端，参考 "脚本 /test1.sql"。

2）新建表 test2，column family 为 cf。

3）打开 Eclipse，导入工程 4.5_002_HBase_Simple_MR，修复工程的编译错误（Hadoop 路径、HBase 路径、jdk 路径）。

4）浏览工程 demo.hbase2hbase 包中代码，了解代码功能并完善其中的内容（TODO 提示）。

5）在 HBase shell 中查看对应表数据（test2）。

思考：

1）是否可以直接在 Eclipse 中运行代码？如何实现？

2）对比直接 Java API 导入数据和 MR 方式导入数据的优劣。

4.6 基于 HBase 的冠字号查询系统

4.6.1 案例背景

识别人民币伪钞有哪些方式？一般为看、摸、听、测，具体如下：
- 用肉眼看钞票的水印是否清晰，有无层次和立体的效果；看安全线；看整张票面图案是否单一或者偏色。看纸币的整体印刷效果，人民币真币使用特制的机器和油墨印刷，整体效果精美细致；假币的整体效果粗糙，工艺水平低。
- 我国现行流通的人民币 1 元以上纸币都用凹版印刷技术。触摸票面上凹印部位的线条是否有明显的凹凸感。假币无凹凸感或者凹凸感不强烈。
- 人民币纸币所使用的纸张是经过特殊处理、添加有化学成分的纸张，挺括耐折，用手抖动或者用手指弹会发出清脆的声音。如果是假币，抖动或者弹击的声音发闷。
- 真人民币纸币的尺寸十分严格，精确到以毫米计。另外可以使用验钞机检测是否有荧光图纹；用磁性仪检测磁性印记。

但是，使用人的感官来确定人民币是否是伪钞主观性还是比较大的，有没有比较好的方法来验证是否是伪钞呢？

本案例就是使用客观的方法来验证伪钞。本案例采用的方案是基于冠字号的，每张人民币的冠字号是唯一的，如果有一个大表可以把所有的人民币以及人民币对应的操作（在什么时间、什么地点存入或获取）记录下来，这样在进行存取时就可以根据冠字号先查询一下，看当前冠字号对应的纸币在大表中的保存的操作，就可以确定当前冠字号对应的纸币是否是伪钞了（这里确定在大表中的所有冠字号对应的钞票都是真钞）。

表 4-5 对应的是存取场景。

表 4-5 存取场景

	存 / 取	最近状态（表中有无）	真钞 / 伪钞
场景 1	存	有	伪钞
场景 2	存	无	真钞
场景 3	取	有（此时没有无状态）	真钞

目前，基于传统数据库存储数据一般在千万级别（受限于查询等性能），但是如果要存储所有钞票的信息以及其被存储或获取的记录信息，那么传统数据库肯定是不能胜任的。所以本系统是基于 HBase 的。HBase 的优势在前面已经介绍过，这里不再详述。

4.6.2 功能指标

企业应用一般都会给出系统的功能指标。针对本系统，其功能指标描述如下：
- 存储亿级用户信息；
- 存储百亿级别钞票信息；

- 支持前端业务每秒 5000+ 实时查询请求；
- 数据存储和计算能够可扩展；
- 提供统一接口，支持前端相关查询业务。

但是，受限于本书使用集群配置，这里把相关功能进行简化，如下所示：

- 存储万级用户信息；
- 存储百万级别钞票信息；
- 支持前端业务每秒 500+ 实时查询请求。

上面 3 点只是针对系统性能指标降级，其他指标，比如可扩展等，这个属于 HBase 的特性，原生支持（后面系统实现，可以使用上面的指标进行评测）。

4.6.3 系统设计

本节针对冠字号查询系统给出系统级别设计，主要包括系统架构设计、HBase 表设计、Rowkey 设计、数据传输设计（数据从 HDFS 到 HBase 通用代码）。下面分别叙述。

1. 系统架构

如图 4-26 所示，冠字号查询系统包含 5 层。

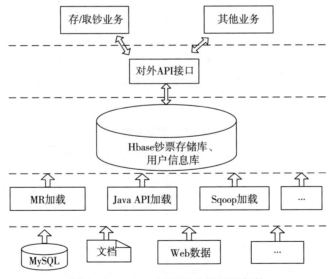

图 4-26 HBase 冠字号查询系统架构

- 数据层：包括基础数据 MySQL、文档、Web 数据等；
- 数据处理层：主要是数据的加载，包括 MR 加载模式、Java API 加载模式、Sqoop 加载模式等；
- 数据存储层：主要是 HBase 存储，包括钞票的所有信息以及用户信息等；
- 数据服务层：主要是对外提供查询、存储等接口服务；

❑ 数据应用层：存取钞系统，在存钞时涉及伪钞识别；其他应用系统。

2. 表设计

HBase 表设计（广义表设计）涉及表名、表结构、表列簇、Rowkey、版本设计等内容，下面就针对相对比较重要的几个方面进行介绍。

为了简化操作，这里设计两张表：钞票表、用户表。

钞票表首先包含冠字号（唯一标识符），在进行存入和获取的过程中，都会对应一个用户、时间、地点。存入和获取操作同样需要存储（这个存储可以使用 1 代表存入，0 代表获取）。用户信息需要包含用户姓名、性别、出生日期、身份证号码（唯一标识符）、住址等。

钞票表（identify_rmb_records）、用户表（identify_rmb_users）结构分别如表 4-6、表 4-7 所示。

表 4-6　identify_rmb_records 表结构

主键 / 列簇	字段名称	字段含义	字段值举例	备注
rowkey	—	表主键（钞票冠字号）	AAAA0000	
timestamp	—	时间戳	1414939140000	long 型（可以存储用户操作的时间）
op_www	—	列簇	—	who、when、where 做了哪些操作
op_www	exist	是否存在	1	如果用户是存储行为，那么在行为结束后，该值为 1
op_www	uId	用户 ID	4113281991XXXX9919	
op_www	Bank	存取钞银行	SPDBCNSH	银行编号

表 4-7　identify_rmb_users 表结构

主键 / 列簇	字段名称	字段含义	字段值举例	备注
Rowkey	—	用户主键（身份证号）	4113281991XXXX9919	
Timestamp	—	时间戳	1414939140000	long 型
Info	—	列簇	—	用户信息
Info	name	用户名	JACO	
Info	gender	用户性别	female	
Info	bank	用户注册银行	SPDBCNSH	银行编号
Info	address	用户住址	EXX-O94-1319151759	
Info	birthday	用户出生年月	1981-10-20 09:12	

Rowkey 设计：在表 identify_rmb_records、identify_rmb_users 表中的 rowkey 分别是钞票的冠字号、用户身份证号，这两个都是唯一的，符合 Rowkey 的唯一性；其次，冠字号、身份证号都是有一定规律的，在此规律的基础上可以设置 SPLITS 参数，从而均衡分布所有数据。

列簇设计：HBase 的列簇一般情况下不应超过 2 个，应该尽量使用较少的列簇，因为单个列簇 flush 的时候，它临近的列簇也会触发 flush，影响系统性能。在本系统中，由于所属信息不多，所以全部设计成一个列簇。

版本设计：在钞票存入或获取的时候，如果某冠字号发生疑似假钞，需要追溯该冠字号的所有记录。这时，使用 HBase 的版本概念就可以很方便地实现这个功能，在表定义的时候，设置版本信息：VERSIONS=>1000。

3. 数据加载

本系统中，数据加载分为已存在数据加载和实时数据加载。已存在数据是指历史数据，或者是系统第一次存储钞票的数据；实时数据是指用户在进行存钞、取钞时候的实时操作数据。

（1）已存数据加载

系统在投入使用的时候，已经存在历史数据，需要把历史数据批量导入系统中；在人民币首次发行时，也需要批量导入系统中。这里的导入直接使用 MR 导入（注意，此假设还是理论模型）。

数据加载流程如下：

1）数据加载到 HDFS，为 MapReduce 批量处理准备数据；

2）主类配置运行 HDFS to HBase 的参数，包括：HDFS 输入数据路径、输入数据字段分隔符、表名、列簇名、rowkey 所在列、timestamp 所在列、timestamp 日期格式；

3）Mapper 是整个流程的核心，主要负责进行数据解析，以及从 HDFS 导入 HBase 表中的工作，其各个部分功能如下：

- setup()：获取输入数据字段分隔符，获取列簇、列名，获取 Rowkey 列标，获取 ts 格式及列标（如果没有的话，就按照插入数据的时间设置）；
- map()：解析、过滤并提取数据（需要的字段数据），生成 Put 对象，写入 HBase。

上述数据加载流程和一般的 HDFS 数据加载到 HBase 表的流程基本一样，不过，这里考虑到通用性，所以可以设置一些额外的参数，然后把程序编写得更加通用。下面分析主要代码。

代码清单4-27　HDFS导入HBase通用代码主类Driver

```
if (args.length != 5){
    System.err.println("Usage:\n ImportToHBase <input> <tableName> <splitter>"
+ " <rk, ts, col1:q1, col2:q1, col2:q2> <date_fromat>");
    return -1;
}
if (args[3] == null || args[3].length() < 1){
    System.err.println("column family can't be null!");
    return -1;
}
```

```
Configuration conf = getConf();
conf.set(SPLITTER, args[2]);
conf.set(COLSFAMILY, args[3]);
conf.set(DATEFORMAT, args[4]);
TableName tableName = Tablename.valueOf(args[1]);
Path inputDir = new Path(args[0]);
String jobName = "Import to " + tableName.getNameAsString();
Job job = Job.getInstance(conf, jobName);
job.setJarByClass(ImportMapper.class);
FileInputFormat.setInputPaths(job, inputDir);
job.setInputFormatClass(TextInputFormat.class);
job.setMapperClass(ImportMapper.class);
TableMapReduceUtil.initTableReducerJob(tableName.getNameAsString(), null, job);
job.setNumReduceTasks(0);
return job.waitForCompletion(true) ? 0 : 1;
```

如代码清单 4-27 所示，主类代码首先获取 Configuration 相关配置，然后根据传入的参数，设置 Configuration；接着，就是传统的 MR 代码，设置输入格式、设置 Mapper 等；其中，标记部分即为把 MR 的输出初始化为 HBase 表的代码；最后，提交任务即可。

Mapper：需要继承 Mapper，同时输出的 KV 键值对类型需要需要设置为 < ImmutableBytesWritable, Put >，其类定义如代码清单 4-28 所示。

代码清单4-28　ImportMapper类定义代码

```
public class ImportMapper extends Mapper<LongWritable, Text, ImmutableBytes-
    Writable, Put>{
}
```

代码清单4-29　ImportMapper类setup()函数代码

```
protected void setup(Mapper<LongWritable, Text, ImmutableBytesWritable, put>.
    Context context)
        throws IOException, InterruptedException{
splitter = context.getConfiguration().get(ImportToHBase.SPLITTER, ",");
String colsStr = context.getConfiguration().get(ImportToHBase.COLSFAMILY, null);
sf = context.getConfiguration().get(ImportToHBase.DATEFORMAT, null)==null
    ? new SimpleDateFormat("yyyy-MM-dd HH:mm")
    :new SimpleDateFormat(context.getConfiguration().get(ImportToHBase.
        DATEFORMAT));
String[] cols = colsStr.split(COMMA, -1);
colsFamily = new ArrayList<>();
for (int i=0; i<cols.length; i++) {
    if ("rk".equals(cols[i])) {
        rkIndex = i;
        colsFamily.add(null);
        continue;
    }
    if ("ts".equals(cols[i])) {
```

```
            tsIndex = i;
            colsFamily.add(null);
            hasTs = true; --原始数据包括ts
            continue;
        }
        colsFamily.add(getCol(cols[i]));
    }
}
```

代码清单 4-29 是读取主类 Driver 的 Configuration 里面的配置，然后根据这里配置参数值，初始化相关参数，比如列簇名、列名等（当然，这些代码也可以直接硬编码在代码中，但是如果是硬编码的话，其通用性就比较差）。

ImportMapper 的 map() 函数就是解析、过滤、提取相关字段值，生成 Put 对象，并且写入 HBase 中即可，其代码如代码清单 4-30 所示。

代码清单4-30　ImportMapper类map()函数代码

```
protected void map(LongWritable key, Text value,
Mapper<LongWritable, Text, ImmutableBytesWritable, put>.Context context)
    throws IOException, InterruptedException {
String[] words = value.toString().split(splitter, -1);
if (words.length != colsFamily.size()) {
    System.out.println("line:" + value.toString() + " does not compatible");
    return;
}
rowkey.set(getRowKey(words[rkIndex]));
put = getValue(words, colsFamily, rowkey.copyBytes());
context.write(rowkey, put);
}
```

在代码清单 4-30 中，首先根据字段分隔符解析数据；然后，抽取出所需的字段，生成 Put 对象；最后，通过调用 context.write 直接写入 HBase 表中。同时，这里需要注意，因为 put 中已经包含 rowkey 的信息，所以最后一行代码写为 context.write(null,put) 也是可以的。这里的 getValue 方法就是根据各个列值以及列簇名、列名来构建 Put 对象，其内容如代码清单 4-31 所示。

代码清单4-31　ImportMapper类map()函数子函数getValue()函数代码

```
private Put getValue(String[] words, ArrayList<byte[][]> colsFamily, byte[] bs) {
    Put put = new Put(bs);
    for (int i=0; i<colsFamily.size(); i++) {
if (colsFamily.get(i)==null) {--rk 或 ts
    continue; --下一列
}
if (words[i]==null || words[i].length()==0) {
    continue; --不添加，直接取下一个value
}
```

```
                --日期异常的记录同样添加
                if (hasTs) {
                    put.addColumn(colsFamily.get(i)[0], colsFamily.get(i)[1],
                    getLongFromDate(words[tsIndex]), Bytes.toBytes(words[i]));
                }else {
                    put.addColumn(colsFamily.get(i)[0], colsFamily.get(i)[1],
                    Bytes.toBytes(words[i]));
                }
            }
        return put;
    }
```

（2）实时数据加载

直接使用 Java API 来操作 HBase 数据库，完成实时 HBase 数据库更新（可参考 Java API 操作 HBase 表）。

4. 动手实践：表设计及数据导入

实验步骤：

1）根据表设计相关章节，编写钞票表（identify_rmb_records）、用户表（identify_rmb_users）建表语句，参考表 4-8、表 4-9。

表 4-8　identify_rmb_records 表建表语句

create 'identify_rmb_records',{NAME=>'op_www',VERSIONS=>1000}, SPLITS =>['AAAM9999','AAAZ9999','AABM9999']

表 4-9　identify_rmb_users 表建表语句

create 'identify_rmb_users',{NAME=>'info'}, SPLITS =>['4113281990XXXX0000','4113281991XXXX0000','4113281992XXXX0000']

2）打开 HBase shell 终端，根据上面的建表语句进行建表。

3）数据参考：source\hbase\data\stumer_in_out_details.txt、source\hbase\data\uid_details.txt。

4）上传数据 stumer_in_out_details.txt，uid_details.txt 到 hadoop 客户端，再把数据上传到 HDFS 上，如图 4-27 所示。

5）参考表设计模块，打开 hbase shell，新建对应表，建好表后，使用 list 命令查看，可以看到如表 4-10 所示记录。

表 4-10　钞票表和用户表记录

hbase(main):034:0> list TABLE cf identify_rmb_records identify_rmb_users

Contents of directory /user/root

Name	Type	Size	Replication	Block Size	Modification Time	Permission	Owner	Group
.sparkStaging	dir				2016-01-24 05:34	rwxr-xr-x	root	supergroup
averagejob_00	dir				2016-02-23 10:05	rwxr-xr-x	root	supergroup
data validate	dir				2016-04-05 16:01	rwxr-xr-x	root	supergroup
keyvalue.data	file	1.95 KB	1	128 MB	2016-02-23 09:58	rw-r--r--	root	supergroup
kmeans_in	file	129 B	1	128 MB	2016-03-20 11:50	rw-r--r--	root	supergroup
le_in	file	129 B	1	128 MB	2016-03-20 19:02	rw-r--r--	root	supergroup
mr_words.txt	file	703 B	1	128 MB	2016-03-28 16:27	rw-r--r--	root	supergroup
oozie-root	dir				2016-04-05 16:03	rwxr-xr-x	root	supergroup
records_small.txt	file	771 B	1	128 MB	2016-04-30 16:31	rw-r--r--	root	supergroup
share	dir				2016-01-21 23:53	rwxr-xr-x	root	supergroup
stumer_in_out_details.txt	file	43.11 MB	1	128 MB	2016-04-30 16:06	rw-r--r--	root	supergroup
uid_details.txt	file	3.30 MB	1	128 MB	2016-05-01 09:08	rw-r--r--	root	supergroup
workflow	dir				2016-03-29 16:01	rwxr-xr-x	root	supergroup

图 4-27 数据在 HDFS 上显示

6）参考数据加载模块编写数据加载代码。

① 添加相关 jar 包（包括 HBase、Hadoop），如图 4-28 所示。

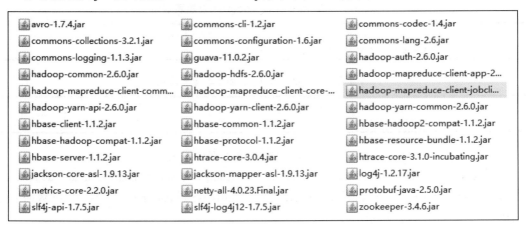

图 4-28 Web 工程添加相关 jar 包

② 获取 Hadoop、HBase 连接，建立 Utils 类，并添加 getConnection 方法，如代码清单 4-32 所示。

代码清单4-32　Utils工具类代码

```
pirvate static Configuration configuration;
public static Configuration getConfiguration() {
    if (configuration == null) {
        configuration = new Configuration();
```

```
        --配置使用跨平台提交
        configuration.setBoolean("mapreduce.app-submission.cross-platform", true);
        --指定namenode
        configuration.set("fs.defaultFS", "hdfs://master:8020");
        --指定使用yarn框架
        configuration.set("mapreduce.framework.name", "yarn");
        --指定resourcemanager
        configuration.set("yarn.resourcemanager.address", "master:8032");
        --指定资源分配器
        configuration.set("yarn.resourcemanager.scheduler.address", "master:8030");
        --指定jobhistoryserver
        configuration.set("mapreduce.jobhistory.address", "master:10020");
        configuration.set("hbase.master", "master:16000");
        configuration.set("hbase.rootdir", "hdfs://master:8020/hbase");
        configuration.set("hbase.zookeeper.quorum", "slave1,slave2,slave3");
        configuration.set("hbase.zookeeper.property.clientPort", "2181");
        --运行MR任务，需要包含对应的Mapper、Reducer的jar包的设置
        configuration.set("mapreduce.job.jar", "C:\\jars\\import2hbase.jar");
    }
    return configuration;
}
```

代码清单4-32中属性mapreduce.job.jar设置是运行MR任务，需要包含对应的Mapper、Reducer的jar包的设置（当然，如果直接在终端中使用hadoop jar的方式运行，则不需要设置此选项）。

③ 在Utils类中添加相关常量，如代码清单4-33所示。

代码清单4-33　　Utils工具类常量代码

```
public static final char COMMA = ',';
public static final String IDENTIFY_RMB_RECORDS = "identify_rmb_records";
public static final String IDENTIFY_RMB_USERS = "identify_rmb_users";
public static final byte[] OP_WWW = "op_www".getBytes();
public static final byte[] INFO = "info".getBytes();
public static final byte[] COL_EXIST = "exist".getBytes();
public static final byte[] COL_UID = "uid".getBytes();
public static final byte[] COL_BANK = "bank".getBytes();
public static final byte[] COL_NAME = "name".getBytes();
public static final byte[] COL_GENDER = "gender".getBytes();
public static final byte[] COL_ADDRESS = "address".getBytes();
```

因为HBase中列簇、列名都需要使用byte[]类型，所以提前转换；

④ 参考数据加载模块的Driver以及Mapper类编写对应的类，如代码清单4-34所示。

代码清单4-34　　主类参数设置

```
if (args.length != 5){
    System.err.println("Usage:\n ImportToHBase <input> <tableName> <splitter>"
```

```
        + "<rk, ts, col1:q1, col2:q1,col2:q2> <date_format>");
    return -1;
}
if (args[3]==null || args[3].length() < 1){
    System.err.println("column family can't be null!");
    return -1;
}
```

这里对参数进行说明。

- input：输入数据路径。
- tableName：HBase 表名。
- splitter：输入数据字段分隔符。
- rk：rowkey 所在列（移动 rk 即可设置 rowkey 在不同列，但是 rk 字符串不变）；ts：时间戳所在列，类似 rk；col:q：列簇：列名，和输入数据对应。
- date_format：日期格式（如果有 ts，那么此参数有用，如果没有 ts，则设置为 null 即可）。

⑤ 导入 HBase 表主类，分别如代码清单 4-35、代码清单 4-36 所示。

代码清单4-35　导入identify_rmb_records表主类参数设置

```
public class ImportToIdentifyRMBRecords {
    public static void main(String[] args) throws Exception {
        args = new String[] {
            "/user/root/stumer_in_out_details.txt",
            "identify_rmb_records",
            ",",
            "rk, op_www:exist, ts, op_www:bank, op_www:uid",
            "yyyy-MM-dd HH:mm"
        }
        ToolRunner.run(Utils.getConfiguration(), new ImportToHBase(), agrs);
    }
}
```

代码清单4-36　导入identify_rmb_users表主类参数设置

```
public class ImportToIdentifyRMBUsers {
  public static void main(String[] args) throws Exception {
args = new String[] {
    "/user/root/uid_details.txt",
    "identify_rmb_users",
    ",",
    "rk,info:name, ts, info:gender, info:address, info:phone, info:bank",
    "yyyy-MM-dd HH:mm"
}
ToolRunner.run(Utils.getConfiguration(), new ImportToHBase(), agrs);
  }
}
```

⑥ 在 src 目录下新建 log4j.properties 文件，内容如代码 4-15 所示。
⑦ 分别运行 e 中的主类，即可完成数据导入（注意修改 mapreduce.job.jar 参数）。

分别运行类 ImportToIdentifyRMBRecords、ImportToIdentifyRMBUsers，在 MapReduce 任务监控界面查看对应任务执行情况，分别如图 4-29、图 4-30 所示。

```
        User: fansy
        Name: Import to identify_rmb_records
Application Type: MAPREDUCE
Application Tags:
       State: FINISHED
 FinalStatus: SUCCEEDED
     Started: 12-May-2016 23:39:32
     Elapsed: 2mins, 44sec
Tracking URL: History
 Diagnostics:
```

图 4-29　identify_rmb_records 表导入 MapReduce 任务运行情况

```
        User: fansy
        Name: Import to identify_rmb_users
Application Type: MAPREDUCE
Application Tags:
       State: FINISHED
 FinalStatus: SUCCEEDED
     Started: 12-May-2016 23:36:06
     Elapsed: 1mins, 2sec
Tracking URL: History
 Diagnostics:
```

图 4-30　identify_rmb_users 表导入 MapReduce 任务运行情况

7）数据加载完成后，在 hbase shell 中查看对应数据。

表 identify_rmb_records，其数据如图 4-31 所示。

```
hbase(main):037:0> scan 'identify_rmb_records',{LIMIT=>2}
ROW                    COLUMN+CELL
0 row(s) in 0.1190 seconds

hbase(main):038:0> scan 'identify_rmb_records',{LIMIT=>2}
ROW                    COLUMN+CELL
 AAAA0000              column=op_www:bank, timestamp=1414939140000, value=CITIHK
 AAAA0000              column=op_www:exist, timestamp=1414939140000, value=0
 AAAA0000              column=op_www:uid, timestamp=1414939140000, value=4113281991XXXX9919
 AAAA0001              column=op_www:bank, timestamp=1071268980000, value=SPDBCNSH
 AAAA0001              column=op_www:exist, timestamp=1071268980000, value=0
 AAAA0001              column=op_www:uid, timestamp=1071268980000, value=4113281990XXXX3865
2 row(s) in 0.0970 seconds
```

图 4-31　identify_rmb_records 表数据

表 identify_rmb_users，其数据如图 4-32 所示。

8）在 HBase Shell 中查看钞票表、用户表中的数据；同时，在浏览器监控界面查看相应的信息，并给出解释。

思考：

```
hbase(main):035:0> scan 'identify_rmb_users',{LIMIT=>2}
ROW                      COLUMN+CELL
0 row(s) in 0.2480 seconds

hbase(main):036:0> scan 'identify_rmb_users',{LIMIT=>2}
ROW                      COLUMN+CELL
 4113281989XXXX0000      column=info:address, timestamp=1463067415704, value=JXX-E72-1319151758
 4113281989XXXX0000      column=info:bank, timestamp=1463067415704, value=SPDBCNSH
 4113281989XXXX0000      column=info:birthday, timestamp=1463067415704, value=1981-10-20 09:12
 4113281989XXXX0000      column=info:gender, timestamp=1463067415704, value=femail
 4113281989XXXX0000      column=info:name, timestamp=1463067415704, value=JACO
 4113281989XXXX0000      column=info:phone, timestamp=1463067415704, value=135131XX517
 4113281989XXXX0001      column=info:address, timestamp=1463067415704, value=EXX-O94-1319151759
 4113281989XXXX0001      column=info:bank, timestamp=1463067415704, value=SCBLCNSX
 4113281989XXXX0001      column=info:birthday, timestamp=1463067415704, value=1984-10-16 11:24
 4113281989XXXX0001      column=info:gender, timestamp=1463067415704, value=mail
 4113281989XXXX0001      column=info:name, timestamp=1463067415704, value=XJSJ
 4113281989XXXX0001      column=info:phone, timestamp=1463067415704, value=135131XX517
2 row(s) in 0.1470 seconds
```

图 4-32　identify_rmb_users 表数据

1）为什么设计 identify_rmb_users 表时，不直接使用 timestamp 存储 birthday？

2）表 identify_rmb_records 的列簇为什么设置为 1000？

4.6.4　动手实践：构建基于 HBase 的冠字号查询系统

1. 建立 Web 项目

1）打开 Eclipse，选择 File → new → Project → Dynamic Web Project，输入工程名，配置并选择 tomcat，如图 4-33 所示。

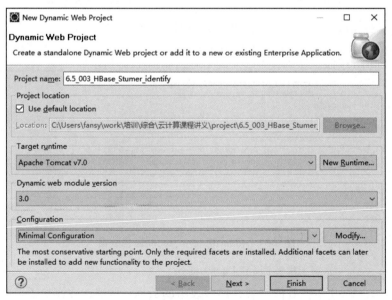

图 4-33　创建 Web 工程

2）单击 Next 按钮，保持默认选项即可，如图 4-34 所示。

第 4 章　大数据快速读写——HBase　　163

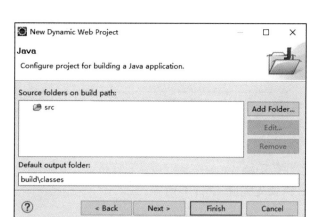

图 4-34　新建 Web 工程并配置目录结构

3）单击 Next 按钮，勾选"Generate web.xml ..."选项，如图 4-35 所示。

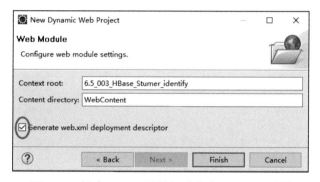

图 4-35　新建 Web 工程并勾选产生 web.xml 选项

4）单击 Finish 按钮，即可看到建立的工程，如图 4-36 所示。

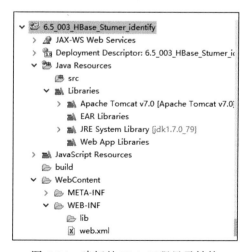

图 4-36　建好的 Web 工程目录结构

5)在 WebContent 目录下新建 index.jsp，在 body 标签内加入"Hello World!"。

6)启动 Tomcat，浏览器访问：http://localhost:8080/ 6.5_003_HBase_Stumer_identify，可以看到如图 4-37 所示界面，即可表示 Web 工程建立成功。

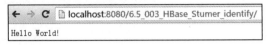

图 4-37　Web 工程主界面

2. 完善 Web 项目业务功能

注意：以下操作，需要先完成 4.6.3 节内容。

(1) 系统首页

完善首页：添加相关链接；修改 index.jsp 中相关编码为"GBK"，同时修改主要内容如代码清单 4-37 所示。

代码清单 4-37　index.jsp 代码

```
<body>
<div style="padding-top: 30px">
    <h1 align="center">基于HBase冠字号查询系统</h1>
    <div style="padding-left: 20px">
    <p >
            基于HBase冠字号查询系统…
    </p>
            <a href="retrieve.jsp">取款</a> <br> <br>
            <a href="check.jsp">查询</a> <br><br>
            <a href="put.jsp">存款</a> <br><br>
          <a href="read.jsp">查询数据</a>
    </div>
</div>
</body>
```

重新部署 Tomcat 项目，可以看到如图 4-38 所示的首页。

图 4-38　修改 index.jsp 后的系统首页

(2) 取款页面

添加 retrieve.jsp 页面，其主要功能是输入取款金额，进行取款；新建 retrieve.jsp 页面，修改相关编码为"GBK",添加输入金额及取款功能,其主要代码如代码清单 4-38 所示。

代码清单4-38　retrieve.jsp代码

```html
<body>
<div style="padding-top: 50px; text-align: center">
    <div>
        <h2>冠字号查询系统#取款</h2>
    </div>
        <form action="Retrieve" method="get">
        <table border="0" align="center" style="padding: 20px">
            <tr  style="text-align: left">
                <td>取款金额:</td>
                <td><select name="num" id="num_id" >
                        <option value="1">100</option>
                        <option value="2">200</option>
                        <option value="3">300</option>
                        <option value="5">500</option>
                        <option value="7">700</option>
                        <option value="10">1000</option>
                </select></td>
                <td><input type="submit" value="取款" ></td>
        </table>
        </form>
</div>
<script type="text/javascript" src="util.js" > </script>
</body>
```

部署 tomcat,取款界面如图 4-39 所示。

(3)查询冠字号页面

添加 check.jsp 页面,其主要功能是根据输入或生成的冠字号,查询 HBase 表中是否有对应记录;新建 check.jsp 页面,修改相关编码为"GBK",添加冠字号输入框,添加自动生成冠字号按钮,添加查询功能,其主要代码如代码清单 4-39 所示。

图 4-39　取款页面

代码清单4-39　check.jsp 代码

```html
<body>
<div style="padding-top: 50px; text-align: center">
    <div>
        <h2>冠字号查询系统#查询</h2>
    </div>
        <form action="Check" method="get">
        <table border="0" align="center" style="padding: 20px">
            <tr >
                <td>冠字号:</td>
                <td><input type="text" name="stumber" id="stumber_id"></td>
                <td><select name="num" id="num_id">
```

```
                    <option value="1">1</option>
                    <option value="2">2</option>
                    <option value="3">3</option>
                    <option value="5">5</option>
                    <option value="7">7</option>
                    <option value="10">10</option>
                </select></td>
        </tr>
        <tr style="text-align: left     ">
            <td><input type="button" value="随机生成" onclick="random()"></td>
            <td><input type="submit" value="查询" ></td>
        </tr>
    </table>
    </form>
</div>
<script type="text/javascript" src="util.js" > </script>
</body>
```

部署 tomcat，冠字号查询界面如图 4-40 所示。

（4）存款页面

添加 put.jsp 页面，其主要功能为存储输入或生成的冠字号；新增 put.jsp 页面，修改相关编码为"GBK"，添加冠字号输入框、添加自动生成冠字号按钮、添加存储功能，主要代码如代码清单 4-40 所示。

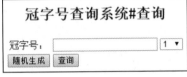

图 4-40　冠字号查询页面

代码清单4-40　put.jsp代码

```
<body>
<div style="padding-top: 50px; text-align: center">
    <div>
        <h2>冠字号查询系统#存款</h2>
    </div>
    <form action="Put" method="get">
    <table border="0" align="center" style="padding: 20px">
        <tr >
            <td>冠字号：</td>
            <td><input type="text" name="stumber" id="stumber_id"></td>
            <td><select name="num" id="num_id">
                <option value="1">1</option>
                <option value="2">2</option>
                <option value="3">3</option>
                <option value="5">5</option>
                <option value="7">7</option>
                <option value="10">10</option>
            </select></td>
        </tr>
        <tr style="text-align: left     ">
```

```
            <td><input type="button" value="随机生成" onclick="random()"></td>
            <td><input type="submit" value="存储" ></td>
        </tr>
    </table>
    </form>
</div>
<script type="text/javascript" src="util.js">
</script>
</body>
```

部署 tomcat 后，存款页面如图 4-41 所示。

（5）读取数据页面

添加 read.jsp 页面，其主要功能为查询输入或生成的冠字号在表中的记录；新增 read.jsp 页面，修改相关编码为"GBK"，添加冠字号输入框、版本数下拉框、添加自动生成冠字号按钮，添加查询功能，主要代码如代码清单 4-41 所示。

图 4-41　存款页面

代码清单4-41　read.jsp代码

```
<body>
<div style="padding-top: 50px; text-align: center">
    <div>
            <h2>冠字号查询系统#查询数据</h2>
    </div>
    <form action="Read" method="get">
    <table border="0" align="center" style="padding: 20px">
        <tr >
            <td>冠字号：</td>
            <td><input size="50" type="text" name="stumber" id="stumber_id"></td>
        </tr>
        <tr style="text-align: left   ">
            <td>生成数：</td>
            <td><select name="num" id="num_id">
                <option value="1" selected="selected">1</option>
                <option value="2">2</option>
                <option value="3" >3</option>
                <option value="5">5</option>
                <option value="7">7</option>
                <option value="10" >10</option>
                <option value="20">20</option>
                </select>
                <input type="button" value="随机生成" onclick="random()">
            </td>
        </tr>
```

```html
            <tr style="text-align: left          ">
                <td>版本数：</td>
                <td>
                <select name="version" id="version_id">
                    <option value="1">1</option>
                    <option value="2">2</option>
                    <option value="3" selected="selected">3</option>
                    <option value="5">5</option>
                    <option value="7">7</option>
                    <option value="10" >10</option>
                    <option value="20">20</option>
                </select>
                <input type="submit" value="查询" >
                </td>
            </tr>
        </table>
        </form>
</div>
<script type="text/javascript" src="util.js" > </script>
</body>
```

部署 tomcat 后，查询数据页面如图 4-42 所示。

图 4-42　查询数据页面

前面介绍的 5 种功能实现是系统的前端部分实现，接下来我们来看后台是如何实现的。

（6）取款实现

取款功能实现，新建 Servlet，类名为 Retrieve；重启 tomcat，在取款界面单击"取款"按钮，出现如图 4-43 所示页面。

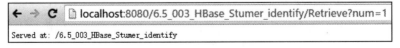

图 4-43　取款实现页面

看到图 4-43 说明 Servlet 建立成功。

在 doGet 方法中添加相关代码实现，如代码清单 4-42 所示。

代码清单4-42　取款doGet方法代码

```java
protected void doGet(HttpServletRequest request, HttpServletResponse response) {
    List<String> list = hBaseService.retrieve(request.getParameter("num"));
```

```
            response.setHeader("content-type", "text/html;charset=UTF-8");
            response.getWriter().append("Served at: ").append(request.getContextPath())
.append("<br>").append("取款冠字号为：<br>")
.append(list.toString());
        }
```

设置 response 编码格式，同时调用 service 层的取款函数，如代码清单 4-43 所示。

代码清单4-43　　service层取款函数主要代码

```
/**
 * 取钱，随机输出冠字号，并更新冠字号对应的exist字段值
 * 只有在exist为true时，才进行上面的操作
 * @param num
 * @throws IOException
 */
public List<String> retrieve(String numStr) throws IOException{
Connection connection = ConnectionFactory.createConnection(Utils.getConfiguration());
Table table = connection.getTable(TableName.valueOf(Utils.IDENTIFY_RMB_RECORDS));
List< String> list = new ArrayList<>();
int num =Integer.parseInt(numStr);
try {
Scan scan = new Scan();
scan.setStartRow(Utils.getRandomRecordsRowKey().getBytes());
--设置只查询exist为1的数据（不使用SingleColumnValueFilter，为什么？）
Filter filter = new SingleColumnValueExcludeFilter(Utils.OP_WWW,
            Utils.COL_EXIST, CompareOp.EQUAL, Bytes.toBytes("1"));
scan.setFilter(filter);
ResultScanner resultScanner = table.getScanner(scan);
    --取出的记录数是num的3倍（效率高，因为数据可能被其他值更新
Result[] results = resultScanner.next(num*3);
Put put = null;
for(int i=0;i<results.length;i++){
    put = generatePutFromResult(results[i].getRow());
    if(table.checkAndPut(results[i].getRow(),Utils.OP_WWW,
        Utils.COL_EXIST, Bytes.toBytes("1"), put)){
        list.add(new String(results[i].getRow()));
    }
    if(list.size()>=num){ --如果已经找到所有数据，则返回
        break;
    }
}
byte[] row;
while(list.size()<num){ --没有找到所有数据，则接着直接查找
    row = resultScanner.next().getRow();
    put = generatePutFromResult(row);
    if (table.checkAndPut(row,Utils.OP_WWW,
            Utils.COL_EXIST, Bytes.toBytes("1"), put)){
        list.add(new String(row));
```

```
        }
    }
}catch(Exception e){
e.printStackTrace();
}
return list;
}
```

取款流程如下：

1）根据给定的取款冠字号个数 num，随机查找冠字号（rowkey）对应的 op_www:exist 字段值为 1 的 num*3 条记录；

2）使用 HBase.checkAndPut 进行更新，把 op_www:exist 字段值更新为 0，并返回更新后的 rowkey，即冠字号；

3）如果在 num*3 条记录更新后，被更新的冠字号不足 num 条，则再次随机查找冠字号对应的 op_www:exist 字段值为 1 的记录，并更新，返回更新后的冠字号，直到返回的冠字号个数为 num。

思考：

1）为什么取款流程中 1）中查找的记录为 num*3？为什么不使用 SingleColumnValue-Filter？

2）直接使用 HBase.put 可以吗？为什么？部署 tomcat 后，取款结果查询结果及数据如图 4-44、图 4-45 所示。

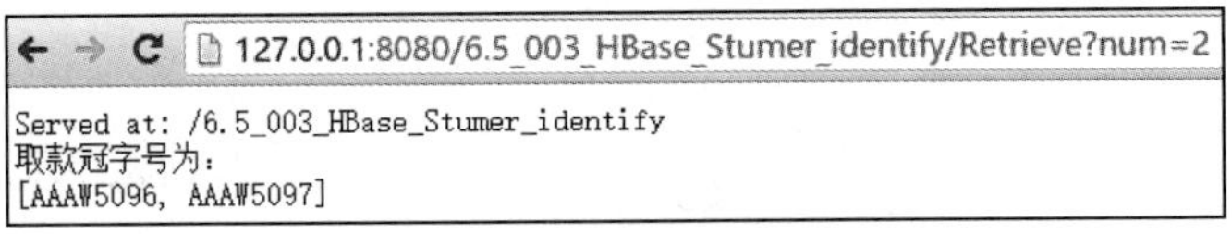

图 4-44　取款结果查询页面

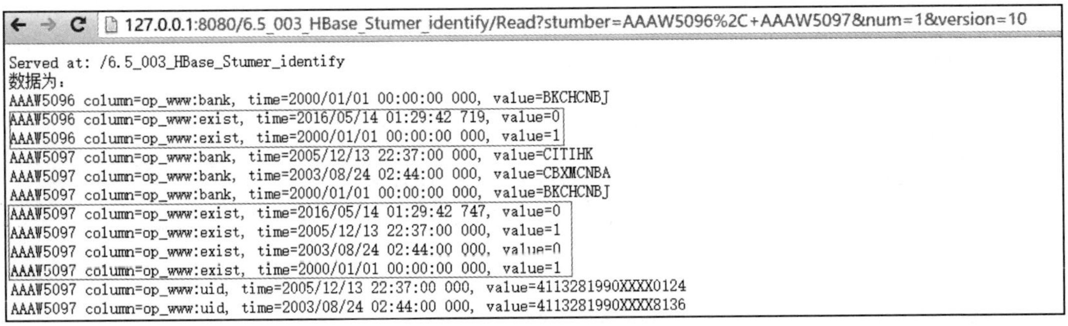

图 4-45　取款结果查询数据

（7）查询冠字号实现

新建冠字号查询 Servlet（参考 Retrieve），类名为 Check，其 doGet 方法实现如代码清单 4-44 所示。

代码清单4-44　查询doGet方法代码

```java
protected void doGet(HttpServletRequest request, HttpServletResponse response) {
    String stumbers = request.getParameter("stumber");
    Map<String, String> map = hBaseService.check(stumbers);
    response.setHeader("content-type", "text/html;charset=UTF-8");
    response.getWriter().append("Served at: ").append(request.getContextPath())
.append("<br>")
.append("查到冠字号为：<br>").append(map.get("exist")).append("<br>")
.append("表中不存在的冠字号：<br>").append(map.get("notExist"));
}
```

service层的查询函数主要代码如代码清单4-45所示。

代码清单4-45　service层查询函数主要代码

```java
/**
 * 查询
 * @param stumbers
 * @return
 * @throws IOException
 */
public Map<String, String> check(String stumbers) throws IOException {
String[] stumbersArr = StringUtils.split(stumbers, Utils.COMMA);
Connection connection = ConnectionFactory.createConnection(Utils.getConfiguration());
Table table = connection.getTable(TableName.valueOf(Utils.IDENTIFY_RMB_RECORDS));
Map<String, String> map = new HashMap<>();
Get get = null;
try {
List<Get> gets = new ArrayList<>();
for (String stumber : stumbersArr) {
    get = new Get(stumber.trim().getBytes());
    gets.add(get);
}
Result[] results = table.get(gets);
String exist;
StringBuffer existStr = new StringBuffer();
StringBuffer notExistStr = new StringBuffer();
for (int i = 0; i < results.length; i++) {
    exist = new String(results[i].getValue(Utils.OP_WWW, Utils.COL_EXIST));
    if ("1".equals(exist)) {
        existStr.append(stumbersArr[i]).append(Utils.COMMA);
    }else if ("0".equals(exist)) {
        notExistStr.append(stumbersArr[i]).append(Utils.COMMA);
    } else {
        System.out.println(new Date() + ":冠字号: " + stumbersArr[i] + "值 exist字
        段值异常！");
    }
}
map.put("exist", existStr.substring(0, existStr.length()-1));
```

```
        map.put("notExist", notExistStr.substring(0, notExistStr.length()-1));
    } catch (Exception e) {
        map.put("notExist", notExistStr.substring(0, notExistStr.length()-1));
    } catch (Exception e) {
        e.printStackTrace();
    }
    return map;
}
```

service 层根据前台传入的冠字号进行查询,根据查询结果的 op_www:exist 字段的值分别返回前台。逻辑为:如果 op_www:exist 字段值为 1,则说明当前冠字号是可取款状态;否则,当前冠字号不可取款。

冠字号查询结果页面如图 4-46 所示。

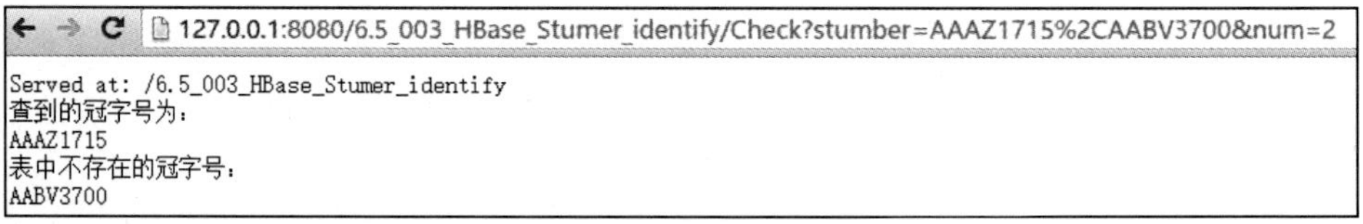

图 4-46 冠字号查询结果页面

(8)存款实现

新建冠字号查询 Servlet(参考 Retrieve),类名为 Put,其 doGet 函数实现如代码清单 4-46 所示。

代码清单4-46　存款doGet方法代码

```
protected void doGet(HttpServletRequest request, HttpServletResponse response) {
    String stumbers = request.getParameter("stumber");
    Map<String, String> data = hBaseService.save(stumbers);
    response.setHeader("content-type", "text/html;charset=UTF-8");
    response.getWriter().append("Served at: ").append(request.getContextPath())
    .append("<br>")
    .append("已存款的冠字号:<br>").append(data.get("saved")).append("<br>")
    .append("疑似伪钞冠字号:<br>").append(data.get("notSaved"));
}
```

service 层的存款函数主要代码如代码清单 4-47 所示。

代码清单4-47　service层存款函数主要代码

```
public Map<String,String> save(String stumbers) throws IOException {
    String[] stumbersArr = StringUtils.split(stumbers, Utils.COMMA);
    Connection connection = ConnectionFactory.createConnection(Utils.getConfiguration());
    Table table = connection.getTable(TableName.valueOf(Utils.IDENTIFY_RMB_RECORDS));
    Map< String,String> map = new HashMap<>();
    StringBuffer saved = new StringBuffer();
    StringBuffer notSaved = new StringBuffer();
```

```
try {
Put put = null;
for(int i=0;i<stumbersArr.length;i++){
    put = generatePutFromRow(stumbersArr[i].trim().getBytes(),"1");
    if(table.checkAndPut(stumbersArr[i].trim().getBytes(),Utils.OP_WWW,
            Utils.COL_EXIST, Bytes.toBytes("0"),  put)){
        saved.append((stumbersArr[i].trim())).append(",");
    }else{--数据库中已存在冠字号,且op_www:exist为0,所以插入会有问题(伪钞)
            notSaved.append((stumbersArr[i].trim())).append(",");
    }
}
if(saved.length()>0){
    map.put("saved",saved.substring(0, saved.length()-1));
}else{
    map.put("saved", "nodata");
}
if(notSaved.length()>0){
    map.put("notSaved",notSaved.substring(0, notSaved.length()-1));
}else{
    map.put("notSaved", "nodata");
}
}catch(Exception e){
e.printStackTrace();
}
return map;
}
```

service 层根据前台传入的冠字号进行存储,使用 HBase.checkAndPut 进行插入。存款逻辑为:如果 op_www:exist 字段值为 0,则说明当前冠字号是可存款状态,并且进行存款;否则,当前冠字号不可存款,并返回疑似伪钞冠字号。

示例:

存款前查询,如图 4-47 所示。

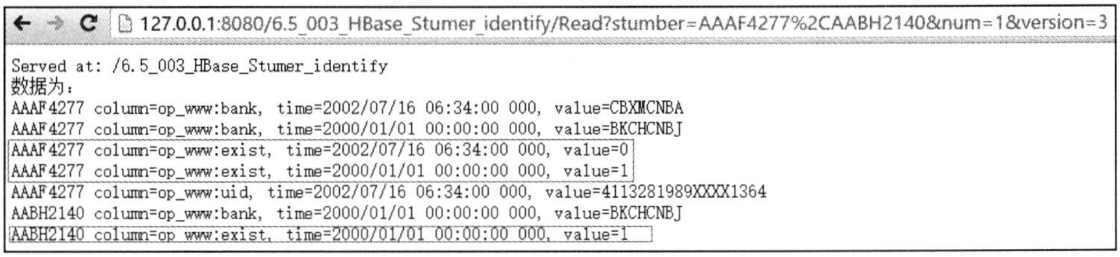

```
← → C  🗋 127.0.0.1:8080/6.5_003_HBase_Stumer_identify/Read?stumber=AAAF4277%2CAABH2140&num=1&version=3
Served at: /6.5_003_HBase_Stumer_identify
数据为:
AAAF4277 column=op_www:bank, time=2002/07/16 06:34:00 000, value=CBXMCNBA
AAAF4277 column=op_www:bank, time=2000/01/01 00:00:00 000, value=BKCHCNBJ
AAAF4277 column=op_www:exist, time=2002/07/16 06:34:00 000, value=0
AAAF4277 column=op_www:exist, time=2000/01/01 00:00:00 000, value=1
AAAF4277 column=op_www:uid, time=2002/07/16 06:34:00 000, value=4113281989XXXX1364
AABH2140 column=op_www:bank, time=2000/01/01 00:00:00 000, value=BKCHCNBJ
AABH2140 column=op_www:exist, time=2000/01/01 00:00:00 000, value=1
```

图 4-47 存款前查询结果数据

疑似伪钞查询结果,如图 4-48 所示。

存款后查询,如图 4-49 所示。

(9)读取数据实现

新建读取数据 Servlet(参考 Retrieve),类名为 Read,其 doGet 方法实现如代码清单 4-48

所示。

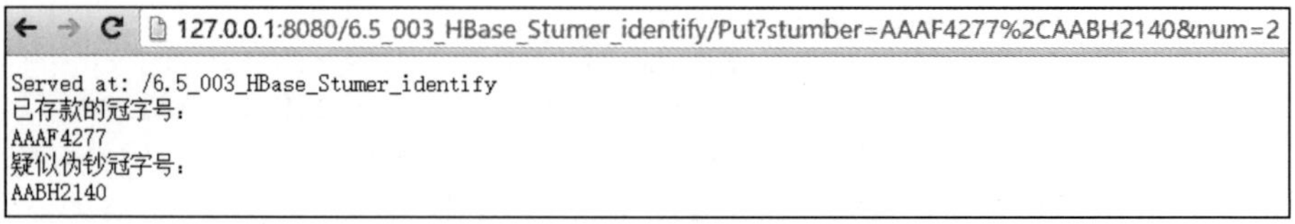

```
← → C  127.0.0.1:8080/6.5_003_HBase_Stumer_identify/Put?stumber=AAAF4277%2CAABH2140&num=2
Served at: /6.5_003_HBase_Stumer_identify
已存款的冠字号：
AAAF4277
疑似伪钞冠字号：
AABH2140
```

图 4-48　疑似伪钞查询结果页面

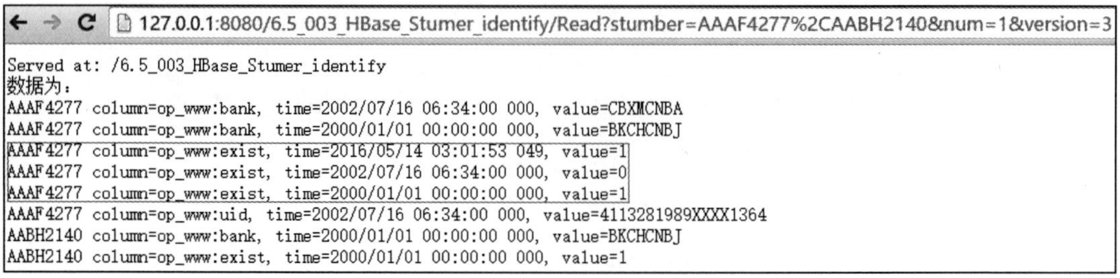

```
← → C  127.0.0.1:8080/6.5_003_HBase_Stumer_identify/Read?stumber=AAAF4277%2CAABH2140&num=1&version=3
Served at: /6.5_003_HBase_Stumer_identify
数据为：
AAAF4277 column=op_www:bank, time=2002/07/16 06:34:00 000, value=CBXMCNBA
AAAF4277 column=op_www:bank, time=2000/01/01 00:00:00 000, value=BKCHCNBJ
AAAF4277 column=op_www:exist, time=2016/05/14 03:01:53 049, value=1
AAAF4277 column=op_www:exist, time=2002/07/16 06:34:00 000, value=0
AAAF4277 column=op_www:exist, time=2000/01/01 00:00:00 000, value=1
AAAF4277 column=op_www:uid, time=2002/07/16 06:34:00 000, value=4113281989XXXX1364
AABH2140 column=op_www:bank, time=2000/01/01 00:00:00 000, value=BKCHCNBJ
AABH2140 column=op_www:exist, time=2000/01/01 00:00:00 000, value=1
```

图 4-49　存款后查询结果数据

代码清单4-48　读取数据doGet方法代码

```java
protected void doGet(HttpServletRequest request, HttpServletResponse response) {
    int versions = Integer.parseInt(request.getParameter("version"));
    List<HBaseData> data = hBaseService.read(stumbers, versions);
    StringBuffer buffer = new StringBuffer();
    for (HBaseData d: data) {
        buffer.append(d.toString().append("<br>"));
    }
    response.setHeader("content-type", "text/html;charset=UTF-8");
    response.getWriter().append("Served at: ").append(request.getContextPath())
        .append("<br>")
        .append("数据为: <br>").append(buffer);
}
```

service 层读取函数主要实现代码，如代码清单 4-49 所示。

代码清单4-49　service层读取函数主要代码

```java
/**
 * 根据rowkey和版本个数查询数据
 * @param stumbers
 * @param num
 * @return
 * @throws IOException
 */
public List<HBaseData> read(String stumbers, int num) throws IOException {
    String[] stumbersArr = StringUtils.split(stumbers, Utils.COMMA);
    Connection connection = ConnectionFactory.createConnection(Utils.getConfiguration());
```

```
Table table
  = connection.getTable(TableName.valueOf(Utils.IDENTIFY_RMB_RECORDS));
List<HBaseData> list = new ArrayList<>();
Get get = null;
try {
    List<Get> gets = new ArrayList<>();
    for (String stumber : stumbersArr) {
        get = new Get(stumber.trim().getBytes());
        get.setMaxVersions(num);
        gets.add(get);
    }
    Result[] results = table.get(gets);
    Cell[] cells;
    for (int i = 0; i < results.length; i++) {
        cells = results[i].rawCells();
        list.addAll(getHBaseDataListFromCells(cells));
    }
    return list;
} catch (Exception e) {
        e.printStackTrace();
}
return null;
}
```

思考：

1）针对疑似伪钞冠字号，查询出其所有信息，并找到对应的操作人相关信息。

2）编写相关前台页面及后台代码实现 1 相关功能。

4.7 本章小结

本章向读者介绍了 HBase 的丰富内容，包括 HBase 的特点、基本操作、体系结构、数据模型、它与其他大数据框架的关系，以及如何使用 HBase 编程、表设计等内容。

通过本章的内容，读者可以了解到，HBase 是一个开源的、分布式的、多版本的、面向列的存储模型。它与传统的关系型数据库有着本质的不同，并且在某些场合中，HBase 拥有其他数据库所不具有的优势。它为大型数据的存储和某些特殊的应用提供了很好的解决方案。

本章还通过一个真实的企业案例分析如何应用 HBase 相关技术解决相关业务，实现相关功能，使读者可以真正认识到 HBase 在企业、在实际生产环节中的用途。

第 5 章 大数据处理——Pig

Pig 是 Apache 平台下的一个免费开源项目，它为大型数据集的处理提供了更高层次的抽象，是一个基于 Hadoop 的大规模数据分析平台，主要包括两部分：用于描述数据流的语言 Pig Latin 和执行 Pig Latin 程序的执行环境。接下来将详细叙述 Pig 的相关内容。

5.1 Pig 概述

Pig 是用来处理大规模数据的高级查询语言，结合 Hadoop 使用，可以在处理海量数据时达到事半功倍的效果。Pig 为 MapReduce 框架提供了一套类 SQL 的数据处理语言，称为 Pig Latin。使用 Pig Latin 可以对数据进行加载、排序、过滤、求和、分组、关联、存储操作，Pig 也可以由用户自定义一些函数对数据集进行操作，也就是 UDF（user-defined functions）。

Pig Latin 和传统的 SQL 语言很相似，但整体上来看 SQL 是一种声明式语言而 Pig Latin 属于过程式语言。在 SQL 中我们指定需要完成的任务，而在 Pig Latin 中我们则指定任务完成的方式。Pig 语句通常按照如下的格式来编写：

- 通过 LOAD 语句从文件系统读取数据。
- 通过一系列"关系转换"语句对数据进行处理。
- 通过 STORE 语句把处理结果输出到文件系统中，或使用 DUMP 语句把处理结果输出到屏幕上。

Pig 有两种运行模式：Local 模式和 MapReduce 模式。当 Pig 在 Local 模式下运行时，只访问本地一台主机，操作本地文件系统，数据处理在本地 JVM 中进行；当 Pig 在 MapReduce

模式下运行时,它将访问一个 Hadoop 集群,操作的是 HDFS。MapReduce 模式下,Pig 会将数据处理过程转化为一系列 MapReduce 任务运行于 Hadoop 集群之上,而 MapReduce 程序的优化主要由 Pig 系统来完成。因此,在用户使用 Pig Latin 进行编程以及程序运行的过程中,都可以节省大量时间,提高效率。

5.1.1 Pig Latin 简介

Pig Latin 是一种面向数据流的编程语言,一条语句就是一个操作,得到一个关系,一个 Pig Latin 程序由一组语句构成。Pig 中是以关系为单位进行数据转换的,并且为保证语句的正确性,一个关系以分号作为结束符。与数据库的表结构类似,如果一个关系对应一张表,元组则可看成由多个字段组成的一行记录。

如表 5-1 所示,Pig Latin 中常用命令有 LOAD,STORE,FILTER,FOREACH,GROUP,ORDER,SPLIT,JOIN 等。

表 5-1 Pig Latin 常用命令

类 型	操 作	描 述
加载与存储	LOAD	从文件系统加载数据,存入关系
	STORE	将一个关系存储到文件系统中
	DUMP	将关系打印到控制台
过滤	FILTER	从关系中过滤不需要的行
	DISTINCT	从关系中删除重复的行
	FOREACH…GENERATE	从关系中过滤或添加字段
	SAMPLE	从关系中随机取样
分组与连接	JOIN	连接两个或多个关系
	GROUP	在一个关系中对数据进行分组
	COGROUP	在两个或更多关系中对数据进行分组
	CROSS	获取两个或更多关系的乘积
排序	ORDER	根据字段对关系进行排序
	LIMIT	限制关系的元组个数
合并与切分	UNION	合并两个或多个关系
	SPLIT	把某个关系切分成两个或多个关系

如图 5-1 所示,当在 MapReduce 模式下执行 Pig Latin 程序时,系统首先会对程序逐行进行语法语义检查(Parse/Sementic),通过后解释器会对其生成相应的逻辑计划(Logical Plan),优化器(Logical Optimizer)对生成的逻辑计划进一步优化处理,当遇到 DUMP、STORE 命令时,编译器(Logical To Physical Translator)将逻辑计划编译成物理计划(Physical

Plan），逻辑计划最终由编译器（Physical To MR Translator）编译为 MapReduce 程序执行。

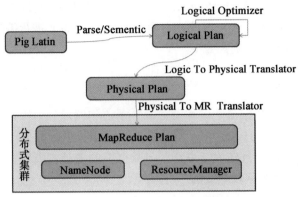

图 5-1　Pig Latin 执行流程图

Pig Latin 中提供了一些与 Hadoop 交互的命令，使用这些命令可以直接操作 Hadoop 文件系统，非常类似 hadoop fs 命令，常用交互命令如表 5-2 所示。

表 5-2　常用交互命令

类　　别	命　　令	描　　述
Hadoop 文件系统操作	cat	打印一个或多个文件内容
	cd	改变当前目录
	copyFromLocal	拷贝本地文件或目录到 HDFS
	copyToLocal	拷贝 HDFS 文件或目录到本地
	cp	复制文件或目录
	ls	打印文件列表信息
	mkdir	创建新目录
	mv	移动文件或目录
	pwd	打印当前工作目录路径
	rm	删除一个文件或目录
	rmf	强制删除文件或目录
其他	kill	终止某个 MapReduce 作业
	exec	在一个新的 Grunt 外壳程序中以批处理模式运行一个脚本
	run	在当前 Grunt 外壳程序中运行脚本
	set	设置 Pig 选项
	quit	退出解释器
	help	显示可用的命令或选项

另外，Pig Latin 也提供了一些诊断命令，例如 ILLUSTRATE 和 EXPLAIN，以及自定义函数中用到的命令，如 REGISTER 和 DEFINE。

5.1.2 Pig 数据类型

Pig 拥有丰富的数据类型，主要可以分为两大类：基本类型和复杂类型。Pig 基本数据类型包括：int、long、float、double、boolean、chararray 和 bytearray 等，Pig 复杂数据类型包括：元组（tuple）、包（bag）和映射（map）等，如表 5-3 所示。

表 5-3　Pig 常用数据类型

数 据 类 型	描　　述
int,long,float,double	和 Java 中对应的数值类型相同
bytearray	类似于表示二进制大对象的 Java 的 byte 数组，是 Pig 中的默认类型
chararray	和 Java 中对应的 string 类型相同
boolean	有 True/False 两个取值
tuple	类似数据库表中的一条记录
bag	元组的无序集合
map	键值对的集合，键与值之间以"#"分隔

针对复杂数据类型举例说明如下。
- 元组：字段或属性值的集合。
  例如：(OH,Mark,Twain,31225)
- 包：元组的无序集合，大括号内元组之间用逗号分隔。例如：

```
{
(OH,Mark,Twain,31225),
(UK,Charles,Dickens,42207),
(ME,Robert,Frost,11496)
}
```

- 映射：键值对的集合，中括号内，键与值之间以 # 分隔（# 是系统默认，不可更改），键值对之间用逗号分隔。例如：

[state#OH,name#Mark Twain,zip#31225]

5.1.3 Pig 与 Hive 比较

Pig 和 Hive 都是 Apache 平台下的项目，两者有很多共同点，都拥有自己的表达语言，目的是将 MapReduce 的实现进行简化，并且读写操作数据都基于 HDFS 分布式文件系统。

Pig 与 Hive 基于其特性对比如表 5-4 所示。

表 5-4 Pig 与 Hive 对比

特 性	Pig	Hive
语言	PigLatin	HiveQL
表概念	无	有
远程服务	无	有（Thrift）
自定义函数	有	有
Shell 命令行	有	有
Web 访问接口	无	有
JDBC/ODBC	无	有

说明如下。
- 语言：两者都有对应的操作语言，编写的程序最后都转换为 MapReduce 程序运行。
- 表概念：Hive 中有一个"表"的概念，但 Pig 中没有表的概念。
- 远程服务：Hive 可以依托于 Thrift 启动一个远程服务，提供远程调用；Pig 中没有这样的功能。
- 自定义函数：两者都提供 UDF，可根据用户需求来自定义函数。
- Shell 命令行：都有其对应的 Shell 命令行，而且 Pig 可以直接执行 ls、cat 这样的命令，但 Hive 不支持这样使用。
- Web 访问接口：Hive 支持通过浏览器访问，可以在 Web 页面中编写 HiveQL 语句；Pig 不支持 Web 访问。
- JDBC/ODBC：Hive 可以通过 JDBC/ODBC 远程访问 Hive，远程需要启动 HiveServer2 服务；Pig 不支持远程调用。

Pig Latin 是面向数据流的编程语言，而 HiveQL 是一种描述型编程语言，二者最大的区别在于对作业执行方式的控制粒度不同。

同样一个任务，HiveQL 只需定义要执行的操作即可，HiveQL 查询规划器会负责安排 HiveQL 命令的执行顺序等。而 Pig Latin 类似于直接在查询规划器这一层操作数据，因此需要用户自己一步一步地根据数据流的处理方式来编程，即用户要设计数据流的每一个步骤。

Hive 和 Pig 的选用最终取决于用户需求，如果用户更希望使用熟悉的 SQL 接口操作数据，很明显应当选用 Hive。但如果有专门人员以数据流水线的方式考虑问题，并需要对作业运行方式进行更细粒度的控制，那么 Pig 可能会是一个更好的选择。

5.2 配置运行 Pig

Pig 的安装配置较为简单，没有过多的配置文件需要修改。Pig 安装之后，有本地和 MapReduce 两种运行模式，下面针对这两种运行模式做简单介绍。

5.2.1 Pig 配置

本书中，如无特殊说明，使用的 Pig 都是 0.15.0 版本，如果读者使用其他版本请参考本节及官网文档进行配置。Pig 的配置包括以下几个步骤：

1）上传 pig-0.15.0.tar.gz 到 Linux 机器，并解压到 /usr/local 目录，其命令如下所示。

```
tar -zxvf pig-0.15.0.tar.gz -C /usr/local
```

2）编辑 /etc/profile，添加 Pig 环境变量。

```
export PIG_HOME=/usr/local/pig-0.15.0
export PATH=$PIG_HOME/bin:$PATH
```

3）Jar 包配置：将 $HADOOP_HOME/share/hadoop/yarn/lib 下的 jline*.jar 文件替换为 /usr/local/pig-0.15.0/jline-1.0.jar 文件。

4）启动 Pig，执行命令：pig。

5.2.2 Pig 运行模式

Pig 的运行模式有本地模式（Local 模式）和 MapReduce 模式，每种运行模式都有 3 种运行方式，分别为：Grunt Shell 方式、脚本文件方式、嵌入式程序方式。下面将对运行模式及方式进行介绍。

1. 本地模式

本地运行模式下，Pig 运行在单个 JVM 中，访问本地文件系统，该模式用于测试或处理小规模数据集。

（1）Grunt Shell 方式

Grunt Shell 和 Windows 中的 DOS 窗口非常类似，在这里用户可以一条一条地输入命令对数据进行操作，启动命令如下所示。

```
pig -x local
```

（2）脚本文件方式

使用脚本文件作为批处理作业来运行 Pig 命令，它实际上是第一种运行方式中命令的集合，使用如下命令可以运行 Pig 脚本。

```
pig -x local script.pig
```

其中，script.pig 是对应的 Pig 脚本，用户在这里需要正确指定 Pig 脚本的位置，否则，系统将不能识别。例如，Pig 脚本放在"/root/pig"目录下，那么这里就要写成"/root/pig/script.pig"。

（3）嵌入式程序方式

比如把 Pig 命令嵌入 Java 语言中，通过运行这个嵌入式程序来执行 Pig 命令。首先需要编写特定的 Java 程序（主要用到 PigServer 类），并且将其编译生成对应的 class 文件或 package 包，然后再调用 main 函数运行程序。关于嵌入式程序方式，本书不做过多介绍，读者可自行搜索相关资料。

2. MapReduce 模式

在 MapReduce 运行模式下，Pig 访问 HDFS，并将查询翻译为 MapReduce 任务提交到 Hadoop 集群中进行处理。

（1）Grunt Shell 方式

与本地模式中的 Grunt Shell 方式类似，区别在于启动方式，MapReduce 模式下的启动方式如下所示。

```
pig 或 pig -x mapreduce
```

（2）脚本文件方式

与本地模式中脚本文件方式类似，区别在于执行命令不同，MapReduce 模式下的执行命令如下所示。

```
pig script.pig 或 pig -x mapreduce script.pig
```

其中，script.pig 是对应的 Pig 脚本，用户在这里也需要正确指定 Pig 脚本的位置，否则，系统将不能识别。

（3）嵌入式程序方式

与本地模式下的嵌入式程序方式类似，区别在于 MapReduce 模式下操作的是 HDFS 中的数据，任务的执行是在 Hadoop 集群之上。

5.3 常用 Pig Latin 操作

Pig 命令可以分为两大类：数据加载存储和数据转换。数据加载使用 LOAD 命令，加载数据可从本地或 HDFS。存储使用 STORE 命令，数据可存储到本地或 HDFS，STORE 命令可触发编译器，将查询的逻辑计划编译为物理计划，DUMP 命令也有此功能。

5.3.1 数据加载

MapReduce 模式和本地模式下进入 Pig 后所在的目录有些区别，以 root 用户为例，MapReduce 模式进入 Pig 后，其目录为 hdfs://master:8020/user/root。本地模式进入 Pig 后，其目录为当前工作目录（即进入 Pig 前后目录不变）。

1. 数据加载命令：LOAD

现有 mydata_a.txt、mydata_b.txt、mydata_c.txt、mydata_d.txt 四个文件，内容如表 5-5 所示。

表 5-5 文件及数据示例

文 件 名	数　　　据
mydata_a.txt	1　Tom　　21　2000 2　Mary　 20　2800 3　Heny　 19　2500 4　Alice　 22　3200 5　David　18　3000
mydata_b.txt	1,Tom,21,2000
mydata_c.txt	2,Mary,20,2800 3,Heny,19,2500 4,Alice,22,3200 5,David,18,3000
mydata_d.txt	1　Tom　　21　2000　{(high,low),(high,low)} 2　Mary　 20　2800　{(low,low)} 3　Heny　 19　2500　{(low,high)} 4　Alice　 22　3200　{(high,high),(low,low)} 5　David　18　3000　{(high,high)}

数据说明：

1）mydata_b.txt 和 mydata_c.txt 内容相同，字段以逗号分隔。

2）mydata_a.txt 和 mydata_d.txt 字段以 '\t' 分隔。

MapReduce 模式下，将 4 个文件分别以不同方式导入 A、B、C、D 四个关系中，导入命令如代码清单 5-1 所示。

代码清单5-1　LOAD导入数据

```
A = LOAD  'mydata_a.txt';
B = LOAD  'mydata_b.txt'  USING PigStorage(',');
C = LOAD  'mydata_c.txt'  USING PigStorage(',') AS (
id:chararray,
name:chararray,
age:int,
salary:double
);
D = LOAD 'mydata_d.txt' AS (
id:chararray,
name:chararray,
age:int,
salary:double,
states:bag{t:tuple(state1:chararray,state2:chararray)}
);
DUMP A;
```

针对代码清单 5-1 导入数据做如下说明。

❑ 关系 A：数据 mydata_a.txt 在 HDFS 默认目录，使用默认分隔符 '\t'，字段名默认为

$0、$1...。
- 关系 B：USING PigStorage(',') 指定分隔符使用逗号，其他与关系 A 相同。
- 关系 C：AS 关键字指定字段名及字段类型，其他与关系 B 相同。
- 关系 D：关系 D 结构与关系 C 相比增加一个字段 states，states 类型为包，t 为包中元组的名称。
- DUMP 语句的作用是输出关系到控制台。

使用 describe 命令可以查看关系的结构，针对代码清单 5-1 中命令得到 A、B、C、D 四个关系，其结构如表 5-6 所示。

表 5-6 关系结构

关系	结构及说明
A	Schema for B unknown，该结构中通过 $0、$1…引用字段，字段类型为 bytearray
B	Schema for B unknown，该结构中通过 $0、$1…引用字段，字段类型为 bytearray
C	{id: chararray,name: chararray,age: int,salary: double}，通过字段名称引用字段
D	{id: chararray,name: chararray,age: int,salary: double,states: {t: (state1: chararray,state2: chararray)}}，通过字段名称引用字段

2. 动手实践：LOAD 数据加载

本次实验主要练习一些 Pig 与 Hadoop 交互命令，以及对数据加载命令的使用。通过本次实验，可以帮助读者加深对 Pig 加载数据的理解。

实验步骤：

1）以 Mapreduce 模式进入 Pig，上传数据 pig/data/salaries_.txt 和 pig/data/salaries.txt 到 HDFS 相应目录。

2）使用 cat 查看上传的数据 salaries_.txt 和 salaries.txt 数据内容。

3）加载 salaries.txt 到关系 salaries，字段为 gender、age、income、zip，字段类型对应为 chararray、int、double、int。

4）加载 salaries_.txt 到关系 salaries_，字段为 gender、age，字段类型默认。

5）加载 salaries_.txt 到关系 salaries_2，字段默认。

6）查看 salaries、salaries_ 和 salaries_2 的结构。

7）输出关系 salaries_。

思考：

1）步骤 4）中，关系 salaries_ 的字段类型是什么？为何不是其他类型？

2）实验步骤 5）中得到关系 salaries_2，如何使用其中的字段？

5.3.2 数据存储

数据存储使用 STORE 命令，存储的对象是一个关系。MapReduce 模式下只能将数据存储到 HDFS，本地模式下只能将数据存储到本地文件系统。

1. 数据存储命令：STORE

存储数据时可以使用 Pig 内置的函数指定字段分隔符，例如，将代码清单 5-1 中的关系 C 使用 3 种方式存储，存储命令如代码清单 5-2 所示。

代码清单5-2　存储数据

```
1）STORE   C   INTO   'C';
2）STORE   C   INTO   'C'   USING PigStorage(',');
3）STORE   C   INTO   'C'   USING JsonStorage();
```

针对代码清单 5-2 中命令做如下说明：
- 方式 1）将关系 C 存储到当前目录下的 C 目录，使用默认分隔符制表符。
- 方式 2）使用 USING PigStorage(',') 指定存储的数据分隔符为逗号。
- 方式 3）使用 USING JsonStorage() 指定存储的数据为 json 类型，例如，其中一行存储数据如下：

```
id:1,name:Tom,age:21,salary:2000
```

2. 动手实践：STORE 数据存储

本次实验主要练习 STORE 命令的使用，包括存储格式，存储路径等。通过本次实验可以帮助读者更加清晰地了解数据存储。

实验步骤：

1）在 MapReduce 和 Local 两种模式下，加载数据 pig/data/salaries.txt 到关系 salaries，字段为 gender、age、income、zip，字段类型对应为 chararray、int、double、int。

2）MapReduce 模式下，设置任务名称为 store_job，使用默认分隔符，存储关系 salaries 到 /store_default 目录。

3）Local 模式下，指定数据存储分隔符为 ','，存储关系 salaries 到 /root/store_Pig-Store 目录。

4）Local 模式下，指定数据存储格式为 Json 类型，存储关系 salaries 到 /root/store_Json 目录。

思考：

1）实验步骤 2）的结果数据中，分隔符是什么？这里的默认分隔符和加载数据时的默认分隔符一样吗？

2）进入 Local 模式下，目录是什么？实验步骤 3）中 store_PigStore 目录需要手动创建吗？

5.3.3 Pig 参数替换

实际应用中，经常会以执行 Pig 脚本的方式来进行数据处理。为了增加脚本的灵活性，可以在 Pig 脚本文件中设置一些变量，在运行脚本时，动态为脚本中的变量赋值。例如，脚本文件 myscript.pig 内容如代码清单 5-3 所示。

代码清单5-3　myscript.pig脚本

```
E = LOAD '$input' USING PigStorage(',') AS  (id: chararray,name: chararray,age:
    int,salary: double);
SET job.name 'test_script';
STORE E INTO '$output' USING PigStorage('\t');
```

myscript.pig 脚本说明如下：

LOAD 加载数据 $input 到关系 E，SET job.name 命令设置任务名称为 test_script，STORE 命令存储关系 E 到 $output 目录。其中 $input、$output 是变量，分别对应输入数据和存储目录，需要在执行脚本时为变量赋值。执行 myscript.pig 脚本有如下两种方式：

1）使用 -p 参数为脚本中变量赋值。

```
pig -x local  -p  input=mydata_c.txt  -p  output= script_out  myscript.pig
```

其中，输入数据使用 pig/data/mydata_c.txt，输出目录为 script_out。

2）使用 -param_file 参数指定参数文件 myscript.params。

```
pig  -param_file  myscript.params  myscript.pig
```

其中 myscript.params 文件内容如下所示：

```
input=mydata_c.txt
output= script_out
```

5.3.4　数据转换

Pig Latin 是一种面向数据流的编程语言，数据流的特征主要体现在数据处理过程中，以关系为单位将数据进行有序的转换。每一次转换产生一个新的关系，每一个关系保留了此时数据的状态。Pig 中的转换命令与传统的 SQL 语言在理解上有许多类似的地方，读者可以对比传统的 SQL 语言来理解 Pig 转换命令。接下来将详细介绍 Pig 数据转换时常用的命令。

1. 分组命令 GROUP

GROUP 意思为分组，Pig 中可以对字段进行分组，也可以对所有数据进行分组。当然，Pig 中也有类似传统 SQL 语言中组函数、组约束等概念，在后面的学习中会慢慢接触到这些概念，此处主要介绍分组后对应关系的结构。

GROUP 语法如下：

```
GROUP 关系名 BY （字段1，字段2，…）
GROUP 关系名 ALL；
```

例如，创建一个关系 salaries，有 4 个字段：性别 gender，年龄 age，薪水 salary，编码 zip。使用数据 pig/data/salaries.txt，创建关系 salaries 命令如代码清单 5-4 所示。

代码清单5-4　创建salaries关系

```
salaries = LOAD 'salaries.txt' USING PigStorage(',') AS (
gender:chararray,
age:int,
salary:double,
zip:int);
```

关系 salaries 的结构如下：

```
salaries: {gender: chararray,age: int,salary: double,zip: int}
```

下面将使用不同的分组方式创建关系，通过关系的结构对比来理解分组。例如，使用按 age 分组，按 gender、age 分组，按所有数据分组这 3 种分组方式创建关系，具体创建关系的命令及对应的结构如表 5-7 所示。

表 5-7　分组创建关系

创建关系方式	创 建 命 令	关 系 结 构
按 age 字段分组	salariesbyage = GROUP salaries BY age;	salariesbyage:{group:int,salaries: {(gender:chararray,age:int,salary: double,zip: int)}}
按 gender、age 分组	salariesbygender_age = GROUP salaries BY (gender,age);	salariesbygender_age:{group: (gender:chararray, age:int),salaries: {(gender: chararray,age: int,salary: double,zip: int)}}
按所有数据分组	salaries_group_all = GROUP salaries ALL;	salaries_group_all:{group: chararray,salaries: {(gender: chararray,age: int,salary: double,zip: int)}}

针对表 5-7 做如下说明：

1）关系 salariesbyage 以 age 进行分组，其结构中 group:int 说明分组字段（age）为 int 型。

2）关系 salariesbygender_age 以 gender、age 两个字段进行分组，其结构中 group: (gender:chararray,age:int) 指明分组结构，salaries 对应分组中的包名。

3）关系 salaries_group_all 是将整个关系 salaries 作为一组，使用命令 GROUP ALL。其结构中，group:chararray 指明分组字段（分组字段值系统默认为字符串 all）为 chararray 型。salaries 对应分组中的包名，且结果只有一组。

分组后的 3 个关系的部分数据如表 5-8 所示。

表 5-8　分组后的数据

关　　系	数　　据
salariesbyage	(1,{(M,1,0.0,95050),(F,1,0.0,95102)}) (3,{(F,3,0.0,95050)}) (4,{(F,4,0.0,95103)}) (6,{(M,6,0.0,95051)}) (14,{(M,14,0.0,95105)}) (15,{(F,15,0.0,95050),(M,15,0.0,95103)})

(续)

关 系	数 据
salariesbygender_age	((M,14),{(M,14,0.0,95105)}) ((M,15),{(M,15,0.0,95103)}) ((M,17),{(M,17,0.0,95103),(M,17,0.0,95102)}) ((M,19),{(M,19,0.0,95050)}) ((M,23),{(M,23,64000.0,94041),(M,23,89000.0,95105)})
salaries_group_all	(all,{(F,84,14000.0,95051),(F,39,3000.0,94040),(M,45,48000.0,94041)…})

2. 过滤命令 FILTER

FILTER 命令主要用于数据的过滤，类似于 SQL 语言中的 WHERE 关键字。

FILTER 语法如下：

```
FILTER 关系名 BY 表达式
```

例如，基于代码清单 5-1 创建的关系 salaries，使用 FILTER 命令创建关系，具体命令如代码清单 5-5 所示。

代码清单5-5　使用FILTER创建关系

```
FA = FILTER salaries BY salary >= 10000.0;
FB = FILTER salaries BY gender == 'F' AND age >= 50;
FC = FILTER salaries BY NOT gender MATCHES 'F';
```

针对代码清单 5-5 做如下说明：

1）关系 FB 中，gender == 'F' AND age >= 50 指定过滤条件，== 可匹配字符串。

2）关系 FC 中，MATCHES 关键字用来匹配字符串，与 == 功能类似，加上 NOT 关键字可以进行取反，例如，NOT gender MATCHES 'F'，注意 NOT 关键字位置。

3. 筛选命令 LIMIT

LIMIT 关键字进行数据的筛选，与 SQL 语言有些区别，传统 SQL 语言可以指定从某一行开始筛选数据。而 Pig 中默认只能从第一行开始筛选，后面跟要筛选的行数。

LIMIT 语法如下：

```
LIMIT 关系名 数值
```

例如，基于代码清单 5-1 创建的关系 salaries，使用 LIMIT 命令创建关系，命令如下：

```
salaries_limit = LIMIT salaries 3;
```

说明：关系 salaries_limit 从关系 salaries 中取出前 3 条数据。

4. 去重命令 DISTINCT

DISTINCT 命令用于去重，与传统 SQL 语言有区别，传统 SQL 语言 DISTINCT 关键字后跟字段，对一个或多个字段进行去重；而 Pig 中 DISTINCT 关键字后跟关系，而非字段，表示整行数据参与去重（即所有字段）。

DISTINCT 语法如下：

```
DISTINCT 关系名;
```

例如，基于代码清单 5-1 创建的关系 salaries，使用 LIMIT 命令创建关系，命令如下：

```
unique_salaries = DISTINCT salaries;
```

说明：关系 unique_salaries 为关系 salaries 去重之后的数据。

5. 排序命令 ORDER BY

ORDER BY 命令用于对数据进行排序，传统 SQL 语言与 Pig 中对该语句的用法一样，关键字 BY 后可跟一个或多个字段，同时可以指定升序或降序，默认为升序。

ORDER BY 语法如下：

```
ORDER 关系名 BY 表达式
```

例如，基于代码清单 5-1 创建的关系 salaries，使用 ORDER BY 命令创建关系，命令如下所示：

```
orderbyage = ORDER salaries BY age ASC;
orderbyage_salary = ORDER salaries BY age ASC, salary DESC;
```

说明：关系 agesalary 为关系 salaries 先按 age 字段升序，当 age 一样时，再按 salary 降序后的数据。

6. 遍历命令 FOREACH

FOREACH 命令配合 GENERATE 关键字使用，主要用于字段筛选过滤。类似于 SQL 语言中 SELECT 关键字后面跟要查询的字段。GENERATE 关键字后跟要筛选的字段，并可以进行简单的计算。其中筛选字段时可以使用级别的方式，比较方便，级别使用 ".." 表示，可以代表多个字段。

FOREACH 语法如下：

```
FOREACH 关系名 GENERATE 表达式
```

例如，基于代码清单 5-1 创建的关系 salaries，使用 FOREACH 命令创建关系，创建命令如代码清单 5-6 所示，创建的关系结构如代码清单 5-7 所示。

代码清单5-6　创建FOREACH关系

```
A = FOREACH salaries GENERATE gender,age, salary;
A1 = FOREACH salaries GENERATE ..salary;
B = FOREACH salaries GENERATE age..zip;
B1 = FOREACH salaries GENERATE age..;
C = FOREACH salaries GENERATE salary, salary * 0.07 AS bonus ;
salariesbygender = GROUP salaries BY gender;
group_count = FOREACH salariesbygender GENERATE group,COUNT(salaries) AS salaries_count;
```

代码清单5-7　FOREACH关系结构

```
A: {gender: chararray,age: int,salary: double}
A1: {gender: chararray,age: int,salary: double}
B: {age: int,salary: double,zip: int}
B1: {age: int,salary: double,zip: int}
C: {salary: double,bonus: double}
salariesbygender: {group: chararray,salaries: {(gender: chararray,age: int,salary: double,zip: int)}}
group_count: {group: chararray,salaries_count: long}
```

其中关系 group_count 统计的是按性别分组后的人数，其结果如下：

```
(F,24)
(M,26)
```

针对代码清单 5-6 和代码清单 5-7 做如下说明：

1）关系 A 与 A1，B 与 B1 结构相同，代码清单 5-6 中创建 A1、B、B1 关系时用到 ".."（级别），A1 中 ".." 表示 salary 之前的所有字段，B 中 ".." 表示 age 与 zip 之间的所有字段，B1 中 ".." 表示 age 之后的所有字段。

2）关系 C 中使用 AS 关键字取别名为 bonus，关系 group_count 中使用 COUNT 函数计算每组中的记录数。

7. 嵌套 FOREACH

嵌套 FOREACH 与一般的 FOREACH 语法不一样，嵌套 FOREACH 有嵌套子句，里面可以执行多条语句，相比一般的 FOREACH 语句较为灵活。

嵌套 FOREACH 语法如下：

```
* FOREACH 关系名 {
    关系名1 = 命令表达式;
    关系名2 = 命令表达式;
    GENERATE 表达式;
  };
```

嵌套 FOREACH 一般配合分组使用，其中 {} 中为子句，子句一般是对组进行的操作。

例如，基于代码清单 5-4 创建的关系 salaries，使用嵌套 FOREACH 创建关系，先按性别分组，再分别统计各组中不同年龄的人数。创建命令如代码清单 5-8 所示。

代码清单5-8　创建嵌套FOREACH关系

```
gender_grp = GROUP salaries BY gender;
unique_ages = FOREACH gender_grp {
    ages = gender_grp.age;
    unique_age = DISTINCT ages;
    GENERATE group, COUNT(unique_age);
};
```

说明：

1）创建关系 unique_ages 的语句中，对关系 gender_grp 进行 FOREACH，关系 gender_grp 中有几个组，{} 中子句就会执行几次。子句针对每一个组进行操作。

2）子句中关系 ages 表示每个组有多少个 age 值（这里的 age 值有可能重复）。

8. 分支命令 CASE

CASE 命令类似于 Java 里面的多分支结构，包含一个或多个 WHEN...THEN 子句，以 END 关键字结束，常在 FOREACH 语句中使用。

CASE 语法如下：

```
FOREACH 关系名 GENERATE 字段名,(
    CASE
    WHEN 表达式1 THEN 表达式或字段名
    WHEN 表达式1 THEN 表达式或字段名
    ...
    END) AS 字段名;
```

例如，基于代码清单 5-1 创建的关系 salaries，使用 CASE 命令和 FOREACH 命令创建关系，具体命令如代码清单 5-9 所示。

代码清单5-9　创建CASE关系

```
bonuses = FOREACH salaries GENERATE salary, (
CASE
WHEN salary >= 70000.00 THEN salary * 0.10
WHEN salary < 70000.00 AND salary >= 30000.0 THEN salary * 0.05
WHEN salary <= 30000.0 THEN 0.0
END) AS bonus;
```

说明：bonuses 关系中，有 3 个 WHEN...THEN 条件语句，根据 salary 字段满足不同的条件，得到不同的值。AS bonus 语句的作用是给 THEN 关键字后面的表达式取别名。

9. 扁平命令 FLATTEN

FLATTEN，其英文意思为：变平，使（某物）变平。Pig 中 FLATTEN 命令的主要作用是将一个关系中的复杂类型（主要指包类型）字段转换为元组类型。将数据类型为包的字段，拆分成一个或多个元组，进而产生多行数据。

FLATTEN 语法如下：

```
FLATTEN(关系名)
```

例如，有数据 pig/data/locations.txt，内容如代码清单 5-10 所示。

代码清单5-10　locations.txt数据

```
Rich remote {(SD),(CA)}
Ulf onsite {(CA)}
```

```
Tom    remote  {(OH),(NY)}
Barry  remote  {(NV),(NY)}
```

创建关系 employees 和 flat_employees，创建命令及关系中的数据如表 5-9 所示。

表 5-9 关系及数据

创建关系命令	关 系 数 据
employees = LOAD 'locations.txt' AS (name:chararray, location:chararray, states:bag{t:tuple(state:chararray)});	(Rich,remote,{(SD),(CA)}) (Ulf,onsite,{(CA)}) (Tom,remote,{(OH),(NY)}) (Barry,remote,{(NV),(NY)})
flat_employees = FOREACH employees GENERATE name,location, FLATTEN(states) AS state;	(Rich,remote,SD) (Rich,remote,CA) (Ulf,onsite,CA) (Tom,remote,OH) (Tom,remote,NY) (Barry,remote,NV) (Barry,remote,NY)

说明：关系 employees 中字段 states 类型为包，关系 flat_employees 中 FLATTEN(states) 语句将 states 字段拆分成了一个或多个元组，由关系 employees 和关系 flat_employees 前后数据对比可知。

10. 连接命令 JOIN

JOIN 命令主要用于连接，其使用与传统 SQL 语言中类似。传统 SQL 语言中 JOIN ON 将表之间通过条件相连接，而 Pig 中是通过 JOIN BY 将关系连接起来。根据连接特点可以分为两大类：内连接和外连接。

（1）内连接

语法如下：

```
关系3 = JOIN 关系1 BY key1, 关系2 BY key2;
```

例如，数据 pig/data/loc.txt 和 hive/data/dep.txt 内容如表 5-10 所示。

表 5-10 loc.txt 和 dep.txt 数据

loc.txt	dep.txt
SD Rich NV Barry CO George CA Ulf OH Tom	Rich Sales Ulf Management Tom Marketing Barry Sales Sara Marketing

将数据 pig/data/loc.txt 和 hive/data/dep.txt 分别加载到关系 loc 和 dep，命令如代码清单 5-11 所示。

代码清单5-11　加载命令

```
loc = LOAD 'loc.txt' AS (state:chararray,firstname:chararray);
dep= LOAD 'dep.txt' AS (firstname:chararray,dept:chararray);
```

使用 JOIN BY 命令将关系 loc 和 dep 进行连接，具体命令、结构及数据如表 5-11 所示。

表 5-11　命令、结构及数据

创建关系命令	关系结构	数据

innerjoin = JOIN loc BY firstname, dep BY firstname;	innerjoin:{
	loc::state: chararray,
	loc::firstname: chararray,
	dep::firstname: chararray,
	dep::dept: chararray
	}
		(OH,Tom,Tom,Marketing)
		(CA,Ulf,Ulf,Management)
		(SD,Rich,Rich,Sales)
		(SD,Rich,Rich,Marketing)
		(NV,Barry,Barry,Sales)

说明：关系 loc 和关系 dep 按字段 firstname 来匹配，结果只显示 firstname 字段相同的数据。

（2）外连接

外连接包括全连接、左连接、右连接 3 种连接方式。

外连接语法如下：

关系3 = JOIN 关系1 BY key1 [FULL|LEFT|RIGHT] OUTER, 关系2 BY key2;

针对外连接语法做如下说明：

1）FULL OUTER，全连接，关系 3 包括关系 1 和关系 2 中的所有行。

2）LEFT OUTER，左连接，关系 3 包括关系 1 的所有行和关系 2 中通过关键字 BY 匹配到的行。

3）RIGHT OUTER，右连接，关系 3 包括关系 1 通过关键字 BY 匹配到的行和关系 2 的所有行。

使用代码清单 5-11 中创建的关系 loc 和 dep，创建外连接关系 outerjoin、leftjoin、rightjoin，具体命令如代码清单 5-12 所示。

代码清单5-12　创建外连接

```
outerjoin = JOIN loc BY firstname FULL OUTER,dep BY firstname;
leftjoin = JOIN loc BY firstname LEFT OUTER,dep BY firstname;
rightjoin = JOIN loc BY firstname RIGHT OUTER,dep BY firstname;
```

外连接关系 outerjoin、leftjoin、rightjoin 结果如表 5-12 所示。

表 5-12　外连接结果

outerjoin	leftjoin	rightjoin
(OH,Tom,Tom,Marketing) (CA,Ulf,Ulf,Management) (SD,Rich,Rich,Sales) (NV,Barry,Barry,Sales) (CO,George,,) (,,Sara,Marketing)	(OH,Tom,Tom,Marketing) (CA,Ulf,Ulf,Management) (SD,Rich,Rich,Sales) (NV,Barry,Barry,Sales) (CO,George,,)	(OH,Tom,Tom,Marketing) (CA,Ulf,Ulf,Management) (SD,Rich,Rich,Sales) (NV,Barry,Barry,Sales) (,,Sara,Marketing)

说明：

1）关系 outerjoin 中的 (CO,George,,)、(,,Sara,Marketing) 两行数据是关系 loc 和关系 dep 并没有匹配的行。

2）关系 leftjoin 中的 (CO,George,,) 一行数据是关系 loc 和关系 dep 并没有匹配的行。

3）关系 rightjoin 中的 (,,Sara,Marketing) 一行数据是关系 loc 和关系 dep 并没有匹配的行。

5.4　综合实践

Pig 的基本知识到这里已经介绍完了，其中 Pig Latin 是学习 Pig 的过程中很重要的一个模块，Pig Latin 主要包括一些命令，可对数据进行加载、转换、存储。需要熟练掌握这些命令的单独使用，实际应用中，才能灵活地相互配合使用。

为了帮助读者回顾之前学过的知识，接下来有两个实验，主要练习 Pig Latin 中常用的命令。

5.4.1　动手实践：访问统计信息数据处理

本次实验主要练习数据加载 LOAD、存储 STORE 以及 FILTER、GROUP、FOREACH、ORDER 等常用命令的使用，根据数据说明、实验目的、实验步骤等相关内容完成实验。

（1）数据说明

pig/data/visits.txt 是某地区访问统计信息，第 1 列为姓名，第 7 列为访问时间，第 20 列为具体访问位置（由于字段过多，且其他字段试验中用不到，因此这里对其意思不做说明）。

（2）实验目的

找出数据 pig/data/visits.txt 中，访问过位置（第 20 列）为"POTUS"的人员基本信息，并存储到文件中。

（3）实验步骤

1）MapReduce 模式下，加载数据 pig/data/visits.txt 到关系 visits，字段默认。

2）统计关系 visits.txt 中的记录数。

3）统计访问过"POTUS"的人员记录，得到关系 potus。

4）截取关系 potus 中的姓名、访问时间、具体访问位置 3 个字段，依次命名为 name、arrival_time、visit_location，字段类型都为 chararray，得到关系 potus_details。

5）将关系 potus_details 按 name 升序排序，得到关系 potus_details_ordered。

6）设置任务名称为 visits_job。

7）将关系 potus_details_ordered 存储到目录 /pigtest/potus，分隔符使用","。

8）查看 HDFS 上关系 potus 对应的数据。

思考：

1）实验步骤 1）中字段为何使用默认？有什么好处？

2）实验步骤 4）中默认字段怎么引用？能否使用级别达到引用目的？

5.4.2 动手实践：股票交易数据处理

本次实验主要练习数据加载 LOAD、存储 STORE 以及 GROUP、嵌套 FOREACH、DISTINCT 等常用命令的配合使用，根据数据说明、实验目的、实验步骤等相关内容完成实验。

（1）数据说明

pig/data/daily_stocks.csv 是多个地区股票交易相关日志数据，第 1 列为交易所，第 2 列为股票标识，第 3 列为交易时间（其他字段试验中用不到，因此这里对其意思不做说明）。

（2）实验目的

找出每个交易所拥有的股票类别个数（即股票标识种类数）。

（3）实验步骤

1）加载数据 pig/data/daily_stocks.csv 到关系 stock，只使用前两个字段，命名为 exchange、symbol，字段类型默认。

2）将关系 stock 按 exchange 分组，得到关系 stock_grp。

3）统计每个组 exchange 值，及组中 symbol 去重之后的个数，生成关系 unique_symbols。

4）查看关系 unique_symbols 的结构。

5）设置任务名称为 stock_job。

6）存储关系 unique_symbols 到 /pigtest/unique_symbols 目录，分隔符使用","。

7）查看 HDFS 上关系 unique_symbols 的数据。

思考：

1）实验步骤 3）要使用嵌套 FOREACH，能否通过使用一般的 FOREACH 命令完成？

2）实验步骤 3）能否不使用 FOREACH 命令来完成？

5.5 本章小结

本章通过对 Pig 的核心原理 Pig Latin 的介绍，使读者在了解 Pig 的设计思想基础上，对其诸多 Pig Latin 的基本命令，如数据加载、数据存储、数据转换等，有一个直观、清晰的认识。通过配置 Pig 运行环境以及介绍多种 Pig 运行模式，让读者可以直接上手，用实践来加深理解 Pig 的数据处理。本章最后，使用两个综合实验来帮助读者梳理上面介绍的种种知识点，帮助读者消化各种命令，使读者拥有使用 Pig 来处理自己的大数据的能力。

第 6 章

大数据快速运算与挖掘——Spark

本章首先介绍 Spark 的基础概念、安装配置、核心原理等，对 Spark 的生态圈进行分析，并将其与 Hadoop 进行对比，让读者在了解 Hadoop 的基础上，对比理解 Spark。其次针对 Spark 的 Scala 编程进行简单分析，介绍常用的 Spark RDD 操作。在此基础上，为读者引入基于 Spark ALS 算法的电影推荐案例，重点分析如何通过 Scala 来实现电影推荐功能。最后，在电影推荐案例中，使用 JavaEE 的相关技术加以重构及实现，为读者提供一个应用 Spark 机器学习算法库 MLlib 实现数据挖掘的参考。

6.1 Spark 概述

Spark 为 UC Berkeley AMP Lab 所开源的类 Hadoop MapReduce 的通用并行计算框架，Spark 基于 MapReduce 算法实现的分布式计算，拥有 Hadoop MapReduce 所具有的优点；但不同于 MapReduce，Job 中间输出结果可以保存在内存中，从而不再需要读写 HDFS，因此 Spark 能更好地适用于数据挖掘与机器学习等需要迭代的 MapReduce 算法。

Spark 在其官网的介绍中，重点突出"快"的特点，若从事大数据或集群等相关工作，需要快速计算，按 Spark 的说法，则无需再学习其他架构，Spark 就能很好满足需求。Spark 如何体现"快"呢？Spark 的数据全部在内存中，因此数据都在内存中计算，而不会涉及类似于磁盘等低传输速率的硬件，以此保证数据处理快速而有效。但这也意味着你需要很好的硬件配置。

同时，Spark 提供很多高级 API，如 Java、Scala、Python、R、SQL 等数据分析、数据挖掘常用的高级编程语言。这也就意味着，若只接触过 SQL 或者 R 等编程语言，也能利用

Spark 挖掘大数据。

Spark 包含几个核心模块（当然这些也是在发展中），如图 6-1 所示。

Spark Core（Spark 核心），提供底层框架及核心支持；SQL，即上文提到的根据 SQL 使用 Spark 挖掘大数据的模块，同时 Spark SQL 也提供了 Hive、HBase、RDBMS（如 Mysql、Oracle、Derby 等）的相应接口，即在已拥有 Hadoop 的一整套家族产品的情况下，可以直接使用 Spark 来完成相应的操作；MLlib，即数据挖掘算法库，类似于 Hadoop 的家族产品 Mahout，但使用 Mahout（Hadoop MapReduce 实现数据挖掘算法）处理一些涉及多循环的数据挖掘算法时，存在支持较差的情况，并且在 2014 年 Mahout 宣布不再开发 MapReduce 程序，转而支持 Spark 开发的程序，因此，相比之下 Spark 的算法支持更优；Graphs，即图计算应用，多数情况下的图应用需处理的数据量相对庞大，例如移动社交关系等庞杂的数据，利用图相关算法进行处理和挖掘时，Spark Graphs 可以解决用户编写相关图计算算法但在集群中应用难度巨大的问题；Streaming，即流式计算，何为流式计算呢？例如，一个网站的流量，该流量是每时每刻都在发生的，若需了解过去 1 小时或 15 分钟的流量，那么就可以使用 Spark Streaming 来解决这个问题，在业界一般情况下，对于流式处理，大多会考虑 Storm 流式框架（如果读者想要了解 Storm，请参考其官网 http://storm.apache.org/）。

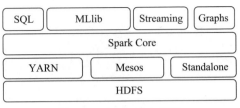

图 6-1　Spark 核心模块

随着 Spark 的迅速发展，Spark 与 Hadoop 两者之间的差异究竟如何？我们来看看下面的对比。

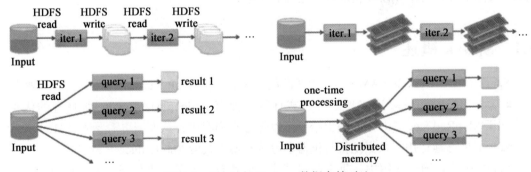

图 6-2　Spark 与 Hadoop 数据存储对比

如图 6-2 所示，Spark 的中间数据放于内存中，有更高的迭代运算效率，而 Hadoop 每次迭代的中间数据存放于 HDFS 中，涉及硬盘的读写，明显降低了运算效率。因此 Spark 更适合于迭代运算较多的机器学习（Machine Learning）和数据模型（Data Model）运算。另一方面，Spark 提供针对数据集的操作类型众多，而 Hadoop 只提供了 Map 和 Reduce 两种操作。Spark 针对数据集提供的操作有 map、filter、flatmap、sample、groupByKey、reduceByKey、union、join、cogroup、mapValues、sort、partionBy 等多种类型，统称为 Transformations，同时提供 count、collect、reduce、lookup、save 等多种 Actions 操作。

但是，由于 RDD（Spark 中的数据集）的特性，Spark 不适用于异步细粒度更新状态的应用，例如 Web 服务的存储或者增量的 Web 爬虫和索引。即对于增量修改的应用模型，Spark 并不适用。

通过上面的对比，可以发现 Spark 相比 Hadoop 更加通用。至于未来 3 年或 5 年内 Spark 是否可以完全取代 Hadoop（指的是取代 MapReduce，而非 Hadoop，Hadoop 包含 HDFS、YARN、MapReduce 等），笔者也不敢贸然下结论。

6.2 Spark 安装集群

6.2.1 3 种运行模式

Spark 的运行不涉及环境配置等操作，只需下载 Spark 发行包，并解压到 Hadoop 集群即可运行。首先，Spark 有 3 种运行模式（Local 模式这里不做介绍，若读者有兴趣，可到官网了解），分别为独立集群运行模式、YARN 运行模式、Mesos 运行模式。其区别为资源管理器的不同，资源管理器运用于 Spark 的运行流程：Spark 客户端提交任务后，Spark 驱动程序向资源管理器申请资源（内存核心、内存），然后在申请的资源下运行具体任务。因此，当运行模式为 YARN 或 Mesos 时，且已存在 Hadoop 或 Mesos 集群，即可在相应集群内直接运行 Spark，并使用集群的资源。

6.2.2 动手实践：配置 Spark 独立集群

本实验使用的版本为 Spark1.6.1（Spark1.6.1-bin-hadoop2.6.tgz），应用 Hadoop 的 HDFS，因此需先安装并部署 Hadoop 集群，安装及部署方法参考第 2 章相应内容。

本实验部署采用的拓扑如图 6-3 所示，该集群拓扑包含了 Hadoop、HBase、Zookeeper 以及 Spark 集群（独立集群模式）。

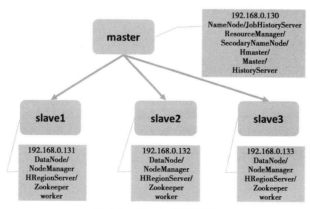

图 6-3　Spark 集群拓扑

具体实验步骤如下。

1）进入 Spark 官网下载 Spark1.6.1-bin-hadoop2.6.tgz 安装包，并解压到 master 集群的 /usr/local 目录；

2）进入 /usr/local/spark-1.6.1-bin-hadoop2.6/conf 目录，进行配置；

3）配置 slaves 文件，拷贝 slaves.template 文件到 slaves 文件下，其文件内容如下所示：

```
slave1
slave2
slave3
```

> **注意** slaves 的配置因集群而异，且仅配置子节点所在的机器名。

4）配置 spark-env.sh 文件，拷贝 spark-env.sh.template 文件到 spark-env.sh 文件下，配置其内容如下所示：

```
export JAVA_HOME=/usr/local/jdk1.7.0_67
```

> **注意** JAVA_HOME 的配置因集群而异，并需按照实际 JDK 位置进行配置。

5）配置 spark-default.conf 文件，拷贝 spark-default.conf.template 文件到 spark-default.conf 文件下，其配置内容如代码清单 6-1 所示。

代码清单6-1　spark-default.sh配置文件

```
spark.master              spark://master:7077
spark.eventLog.enabled    true
spark.eventLog.dir        hdfs://master:8020/sparkLog
```

各参数解释如下。

- spark.master：spark 主节点所在机器及端口，spark:// 默认写法。
- spark.eventLog.enabled：是否打开任务日志功能，默认是 false，也就是不打开。
- spark.eventLog.dir：任务日志默认存放位置，配置为一个 HDFS 路径即可，注意需要提前创建该目录。

6）在 master 主节点把配置好的 Spark 目录拷贝到 slave1、slave2、slave3 中。

```
scp -r /usr/local/spark-1.6.1-bin-hadoop2.6 slave1:/usr/local/spark-1.6.1-bin-hadoop2.6
scp -r /usr/local/spark-1.6.1-bin-hadoop2.6 slave2:/usr/local/spark-1.6.1-bin-hadoop2.6
scp -r /usr/local/spark-1.6.1-bin-hadoop2.6 slave3:/usr/local/spark-1.6.1-bin-hadoop2.6
```

7）启动 HDFS，创建 sparkLog 目录。

```
#hdfs dfs -mkdir /sparkLog
```

8）启动 Spark 独立集群（现在 /etc/profile 中配置 SPARK_HOME 的环境变量）。

```
cd $SPARK_HOME
sbin/start-all.sh
sbin/start-history-server.sh
```

若需关闭 Spark 独立集群，可以使用下面的命令：

```
sbin/stop-all.sh
sbin/stop-history-server.sh
```

Spark 独立集群启动后，访问主节点：http://master:8080，即可看到如图 6-4 所示监控界面。

Spark 1.6.1 Spark Master at spark://node51.tipdm.com:7077

URL: spark://node51.tipdm.com:7077
REST URL: spark://node51.tipdm.com:6066 *(cluster mode)*
Alive Workers: 3
Cores in use: 9 Total, 0 Used
Memory in use: 10.5 GB Total, 0.0 B Used
Applications: 0 Running, 0 Completed
Drivers: 0 Running, 0 Completed
Status: ALIVE

Workers

Worker Id	Address	State	Cores	Memory
worker-20160923190915-192.168.0.57-33248	192.168.0.57:33248	ALIVE	3 (0 Used)	3.5 GB (0.0 B Used)
worker-20160926160802-192.168.0.55-53480	192.168.0.55:53480	ALIVE	3 (0 Used)	3.5 GB (0.0 B Used)
worker-20160926160802-192.168.0.56-38981	192.168.0.56:38981	ALIVE	3 (0 Used)	3.5 GB (0.0 B Used)

Running Applications

Application ID	Name	Cores	Memory per Node	Submitted Time	User	State	Duration

Completed Applications

Application ID	Name	Cores	Memory per Node	Submitted Time	User	State	Duration

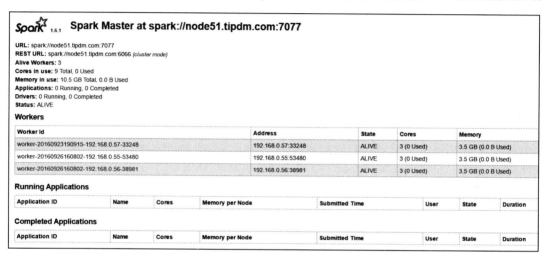

图 6-4　Spark 主节点监控界面

注意　该截图的机器名并非 master，读者如果自己配置使用的是 master 作为 Spark 主节点机器名，那么看到的就是 master，下面的 History Server 同样的道理。

访问 http://master:18080，即可看到如图 6-5 所示界面。从图中可以看到有 4 个历史任务完成。

Spark 1.6.1 History Server

Event log directory: file:/tmp/spark-events

Showing 1-4 of 4　　1

App ID	App Name	Started	Completed	Duration	Spark User	Last Updated
app-20160922173406-0002	SparkSQL::192.168.0.51	2016/09/22 17:33:44	2016/09/22 17:39:32	5.8 min	root	2016/09/22 17:39:32
app-20160922172039-0001	SparkSQL::192.168.0.51	2016/09/22 17:20:32	2016/09/22 17:33:30	13 min	root	2016/09/22 17:33:30
app-20160922164753-0002	Spark shell	2016/09/22 16:47:47	2016/09/22 16:50:07	2.3 min	root	2016/09/22 16:50:07
app-20160922163645-0001	Spark shell	2016/09/22 16:36:39	2016/09/22 16:44:06	7.5 min	root	2016/09/22 16:44:06

Show incomplete applications

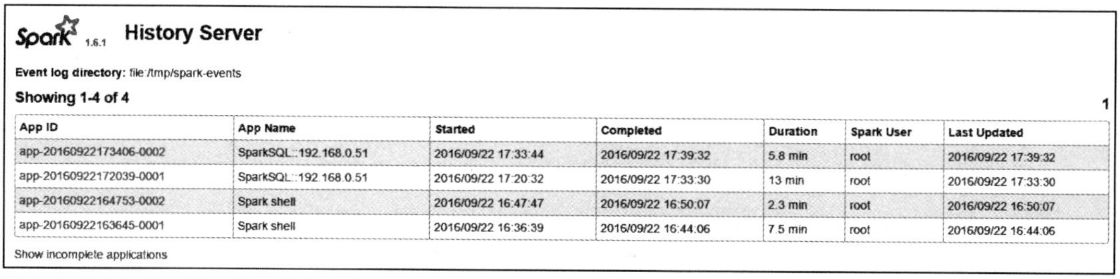

图 6-5　History Server 监控界面

6.2.3　3 种运行模式实例

配置 Spark 独立集群后，即可尝试独立集群的运行模式。启动运行模式，使用 spark-shell 启动脚本，该脚本启动一个交互式的 scala 命令界面，可供用户运行 Spark 相关命令。

启动命令如下：

```
./bin/spark-shell --master spark://master:7077 --driver-memory 1g --total-executor-cores 3 --executor-memory 1g
```

启动后，可在终端看到类似于代码清单 6-2 的提示信息。

代码清单6-2　启动Spark-shell提示信息

```
[root@master spark-1.6.1-bin-hadoop2.3]# bin/spark-shell --master spark://master:7077 --driver-memory 1g --total-executor-cores 3 --executor-memory 1g
16/09/26 16:22:01 INFO spark.SecurityManager: Changing view acls to: root
16/09/26 16:22:01 INFO spark.SecurityManager: Changing modify acls to: root
16/09/26 16:22:01 INFO spark.SecurityManager: SecurityManager: authentication disabled; ui acls disabled; users with view permissions: Set(root); users with modify permissions: Set(root)
16/09/26 16:22:01 INFO spark.HttpServer: Starting HTTP Server
16/09/26 16:22:02 INFO server.Server: jetty-8.y.z-SNAPSHOT
16/09/26 16:22:02 INFO server.AbstractConnector: Started SocketConnector@0.0.0.0:58949
16/09/26 16:22:02 INFO util.Utils: Successfully started service 'HTTP class server' on port 58949.
Welcome to
      ____              __
     / __/__  ___ _____/ /__
    _\ \/ _ \/ _ `/ __/  '_/
   /___/ .__/\_,_/_/ /_/\_\   version 1.6.1
      /_/

Using Scala version 2.10.5 (Java HotSpot(TM) 64-Bit Server VM, Java 1.7.0_67)
Type in expressions to have them evaluated.
Type :help for more information.
16/09/26 16:22:06 INFO spark.SparkContext: Running Spark version 1.6.1
16/09/26 16:22:06 WARN spark.SparkConf:
…
16/09/26 16:22:25 INFO repl.SparkILoop: Created sql context (with Hive support)..
SQL context available as sqlContext.

scala>
```

一般情况下看到"scala>"提示符，即说明 Spark 交互式命令窗口启动成功。

同时，启动后，在 Spark 监控界面可以看到对应的应用，如图 6-6 所示。

Running Applications							
Application ID	Name	Cores	Memory per Node	Submitted Time	User	State	Duration
app-20160926162213-0001 (kill)	Spark shell	3	1024.0 MB	2016/09/26 16:22:13	root	RUNNING	1.3 min

图 6-6　运行中的 Spark shell 应用

下面介绍 YARN 运行模式。在 YARN 运行模式中，不需要启动 Spark 独立集群，即此时 http://master:8080 是无法访问的。启动 YARN 模式的 Spark shell 命令如代码清单 6-3 所示。

代码清单6-3　YARN模式启动Spark shell

```
./bin/spark-shell --master yarn-client
```

启动后，在终端可以看到如代码清单 6-4 所示的提示信息。

代码清单6-4　启动Spark-shell提信息（YARN client模式）

```
[root@master spark-1.6.1-bin-hadoop2.6]# bin/spark-shell --master yarn-client
...
Welcome to
      ____              __
     / __/__  ___ _____/ /__
    _\ \/ _ \/ _ `/ __/  '_/
   /___/ .__/\_,_/_/ /_/\_\   version 1.6.1
      /_/

Using Scala version 2.10.5 (Java HotSpot(TM) 64-Bit Server VM, Java 1.7.0_67)
Type in expressions to have them evaluated.
Type :help for more information.
16/09/27 10:13:28 INFO spark.SparkContext: Running Spark version 1.6.1
...
16/09/27 10:13:44 INFO util.Utils: Successfully started service 'SparkUI' on port 4040.
16/09/27 10:13:44 INFO ui.SparkUI: Started SparkUI at http://192.168.0.130:4040
16/09/27 10:13:44 INFO client.RMProxy: Connecting to ResourceManager at master/192.168.0.130:8032
16/09/27 10:13:45 INFO yarn.Client: Requesting a new application from cluster with 3 NodeManagers
16/09/27 10:13:45 INFO yarn.Client: Verifying our application has not requested more than the maximum memory capability of the cluster (8192 MB per container)
16/09/27 10:13:45 INFO yarn.Client: Will allocate AM container, with 896 MB memory including 384 MB overhead
16/09/27 10:13:45 INFO yarn.Client: Setting up container launch context for our AM
16/09/27 10:13:45 INFO yarn.Client: Setting up the launch environment for our AM container
16/09/27 10:13:45 INFO yarn.Client: Preparing resources for our AM container
16/09/27 10:13:46 INFO yarn.Client: Uploading resource file:/usr/local/spark-1.6.1-bin-hadoop2.6/lib/spark-assembly-1.6.1-hadoop2.6.0.jar -> hdfs://tipdmCluster/user/root/.sparkStaging/application_1474941872476_0001/spark-assembly-1.6.1-hadoop2.6.0.jar
16/09/27 10:13:51 INFO yarn.Client: Uploading resource file:/tmp/spark-fa19fb72-45b9-49bd-b5b8-75929a86eb90/__spark_conf__2649341484184319326.zip -> hdfs://tipdmCluster/user/root/.sparkStaging/application_1474941872476_0001/__spark_conf__2649341484184319326.zip
16/09/27 10:13:51 INFO spark.SecurityManager: Changing view acls to: root
16/09/27 10:13:51 INFO spark.SecurityManager: Changing modify acls to: root
```

```
16/09/27 10:13:51 INFO spark.SecurityManager: SecurityManager: authentication
disabled; ui acls disabled; users with view permissions: Set(root); users with
modify permissions: Set(root)
16/09/27 10:13:51 INFO yarn.Client: Submitting application 1 to ResourceManager
16/09/27 10:13:52 INFO impl.YarnClientImpl: Submitted application applic-
ation_1474941872476_0001
16/09/27 10:13:53 INFO yarn.Client: Application report for application_
1474941872476_0001 (state: ACCEPTED)
16/09/27 10:13:53 INFO yarn.Client:
 client token: N/A
 diagnostics: N/A
 ApplicationMaster host: N/A
 ApplicationMaster RPC port: 0
 queue: default
 start time: 1474942431310
 final status: UNDEFINED
 tracking URL: node53:8088/proxy/application_1474941872476_0001/
 user: root
16/09/27 10:13:54 INFO yarn.Client: Application report for applica-
tion_1474941872476_0001 (state: ACCEPTED)
16/09/27 10:13:55 INFO yarn.Client: Application report for applica-
tion_1474941872476_0001 (state: ACCEPTED)
16/09/27 10:13:56 INFO yarn.Client: Application report for applica-
tion_1474941872476_0001 (state: ACCEPTED)
16/09/27 10:13:57 INFO yarn.Client: Application report for applica-
tion_1474941872476_0001 (state: ACCEPTED)
16/09/27 10:13:58 INFO yarn.Client: Application report for applica-
tion_1474941872476_0001 (state: ACCEPTED)
16/09/27 10:13:58 INFO cluster.YarnSchedulerBackend$YarnSchedulerEndpoint:
ApplicationMaster registered as NettyRpcEndpointRef(null)
16/09/27 10:13:58 INFO cluster.YarnClientSchedulerBackend: Add WebUI Filter. org.
apache.hadoop.yarn.server.webproxy.amfilter.AmIpFilter, Map(PROXY_HOST -> node53,
PROXY_URI_BASE -> http://node53:8088/proxy/application_1474941872476_0001), /
proxy/application_1474941872476_0001
16/09/27 10:13:58 INFO ui.JettyUtils: Adding filter: org.apache.hadoop.yarn.
server.webproxy.amfilter.AmIpFilter
16/09/27 10:13:59 INFO yarn.Client: Application report for applica-
tion_1474941872476_0001 (state: RUNNING)
16/09/27 10:13:59 INFO yarn.Client:
 client token: N/A
 diagnostics: N/A
 ApplicationMaster host: 192.168.0.56
 ApplicationMaster RPC port: 0
 queue: default
 start time: 1474942431310
 final status: UNDEFINED
 tracking URL: node53:8088/proxy/application_1474941872476_0001/
 user: root
```

```
...
SQL context available as sqlContext.

scala>
```

从如上提示信息中可以看到,Spark 向 YARN 申请资源,并把代码提交到 YARN 中。同时,在 YARN 任务监控查看(注意,不是在 Spark 的任务监控查看),其界面如图 6-7 所示。

图 6-7 运行中的 Spark shell 应用(YARN client 模式)

Mesos 运行模式与 YARN 模式类似,这里不再叙述。

Spark 运行模式又分为集群模式(cluster)和客户端模式(client),对于 YARN 模式,如代码清单 6-3、代码清单 6-4、图 6-7 所示。那么,集群模式与客户端模式有什么区别呢?从代码清单 6-5 可以看出,若直接启动集群模式会出现报错,这说明启动不了集群模式。

代码清单6-5　启动Spark-shell提信息(YARN cluster模式)

```
[root@master spark-1.6.1-bin-hadoop2.6]# bin/spark-shell --master yarn-cluster
Error: Cluster deploy mode is not applicable to Spark shells.
Run with --help for usage help or --verbose for debug output
```

根据前文描述,在 Spark 的运行流程中存在 Spark 驱动程序向相关的资源管理器申请资源的过程,然而这个描述并不确切。在 YARN cluster 模式下,Spark Driver 运行在 AM (Application Master)中,它负责向 YARN 申请资源,并监督作业的运行状况。用户提交了作业后,即可关闭 Client,但作业会继续在 YARN 上运行,因此 YARN cluster 模式不适合运行交互类型的作业。然而在 YARN client 模式下,AM 仅仅向 YARN 请求 Executor,client 会和请求得到的 Container 通信来调度 Container 工作,因此不能关闭 client。

总结起来就是集群模式的 Spark Driver 运行在 AM 中,而客户端模式的 Spark Driver 运行在客户端。所以,YARN cluster 适用于生产环境,而 YARN client 适用于交互和调试,即希望快速地看到应用的输出信息。其核心区别在图 6-8、图 6-9 中可以看出。

6.2.4　动手实践:Spark Streaming 实时日志统计

本实验的流程为:从一台服务器的 8888 端口上收到一个以换行符为分隔的多行文本,要从中筛选出包含单词 error 的单词的记录,并把它打印出来。实验中,会用到 Linux 的 nc 软件,所以需要确保服务器已经安装好该软件(注意:该实验使用的是 Spark 独立集群模式)。

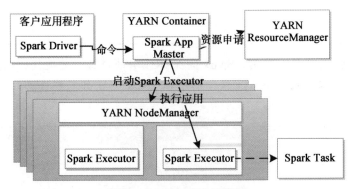

图 6-8　YARN 客户端模式

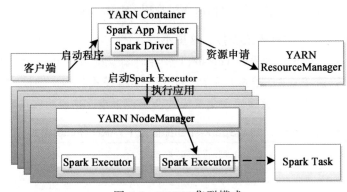

图 6-9　YARN 集群模式

实验具体步骤如下：

1）启动 Spark 独立集群模式后，接着启动 Spark shell。

```
[root@master spark-1.6.1-bin-hadoop2.6]# bin/spark-shell --driver-memory 1g
--total-executor-cores 3 --executor-memory 1g
```

2）在 Spark shell 交互式终端中输入代码清单 6-6 代码。

代码清单6-6　Spark Stream示例代码

```
import org.apache.spark.streaming.StreamingContext
import org.apache.spark.streaming.StreamingContext._
import org.apache.spark.streaming.dstream.DStream
import org.apache.spark.streaming.Duration
import org.apache.spark.streaming.Seconds
// 设置日志等级
sc.setLogLevel("WARN")
// 从SparkConf创建StreamingContext并指定10秒钟的批处理大小
val ssc = new StreamingContext(sc, Seconds(10))
// 启动连接到slave1 8888端口上，使用收到的数据创建DStream
```

```
val lines = ssc.socketTextStream("slave1", 8888)
// 从DStream中筛选出包含字符串"error"的行
val errorLines = lines.filter(_.contains("error"))
// 打印出有"error"的行
errorLines.print()

// 启动流计算环境StreamingContext
ssc.start()
```

> **注意** 暂时可以不用了解程序代码。

3）在另外一台服务器中（slave1）查看 nc 软件版本，如代码清单 6-7 所示。各个版本影响不大，本书使用的版本是 1.84。

代码清单6-7　Linux nc软件版本

```
[root@slave1 ~]# yum list nc
Loaded plugins: fastestmirror
Loading mirror speeds from cached hostfile
 * base: centos.ustc.edu.cn
 * extras: mirrors.sina.cn
 * rpmforge: mirrors.tuna.tsinghua.edu.cn
 * updates: mirrors.sina.cn
base                                          | 3.7 kB     00:00
extras                                        | 3.4 kB     00:00
rpmforge                                      | 1.9 kB     00:00
updates                                       | 3.4 kB     00:00
Installed Packages
nc.x86_64    1.84-24.el6 @base
```

4）在 slave1 上启动监听。

```
[root@slave1 ~]# nc -l 8888
```

5）在 slave1 中输出相应日志（因为是模式实际环境，因此时间间隔设置为 10s，同时日志内容直接手动输入即可），其输出信息如图 6-10 所示。图中左边是交互式 Spark shell 输出信息，右边是在 slave1 上启动的 nc 程序。

6.2.5　动手实践：Spark 开发环境——Intellij IDEA 配置

在开发 Spark 程序中，一般建议读者使用 Intellij IDEA，在笔者的使用过程中，对比其他开发 IDE 软件，如 Eclipse 安装 Scala 插件等，Intellij IDEA 更好用。Intellij IDEA 官网提供两个版本，分别为旗舰版（Ultimate Edition，ideaIU）和社区版（Community Edition，ideaIC），旗舰版可以免费试用 30 天，社区版本免费使用，但是功能上比旗舰版有所缩减。本实验使用的版本为 ideaIC-14.1.5 版本，同时需要使用 Scala，这里安装 Scala 对应的版本为 2.10.5。在安装 Intellij IDEA 的 Scala 插件时，可以选择两种模式，一种为在线安装，一种为离线安装。若选择离线安装，则需要下载对应的版本，版本不对应会出现相应错误，和笔者环境相匹配的插件版本为 scala-intellij-bin-1.5.4。

```
scala> ssc.start()
scala> ------------------------------
Time: 1474956310000 ms
------------------------------

------------------------------
Time: 1474956320000 ms
------------------------------

------------------------------
Time: 1474956330000 ms
------------------------------
thisi s error

------------------------------
Time: 1474956340000 ms
------------------------------
```

```
[root@slave1 ~]# nc -l 8888
thisi s error
what is that
this line should not print
[root@slave1 ~]#
```

图 6-10　Spark Stream 实时日志实例

> **注意**　在开始试验步骤前，需要读者先成功安装 Scala、Intellij IDEA、JDK 等必要的软件。

实验步骤如下：

1）打开 Intellij IDEA，可以看到如图 6-11 所示界面。

2）选择 Configure → Plugins，可以看到如图 6-12 所示的提示界面。

此时，选择两种安装模式之一，以便安装 Scala 插件。搜索 Scala，在右边点击 Install 即可（此为在线安装）；选择 "Install plugin from disk..."为离线安装。在弹出的提示框中选择 scala-intellij-bin-1.5.4.zip 文件。

3）配置 Spark WordCount 程序，在欢迎界面选择 Create New Project，并在弹出框中选择 Scala → Scala → Next，如图 6-13 所示。

图 6-11　Intellij IDEA 打开界面

4）在弹出界面中输入工程名，选择 JDK、Scala SDK 版本，如图 6-14 所示。

5）单击 Finish 按钮后，其工程结构如图 6-15 所示。

6）配置 Spark 开发包，按快捷键 Ctrl＋ALT＋Shift＋S，打开工程结构配置界面，并选择 Libraries，接着单击＋按钮添加开发包，如图 6-16 所示。

在弹出的界面中选择 spark-assembley 包，如图 6-17 所示。

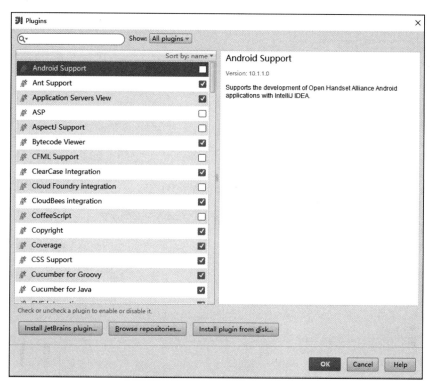

图 6-12　Intellij IDEA 插件搜索界面

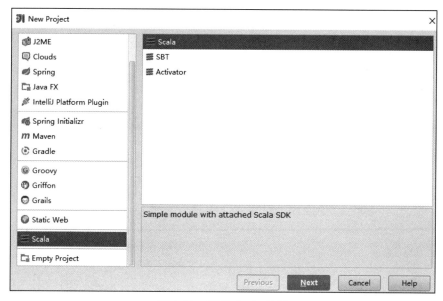

图 6-13　新建 Scala 工程

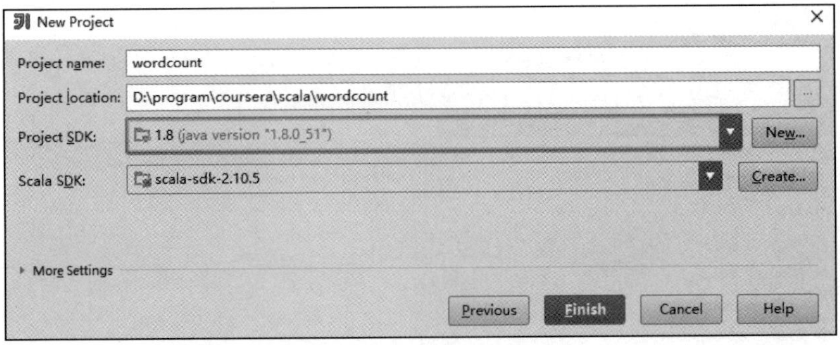

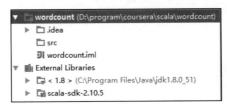

图 6-14　Scala 工程参数配置

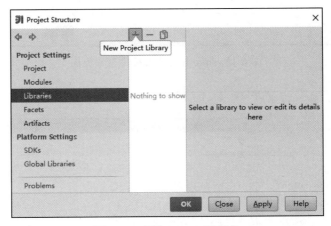

图 6-15　wordcount 工程结构

图 6-16　添加 Spark 开发包

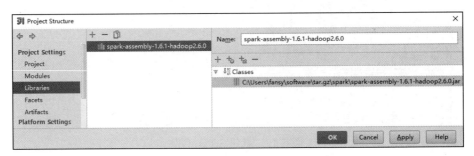

图 6-17　添加 spark-assembly 包

7）在 src 下新建 demo.WordCount，指定 Scala Class 为 Object，其内容如代码清单 6-8 所示。

代码清单6-8　Scala单词计数程序

```
package demo
import org.apache.spark.{SparkConf, SparkContext}
/**
 * 单词计数程序
 * Created on 2016/8/3.
 */
object WordCount {
  def main (args: Array[String]){
    //输入文件既可以是本地Windows系统文件，也可以是其他来源文件，例如HDFS
    val input= "D:/a.txt" //假设D盘中有a.txt文件
    //以本地线程方式运行，可以指定线程个数
    //如.setMaster("local[2]")，两个线程执行
    //下面给出的是单线程执行
    val conf = new SparkConf().setAppName("SparkWordCount").setMaster("local")
    val sc = new SparkContext(conf)
    //wordcount操作，计算文件中包含"Spark"单词的行数
    val count=sc.textFile(input).filter(line => line.contains("Spark")).count()
    //打印结果
    println("count="+count)
    sc.stop()
  }
}
```

> **注意**　暂时可以不用了解程序代码。

8）在 D 盘新建 a.txt 文件，输入一段包含"Spark"单词的文字；直接单击运行，即可看到如图 6-18 所示的结果。

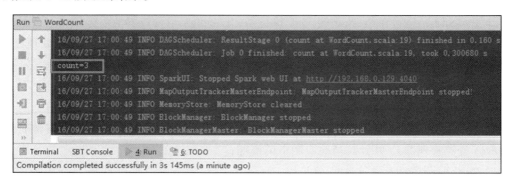

图 6-18　Intellij IDEA 运行 Spark 程序结果

6.3 Spark 架构与核心原理

本节主要介绍 Spark 的基础架构以及核心原理，包括在 Spark 中提交任务，以及任务如何并行化、RDD 核心原理等。

6.3.1 Spark 架构

本节所述 Spark 架构是针对 Spark 独立集群的模式，若非 Spark 独立集群模式，下文进行相应说明。首先了解 Spark 的架构，其架构图如图 6-19 所示。

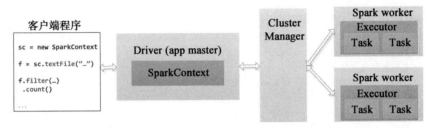

图 6-19 Spark 组件架构图

在 6.2 节中，我们了解到 Spark 独立集群启动后，会存在 2 个组件（不包含 History-Server），分别为 Master 和多个 Worker。根据图 6-19，可简单理解 Driver 以及 ClusterManager 是在 Master 启动的，而每个 Spark Worker 对应 Worker 进程。在图 6-19 中可看到较多的 Spark 组件。下面针对这些组件做相应说明。

- 客户端程序：用户提交作业的客户端。
- Driver：运行 Application 的 main 函数并创建 SparkContext。
- SparkContext：应用上下文，控制应用生命周期。
- Cluster Manager：资源管理器。
- Spark Worker：集群中任何可以运行 Application 代码的节点，运行一个或多个 Executor 进程。
- Executor：运行在 Worker 的 Task 执行器，Executor 启动线程池运行 Task，并且负责将数据存在内存或磁盘上，每个 Application 都会申请各自的 Executor 来处理任务。
- Task：具体任务。

Spark 任务提交流程描述如下：

1）客户端提交程序到 Driver，Driver 程序启动 SparkContext；

2）SparkContext 连接集群资源管理器（Spark 自己的资源管理器或 YARN 资源管理器或 Mesos 资源管理器），并针对当前应用申请资源；

3）当获取到资源后（这些资源是以 Executor 打包封装的，可以理解为资源的"集装箱"），就会把用户的实际代码（如 Jar 文件、Python 文件等）传输到各个 Executor 上；

4）SparkContext 发送启动命令到各个 Executor 上。

在上面的描述中，需要注意以下几点：

1）每个应用会获取到各自的 Executors，并且在整个应用的生命周期内不会被消除。同时每个 Executor 会启动多个线程来执行 Task，这样不同的应用之间就不会影响。当然，这也就意味着不同的应用之间的数据共享是不能够直接实现的（只能通过外部数据源实现）。

2）Spark 对 Cluster Manager 并没有特殊要求，只需能够实现从 Cluster Manager 中获取并启动 Executor 进程，那么 Spark 便可运行（因此，在一个 Hadoop 集群中，一般情况下都使用 Spark on YARN 的模式）。

3）Driver 程序需在其生命周期中监听并接收到 Executor 连接，即 Driver 地址需被启动 Executor 的各个子节点"知晓"。

4）一般情况下，Driver 程序需与所有的 worker 节点在同一个本地网络中，否则建议使用 RPC 来进行连接。

6.3.2 RDD 原理

RDD（Resilient Distributed Dataset，弹性分布式数据集）为 Spark 中最重要的概念。可简单将 RDD 理解成一个提供多种操作接口的数据集合，与一般数据集不同的是，其实际数据分布存储于一批机器中（内存或磁盘）。RDD 可与 Hadoop HDFS 中的文件块对比。如图 6-20 所示，定义了一个名为"myRDD"的 RDD 数据集，该数据集被切分成多个分区（Partition，可以对比 HDFS 的 Block 的概念来理解），每个分区可实际存储在不同的机器上，同时也可存储在内存（Memory）或硬盘上（HDFS），当然也可存储在其他分布式文件系统中。

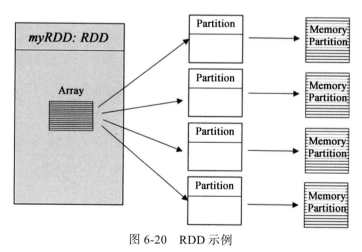

图 6-20　RDD 示例

一个 RDD 可被认为是 Spark 在执行分布式计算时的一批具有相同来源、相同结构、相同用途的数据集，也可理解为一个分布式数组，而数组中每个记录为用户自定义的任何数据结构。一般来说，RDD 具有以下特点：

- 它是集群节点上的不可改变的、已分区的集合对象（要特别注意，是不可改变的）。
- 其通过并行转换的方式来创建如 map、filter、join 等（即 RDD 一经创建就不可修改）。
- 失败自动重建（这里的重建不是从最开始的点来重建的，可以从上一步开始重建，可结合 6.3.3 节中相关概念理解）。
- 可以控制存储级别（内存、磁盘等）来进行重用。
- RDD 只能从持久存储或通过 Transformations 操作产生，它相比于分布式共享内存（DSM）可更高效实现容错，对于丢失部分数据分区只需要根据它的 lineage 即可重新计算，而不需做特定的 checkpoint。
- RDD 的数据分区特性，可以通过数据的本地性来提高性能，这与 Hadoop Map-Reduce 相同。
- RDD 都为可序列化的，在内存不足时可自动降级为磁盘存储，把 RDD 存储于磁盘上，此时性能虽有较大的降低，但不会差于 MapReduce。

RDD 有两大类操作，分别为转换（Transformations）和操作（Actions）。转换主要指从原始数据集加载到 RDD 中以及把一个 RDD 转换为另外一个 RDD，而操作主要指把 RDD 存储到硬盘或触发转换执行。此时需注意，转换如 map、filter、groupby、join 等，Spark 并不会真正执行，而在执行一些操作命令时，如 count、collect、saveAsTextFile 等，则会触发前面一系列的转换执行。

举例说明，如图 6-21 所示。

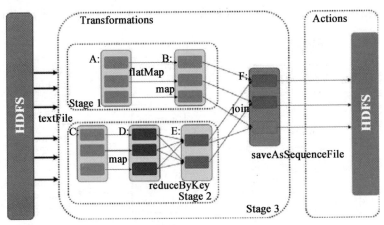

图 6-21　Spark RDD 转换和操作实例

在图 6-21 中，首先经过转换 textFile 将数据从 HDFS 加载到 RDDA 以及 RDDC 中，此时 RDDA 或 RDDC 中并没有存在数据。再进行转换 flatMap、map、reduceByKey 等，分别把 RDDA 转换为 RDDB 并转到 RDDF 以及把 RDDC 转到 RDDE 等，此时这些转换并没有真正执行。读者可理解为先做计划，但并没有具体执行，在执行操作 saveAsSequenceFile 时，才开始真正触发并执行任务。读者可以想象这样一个场景：例如要创建公司，首先编写商业计划书，并且该计划书需进行反复修改，最终确定后才真正执行计划书内的相应步骤，从而创建公司。该场景与 Spark 的 RDD 操作类似，同时还需注意的是，创建公司这个例子中的"反复修改"也对应着 RDD 中的某些操作，这些操作主要指执行计划的优化等。

同时，对于上文提到的 RDD 提供众多操作，极大地方便用户构建分布式应用程序，而不需自行开发相关函数，只需要关注业务逻辑即可。这也是为什么一般情况下用户可以快速构建属于自己的 Spark 分布式程序的原因之一（其中 Scala 也做了较大贡献）。

6.3.3 深入理解 Spark 核心原理

为了更加深入地理解 Spark 的核心原理，有必要先了解如下几个概念。

1. 宽依赖与窄依赖

图 6-22 说明的是宽依赖（Wide Dependencies）和窄依赖（Narrow Dependencies）的关系。

在图 6-22 中，图中的每个小方格代表一个分区，而一个大方格（比如包含 3 个或 2 个小方格）代表一个 RDD，竖线左边为窄依赖，右边为宽依赖。

在了解宽窄依赖的区别前，先要了解父 RDD（Parent RDD）和子 RDD（Child RDD）。在图 6-22 中，"map, filter"左边为父 RDD，右边为子 RDD。"union"左边两个 RDD 同时为其右边子 RDD 的父 RDD。根据父 RDD、子 RDD 相应概念，从图 6-22 中可推出宽依赖与窄依赖的区别：

- 窄依赖（Narrow Dependency）指的是子 RDD（Child RDD）只依赖于父 RDD 中的一个固定数量的分区。
- 宽依赖（Wide Dependency）指的是子 RDD 的每一个分区都依赖于父 RDD 的所有分区。

2. 阶段

图 6-23 表述了阶段（Stage）的概念。

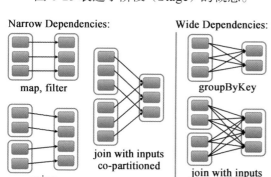

图 6-22 宽依赖与窄依赖

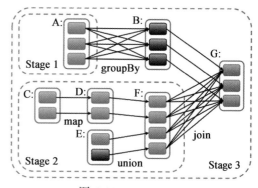

图 6-23 RDD Stage

在图 6-23 中，可以看到有 3 个阶段（Stage），分别为 Stage1（RDDA）、Stage2（RDDC、

RDDD、RDDE、RDDF)、Stage3（所有 RDD）。Spark 将每一个 Job 分为多个不同的 Stage，而 Stage 之间的依赖关系则形成了有向无环图（DAG）。对于窄依赖，Spark 会尽量多地将 RDD 转换并放在同一个阶段中；而对于宽依赖，由于宽依赖通常意味着 Shuffle 操作，因此 Spark 会将 Shuffle 操作定义为阶段的边界。这样的设计考虑了后期并行，试想，每个 Stage 中各 RDD 的分区是否都可并行运行呢？

根据上述相应概念，对 Spark 的核心解释如下。

如图 6-24 所示，用户代码（如 rdd1.join...）转换为有向无环图后，交给 DAGScheduler，由其将 RDD 的有向无环图分割成各个 Stage 的有向无环图，并形成 TaskSet，再提交到 TaskScheduler 中，由 TaskScheduler 把任务（Task）提交给每个 Worker 上的 Executor 执行具体的 Task。在 TaskScheduler 中，并不知道每个 Stage 的存在，只对 Task 运行。

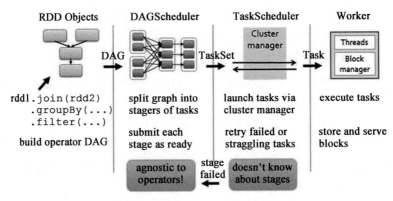

图 6-24　Spark RDD 任务流程

举例说明，如代码清单 6-9 所示为针对 HDFS 上的数据文件 /user/root/name_phone、/user/root/name_spend 中信息整合的程序。

代码清单6-9　Spark整合用户信息程序

```
sc.textFile("/user/root/name_phone").map(s=>(s.split(",")).map(s=>(s(0),s(1).toInt)).join(sc.textFile("/user/root/name_spend").map(s=>(s.split(",")).map(s=>(s(0),s(1).toInt)).reduceByKey(_+_)).saveAsTextFile("test")
```

 注意　Scala 代码由于具有函数性，因此所有代码可写在同一行中。

Spark 根据 RDD 不同的依赖关系将其切分为不同的 Stage，每个 Stage 包含一系列函数，以流水线方式执行。如图 6-25 所示，首先数据从 HDFS（/user/root/name_phone、/user/root/name_spend）输入 Spark 后，形成的 RDD53、RDD57，分别经过两次 map 操作，转换为 RDD55、RDD59；并在 RDD59 经过 reduceByKey 转换为 RDD60 后，与 RDD55 进行 join 操作转换为 RDD63；最终调用 SaveAsTextFile 存储到 HDFS 中。

图 6-26 反映了各 Stage 间的关系，并可明显地看到 Stage10 和 Stage11 的输出合并后作

为 Stage12 的输入（当然 Stage11 还经过了一个 reduceByKey 的转换）。

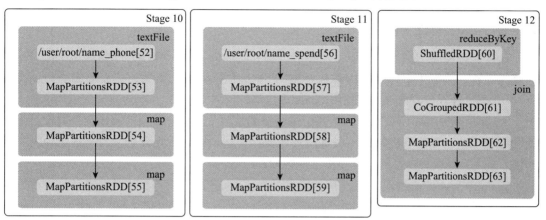

图 6-25　用户信息整合各个 Stage RDD 流程

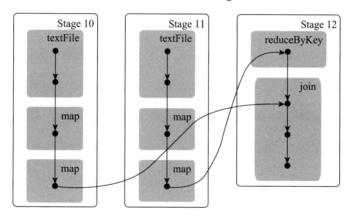

图 6-26　用户信息整合各个 Stage 关系

若不需要从浏览器中查看各个 Stage 的关系以及 Stage 内部的 RDD 转换操作，也可以直接在命令行终端使用 toDebugString 函数查看各 Stage 的直接关系，如图 6-27 所示。

```
scala> data.toDebugString
res9: String =
(5) MapPartitionsRDD[75] at join at <console>:21 []
 |  MapPartitionsRDD[74] at join at <console>:21 []
 |  CoGroupedRDD[73] at join at <console>:21 []
 +-(5) MapPartitionsRDD[67] at map at <console>:21 []
 |  |  MapPartitionsRDD[66] at map at <console>:21 []
 |  |  MapPartitionsRDD[65] at textFile at <console>:21 []
 |  |  /user/root/name_phone HadoopRDD[64] at textFile at <console>:21
[]
 |  ShuffledRDD[72] at reduceByKey at <console>:21 []
 +-(5) MapPartitionsRDD[71] at map at <console>:21 []
    |  MapPartitionsRDD[70] at map at <console>:21 []
    |  MapPartitionsRDD[69] at textFile at <console>:21 []
    |  /user/root/name_spend HadoopRDD[68] at textFile at <console>:21
[]
```

图 6-27　终端中查看 Spark 执行计划

6.4 Spark 编程技巧

6.4.1 Scala 基础

在基于 Java 语言的基础知识上，相信读者可以很快学会 Scala 的基础语法。对于 Spark 的基本编程，只需了解并且能够编写基本的 Scala 代码即可。当然，若需要编写高层次的 Spark 代码，建议读者能够好好研习 Scala 语法。

Scala 是一种纯面向对象语言，其中每个值都是一个对象。对象的数据类型以及行为由类和特质描述。类抽象机制的扩展有两种途径：一种途径为子类继承，另一种途径为灵活的混入机制。这两种途径能避免多重继承的种种问题。

Scala 也是一种函数式语言，其函数也可当成值进行使用。Scala 提供轻量级语法用以定义匿名函数，支持高阶函数，允许嵌套多层函数，并支持柯里化（不了解柯里化的读者，请咨询查阅相关资料）。Scala 的 case class 及其内置的模式匹配相当于函数式编程语言中常用的代数类型。更进一步，程序员可利用 Scala 的模式匹配，编写类似正则表达式的代码，以处理 XML 数据。

本章假设读者已经自行学习过 Scala，下文内容需要有 Scala 基础。若没有 Scala 基础，建议读者在学习前，先自行学习 Scala。

6.4.2 Spark 基础编程

本节介绍 Spark 常用 RDD 的各种操作，主要包括常用的 Transformation 和 Actions。在此基础上，读者能够自行编写简单 Spark 应用，如单词计数等。此时需注意，针对一些高级特性，如 RDD 缓存、广播变量及累加器，本节并没有相应介绍，读者若对这方面感兴趣，可以在 Spark 官网上查阅相关资料。

首先，启动 Spark shell 交互式命令终端：

```
cd $SPARK_HOME
bin/spark-shell
```

参考 6.2 节相关内容，成功启动 Spark shell 交互式程序。在交互式程序中输入 sqlContext 或 sc，若看到类似图 6-28 显示的结果，即说明成功启动交互式命令终端。

```
scala> sqlContext
res0: org.apache.spark.sql.SQLContext = org.apache.spark.sql.hive.HiveContext@55f4411a

scala> sc
res1: org.apache.spark.SparkContext = org.apache.spark.SparkContext@a54ad3a
```

图 6-28　输入 sc/sqlContext 变量的结果

在交互式命令终端中，运行 Actions 时经常会出现很多日志，一般情况下，若用户对这些日志不关心，则可把该日志级别设置调高，只有在出错的时候才打印日志。Spark shell 中设置日志级别有两种方式，如图 6-29 所示展示的是方式 1。

```
scala> org.apache.log4j.Logger.getLogger("org").setLevel(org.apache.log4j.Level.WARN)
scala> org.apache.log4j.Logger.getLogger("akka").setLevel(org.apache.log4j.Level.WARN)
```

图 6-29　Spark shell 设置日志级别方式 1

如图 6-30 所示，展示的是方式 2。

```
scala> sc.setLogLevel("WARN")
```

图 6-30　Spark shell 设置日志级别方式 2

一般情况下，设置日志级别，多选择第 2 种方式，因为输入比较少，便于记忆。

下面按照数据加载、转换、操作、数据写入的顺序进行相应介绍，并且数据加载可归为转换、数据写入可归为操作。

1. 数据加载

数据加载一般指如何把非 RDD 加载为 RDD，因为 Spark 只能对 RDD 进行操作，因此该步骤必不可少。一般情况下，对于 Scala 的数据结构，可直接通过 parallelize 函数把其加载为 Spark RDD，如图 6-31 所示。

```
scala> val rdd1 = sc.parallelize(List("a","b","c","d"))
rdd1: org.apache.spark.rdd.RDD[String] = ParallelCollectionRDD[1]
at parallelize at <console>:27

scala> rdd1.collect
res2: Array[String] = Array(a, b, c, d)
```

图 6-31　Spark RDD parallelize 函数示例

若存在一个分布式文件系统（如 HDFS），其数据需要使用 Spark 进行处理，则可通过函数 textFile、sequenceFile、objectFile 或 wholeTextFiles 直接加载数据文件到 Spark RDD 中，如图 6-32 所示。

```
scala> val rdd2 = sc.textFile("/user/root/linear.txt")
rdd2: org.apache.spark.rdd.RDD[String] = /user/root/linear.txt Map
PartitionsRDD[7] at textFile at <console>:27

scala> rdd2.count
res6: Long = 67

scala> val rdd3 = sc.objectFile("/user/root/scala/test01")
rdd3: org.apache.spark.rdd.RDD[Nothing] = MapPartitionsRDD[9] at o
bjectFile at <console>:27

scala> rdd3.count
res7: Long = 4
```

图 6-32　Spark 加载 HDFS 数据到 RDD

2. 常用转换

本节介绍的转换操作包括：map、flatMap、filter、distinct、mapValues、union、reduce-

ByKey、join。

（1）映射 map 转换

转换 map 可将原来 RDD 中的每个数据项通过 map 中的用户自定义函数 f 转换成一个新的 RDD，并且用户自定义函数既可以生成单值也可以生成键值对。如图 6-33 所示，使用 map 函数对 rdd1 中每个元素进行倍数操作，得到新的 mapRDD，对 rdd2 进行元组操作，生成新的 pairRDD。其在 Spark shell 交互式命令行中执行结果如图 6-34、图 6-35 所示。

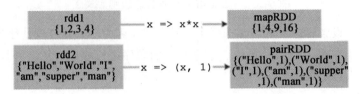

图 6-33　RDD map 转换

```
scala> val inputRDD = sc.parallelize(List(1,2,3,4))
inputRDD: org.apache.spark.rdd.RDD[Int] = ParallelCollectionRDD[10
] at parallelize at <console>:27

scala> val mapRDD = inputRDD.map((x:Int)=>x*x)
mapRDD: org.apache.spark.rdd.RDD[Int] = MapPartitionsRDD[11] at ma
p at <console>:29

scala> mapRDD.collect
res8: Array[Int] = Array(1, 4, 9, 16)
```

图 6-34　Spark shell 中 RDD map 转换

```
scala> val data = sc.parallelize(List("Hello","World","I","My","I"))
data: org.apache.spark.rdd.RDD[String] = ParallelCollectionRDD[26] at p
arallelize at <console>:21

scala> data.map(x=>(x,1))
res25: org.apache.spark.rdd.RDD[(String, Int)] = MapPartitionsRDD[27] a
t map at <console>:24

scala> res25.collect
res26: Array[(String, Int)] = Array((Hello,1), (World,1), (I,1), (My,1)
, (I,1))
```

图 6-35　Spark shell 中 RDD map 转换成键值对

而 flatMap 转换，类似于 map，但 flatMap 将每个元素先通过函数进行操作，后执行扁平操作（即将数组、列表拆分成单个值或将字符串拆分成单个字符），如图 6-36 所示。

（2）过滤 filter 转换

转换 filter，类似于 map 函数，但其功能是对元素进行过滤，根据用户提供的自定义函数对每个元素加以应用，并将返回值为 true 的元素保留在新的 RDD 中，否则进行过滤。图 6-37 中显示的为过滤掉 rdd1 中元素小于或等于 2 的操作。

```
scala> sc.parallelize(List("Hello World","I am a Student")).flatMa
p(x => (x+1) ).collect
res16: Array[Char] = Array(H, e, l, l, o,  , W, o, r, l, d, 1, I,
 , a, m,  , a,  , S, t, u, d, e, n, t, 1)

scala> sc.parallelize(List("Hello World","I am a Student")).map(x
 => (x+1) ).collect

scala> res16.size
res19: Int = 27

scala> res17.size
res20: Int = 2
```

图 6-36　Spark RDD flatMap/map 对比

```
scala> val rdd1 = sc.parallelize(List(1,2,3,4))
rdd1: org.apache.spark.rdd.RDD[Int] = ParallelCollectionRDD[13] at
 parallelize at <console>:27

scala> val filterRDD = rdd1.filter((x:Int) => x>2)
filterRDD: org.apache.spark.rdd.RDD[Int] = MapPartitionsRDD[14] at
 filter at <console>:29

scala> filterRDD.collect
res9: Array[Int] = Array(3, 4)
```

图 6-37　Spark RDD filter 转换

（3）去重 distinct 转换

在 Spark 中，有时需要针对 RDD 中重复的元素进行去重操作，即只保留重复元素中的一个元素，这时就可以使用 distinct 操作（注意，去重后的 RDD 顺序是随机的），其在 Spark shell 中的示例如图 6-38 所示。

```
scala> val data = sc.parallelize(List(1,2,3,3))
data: org.apache.spark.rdd.RDD[Int] = ParallelCollectionRDD[18] at para
llelize at <console>:21

scala> data.collect
res20: Array[Int] = Array(1, 2, 3, 3)

scala> data.distinct.collect
res21: Array[Int] = Array(2, 1, 3)
```

图 6-38　Spark RDD distinct 转换

（4）映射值 mapValues 转换

在 Spark 中，不仅有针对单个值的 RDD 转换函数，还有针对键值对（Key，Value）类型的数据进行转换的函数，如本例的 mapValues，针对键值对中的值（Value）进行 map 操作，而不对键（Key）进行处理，如图 6-39 所示。其将键值对 RDD（如

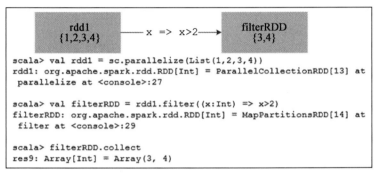

图 6-39　Spark RDD mapValues 转换

(panda，0))通过 mapValues 转换为新的键值对 RDD（如（panda，(0,1)）），但新键值对的值同样也是一个键值对（二元组）。

请读者思考：如下代码执行后，显示的结果会是什么？

```
scala> sc.parallelize(List("first","second")).map(x => (x,1)).mapValues(v => (v,2)).collect
```

（5）合并相同键的值 reduceByKey 转换

如图 6-40 所示为转换 reduceByKey 示意图，该函数可将具有相同键的值进行整合，此时，在 reduceByKey 中传输的函数需要有两个参数，同时需要注意，该函数其返回值也需有两个参数，并且其类型和输入的参数类型应保持一致。如图 6-41 所示即是对这种用法的说明对比。第 1 次把两个参数的和转换为 Double 类型然后当成返回值，会报类型不匹配的错误，出现错误提示"required: Int"，这说明，输入类型是 Int，输出类型也必须是 Int。第 2 次把参数的和直接当成返回值（其类型为 Int），程序可以直接运行。

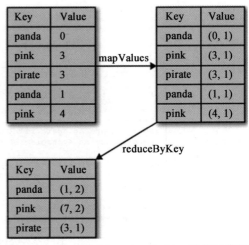

图 6-40 Spark RDD reduceByKey 转换示意图

```
scala> val rdd1 = sc.parallelize(List(("Hello",1),("World",2),("Hello",2),("I",2),("I",3)))
rdd1: org.apache.spark.rdd.RDD[(String, Int)] = ParallelCollectionRDD[4] at paralleli
ze at <console>:27

scala> rdd1.reduceByKey((y1:Int,y2:Int) => (y1+y2).toDouble).collect
<console>:30: error: type mismatch;
 found   : Double
 required: Int
              rdd1.reduceByKey((y1:Int,y2:Int) => (y1+y2).toDouble).collect
                                                         ^
scala> rdd1.reduceByKey((y1:Int,y2:Int) => y1+y2).collect
res5: Array[(String, Int)] = Array((I,5), (World,2), (Hello,3))
```

图 6-41 Spark RDD reduceByKey 用法示例

下面给出一个 mapValues 和 reduceByKey 的综合示例，如图 6-42 所示。首先，原始数据经过 parallelize 函数转换为 data RDD；然后，经过 mapValues 后转换为 rdd1，rdd1 的 value 包含原始数据的个数以及附带 1（即键值对或元组）；rdd2 经过 rdd1 的 reduceByKey，把具有相同 Key 的 Value 整合，整合后的 value 的操作是把对应的个数相加，所以最后结果中的 value 的第 1 个字段就是总个数，而第 2 个字段则是原始数据的行数。

```
scala> val data = sc.parallelize(List(("panda",0),("pink",3),("pirate",
3),("panda",1),("pink",4)))
data: org.apache.spark.rdd.RDD[(String, Int)] = ParallelCollectionRDD[3
2] at parallelize at <console>:21

scala> val rdd1 = data.mapValues(y=>(y,1))
rdd1: org.apache.spark.rdd.RDD[(String, (Int, Int))] = MapPartitionsRDD
[33] at mapValues at <console>:23

scala> rdd1.collect
res31: Array[(String, (Int, Int))] = Array((panda,(0,1)), (pink,(3,1)),
 (pirate,(3,1)), (panda,(1,1)), (pink,(4,1)))

scala> val rdd2 = rdd1.reduceByKey((y1,y2)=>(y1._1+y2._1,y1._2+y2._2))
rdd2: org.apache.spark.rdd.RDD[(String, (Int, Int))] = ShuffledRDD[34]
at reduceByKey at <console>:25

scala> rdd2.collect
res32: Array[(String, (Int, Int))] = Array((panda,(1,2)), (pink,(7,2)),
 (pirate,(3,1)))
```

图 6-42　Spark RDD mapValues/reduceByKey 综合示例

（6）合并相同键的值 combineByKey 转换

Spark 中合并相同键值的转换函数 reduceByKey，其返回值类型要和参数值类型保持一致。当参数值与返回值类型不一致时，则可使用转换 combineByKey。

```
scala> rdd1.collect
res7: Array[(String, Int)] = Array((Hello,1), (World,2), (Hello,2), (I,2), (I,3))

scala> rdd1.combineByKey((y:Int)=>y.toDouble,(c:Double,y:Int)=>c+y,(c1:Double,c2:Doub
le)=> c1+c2).collect
res8: Array[(String, Double)] = Array((I,5.0), (World,2.0), (Hello,3.0))
```

图 6-43　Spark RDD combineByKey 转换示例用法

combineByKey 用法示例如图 6-43 所示。combineByKey 函数需输入 3 个函数（全部参数共 6 个，前 3 个参数为函数，后 3 个为非函数，一般情况下提供前 3 个函数参数即可）。该 3 个函数解释如下：

- (y:Int) => y.toDouble：指将单个值元素转换为最后的值元素，如将原始的值元素 Int，转换为合并后的值元素 Double（该值为人为设定，可根据具体需要更改）。
- (c:Double,y:Int) => c+y：在 combineByKey 用法示例中，Hello 相同的键值对有 2 个，在处理（"Hello"，1）时，已将 1 转换为 1.0（即将 Int 类型转为 Double 类型）；此时无需对第 2 个（"Hello"，2）中的值 2 进行转换（即转换为 2.0），而以该函数将 1.0+2 进行转换得到相应值即可（此结果为 3.0，Double 类型加上 Int 类型将自动转为 Double 类型）；并且该函数的输出类型也需与 c 保持一致，在本例中为 Double 类型。
- (c1:Double,c2:Double) => c1+c2：若存在多个分区，每个分区都对应一个最终计算得到的 Double 类型，如何将多个分区的结果合并呢？此时则需定义一个合并函数，与 reduceByKey 中的函数类似，因此其输入类型和输出类型保持一致，在本例中为 Double。

（7）合并 union 转换

union 函数可将两个 RDD 进行合并操作，但元素类型需保持一致。其在 Spark shell 中的示例如图 6-44 所示。

```
scala> val rdd1 = sc.parallelize(List(1,2))
rdd1: org.apache.spark.rdd.RDD[Int] = ParallelCollectionRDD[22] at para
llelize at <console>:21

scala> val rdd2 = sc.parallelize(List(1,2,3))
rdd2: org.apache.spark.rdd.RDD[Int] = ParallelCollectionRDD[23] at para
llelize at <console>:21

scala> rdd1.union(rdd2)
res22: org.apache.spark.rdd.RDD[Int] = UnionRDD[24] at union at <consol
e>:26

scala> res22.collect
res23: Array[Int] = Array(1, 2, 1, 2, 3)
scala> val rdd2 = sc.parallelize(List("first"))
rdd2: org.apache.spark.rdd.RDD[String] = ParallelCollectionRDD[25] at p
arallelize at <console>:21

scala> rdd1.union(rdd2)
<console>:26: error: type mismatch;
 found   : org.apache.spark.rdd.RDD[String]
 required: org.apache.spark.rdd.RDD[Int]
              rdd1.union(rdd2)
                         ^
```

图 6-44　Spark RDD union 转换

（8）连接 join 转换

Spark 中的 join 转换，与 SQL 中的 join 类似。如图 6-45 所示，join 转换的具体操作为：将两个小表按某个字段合并成一个大表。

join 在 Spark shell 中的实际运行示例如图 6-46 所示。此例中，rdd1 与 rdd2 的类型需保持一致，否则，将会出现错误提示。

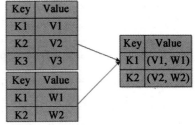

图 6-45　Spark RDD join 转换示意图

```
scala> val rdd1 = sc.parallelize(List(("K1","V1"),("K2","V2"),("K3","V3
")))
rdd1: org.apache.spark.rdd.RDD[(String, String)] = ParallelCollectionRD
D[4] at parallelize at <console>:21

scala> val rdd2 = sc.parallelize(List(("K1","W1"),("K2","W2")))
rdd2: org.apache.spark.rdd.RDD[(String, String)] = ParallelCollectionRD
D[5] at parallelize at <console>:21

scala> val rdd3 = rdd1.join(rdd2)
rdd3: org.apache.spark.rdd.RDD[(String, (String, String))] = MapPartiti
onsRDD[8] at join at <console>:25

scala> rdd3.collect
res4: Array[(String, (String, String))] = Array((K1,(V1,W1)), (K2,(V2,W
2)))
```

图 6-46　Spark RDD join 转换示例

3. 常用操作

常用的操作（Actions）如表 6-1 所示。读者可自行根据前文内容结合表 6-1 中的示例实验各函数用法。

表 6-1　常用 Actions

函　　数	功　　能	示　　例
collect	返回 RDD 中的所有元素，注意返回的为 Scala 数据结构	sc.parallelize(List(1,2,3)).collect
take(num)	返回 RDD 的前 num 条记录，即返回的为 Scala 数据结构	sc.parallelize(List(1,2,3)).take(2)
count	返回 RDD 中元素的个数	sc.parallelize(List(1,2,3)).count

4. 数据固化

在 Spark 中，数据固化一般指将数据写到分布式文件系统上（本书中指 HDFS），该类函数有分布式 saveAsTextFile 和 saveAsObjectFile。其中 saveAsTextFile 将数据存为文本格式，而 saveAsObjectFile 则将数据存为二进制格式（或称序列化格式）。通过 saveAsTextFile 将 RDD 保存到 HDFS 中的示例如图 6-47 所示。对于成功保存的文件，在 HDFS 上可直接查看，如图 6-48 所示。

```
scala> val data = sc.parallelize(List(1,2,3,3))
data: org.apache.spark.rdd.RDD[Int] = ParallelCollectionRDD[13] at para
llelize at <console>:21

scala> data.collect
res6: Array[Int] = Array(1, 2, 3, 3)

scala> data.saveAsTextFile("/user/root/data_00")
```

图 6-47　Spark RDD saveAsTextFile 示例

Contents of directory /user/root/data_00

Goto : /user/root/data_00 go

Go to parent directory

Name	Type	Size	Replication	Block Size	Modification Time	Permission	Owner	Group
_SUCCESS	file	0 B	1	128 MB	2016-05-20 04:22	rw-r--r--	root	supergroup
part-00000	file	4 B	1	128 MB	2016-05-20 04:22	rw-r--r--	root	supergroup
part-00001	file	4 B	1	128 MB	2016-05-20 04:22	rw-r--r--	root	supergroup

图 6-48　Spark RDD 写到 HDFS 文件

6.5　如何学习 Spark MLlib

Spark 能比较受欢迎的一个原因是因为其提供了大量的机器学习算法库，也就是 Spark MLlib，它使得用户可以不用自己费心编写晦涩的算法程序，而是直接调用算法库来对自己的大数据进行挖掘建模，非常方便。如表 6-2 所示，是 Spark MLlib 中常用的机器学习算法库（对应 Spark1.6.1 版本）。

表 6-2 Spark MLlib 常用算法

大 类	算 法	解 释
分类和回归 （Classification and regression）	支持向量机 （SVM）	是一种通过某种非线性映射，将低维的非线性可分转化为高维的线性可分，在高维空间进行线性分析的算法
	逻辑回归 （Logistic regression）	是广义线性回归模型的特例，利用 Logistic 函数将因变量的取值范围控制在 0 和 1 之间，表示取值为 1 的概率
	线性回归 （Linear regression）	对一个或多个自变量和因变量之间的线性关系进行建模，可用最小二乘法求解模型系数
	朴素贝叶斯 （Naïve Bayes）	Naïve Bayes 是基于贝叶斯定理与特征条件独立假设的分类方法，运用贝叶斯定理求解后验概率，将后验概率最大者对应的类别作为预测类别。实现简单，没有迭代，在大样本量下会有较好的表现
	决策树 （decision trees）	决策树采用自顶向下的递归方式，在内部节点进行属性值的比较，并根据不同的属性值从该节点向下分支，最终得到的叶节点是学习划分的类
	集成树 （ensembles of trees）	集成树有两个主要算法：随机森林和梯度提升树（GBTs），这两个算法的基础模型都为决策树。随机森林通过集成减少过拟合的可能性，GBTs 则通过多棵树减少偏置，且 GBTs 不支持多分类
	保序回归 （Isotonic regressi-on）	保序回归属于回归算法，用来拟合原始数据最佳的单调函数。可以看作排序限制下的最小二乘问题
协同过滤 （Collaborative filtering）	交替最小二乘 （ALS）	ALS 特指使用交替最小二乘求解的一个协同推荐算法，旨在找到两个低维矩阵，近似逼近用户对项目的评分矩阵
聚类算法 （Clustering）	K 均值聚类 （K-means）	K 均值聚类又称为快速聚类，在最小化误差函数的基础上将数据划分为预定的类数 K。该算法原理简单并便于处理大量数据
	高斯混合模型 （Gaussian Mixture Model）	高斯混合模型是多个高斯密度函数的线性合并。该聚类模型的思想是：数据点可以看作从数个高斯分布中以一定的概率生成出来的
	幂迭代聚类 （Power Iteration Clu-stering，PIC）	PIC 是一种简单且可扩展的图聚类方法，在大数据集上运算速度非常快。幂迭代聚类是在数据归一化的逐对相似矩阵上，使用截断的幂迭代，在数据集中找到一个超低维嵌入，这种嵌入恰好是很好的聚类指标
	隐性狄利克雷划分 （Latent Dirichlet Al-location，LDA）	LDA 是一个三层贝叶斯概率模型，包含词、主题和文档三层结构。可以有效地从文本语料库中挖掘出潜在的主题，每种主题归为一类
关联规则 （Frequent pattern min-ing）	频繁模式增长 （FP-growth）	FP-growth 算法是一种内存驻留的关联规则算法，依赖于频繁模式树的数据结构。该算法可以有效挖掘频繁模式，由于频繁项集的项集关联信息都保留在频繁模式树中，无需反复遍历数据集，有效地提高了效率
降维 （Dimensionality reduc-tion）	奇异值分解 （Singular Value Deco-mposition，SVD）	奇异值分解是线性代数中一个非常重要的矩阵分解方法，利用矩阵的奇异值分解来实现将高维矩阵降维成低维矩阵

(续)

大　类	算　法	解　释
降维 （Dimensionality reduction）	主成分分析 （Principal Component Analysis，PCA）	主成分分解是利用协方差矩阵来实现降维的数据分析方法。PCA通过线性变换将原始数据变换为一组各维度线性无关的表示，提取数据的主要特征分量

俗话说，授人以鱼不如授人以渔。本节将为读者提供一个实例应用，以此展示如何学习上述算法。

6.5.1 确定应用

首先需要确定一个应用，例如，需对某个航空公司的机票价格进行预测，一般情况下会选择与线性回归类似的算法模型。若需要做一个推荐系统，则可以选择协同过滤算法模型。

本节以推荐系统建模为例，使用 MovieLens 数据集，该数据集为开放的电影评分数据集，常用于协同过滤推荐技术相关测试。相关数据集下载地址：http://grouplens.org/datasets/movielens/。此次使用的数据集为 ml-1m.zip 数据集，其网页显示如图 6-49 所示。

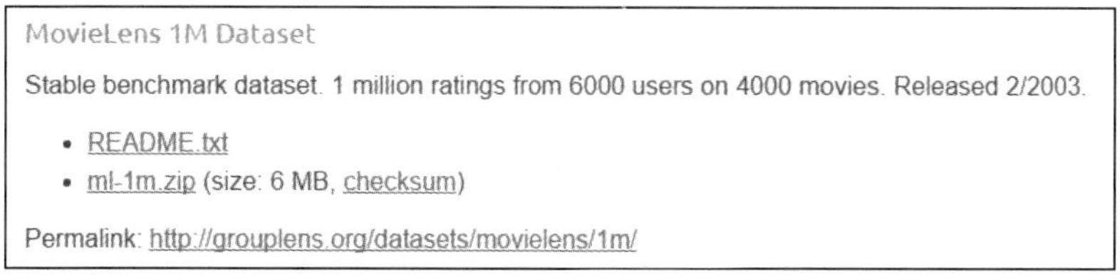

图 6-49　MovieLens 1M 数据集

数据下载完成后，直接进行数据解压，可以得到 4 个文件，如图 6-50 所示。

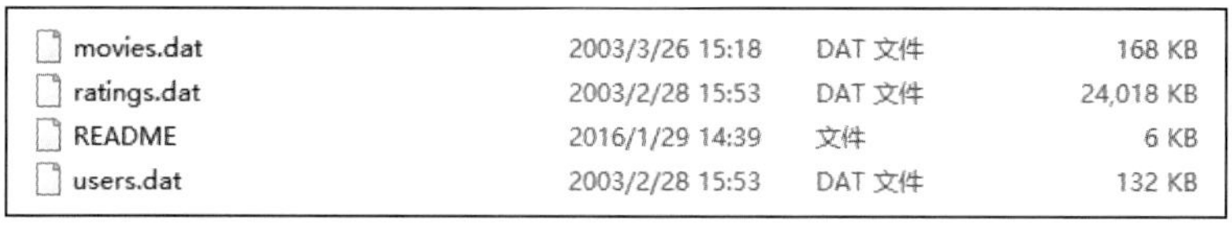

图 6-50　MovieLens 数据集解压后文件

其中，*.dat 为数据文件，README 为说明文件。movies.dat 为电影信息数据，其文件内容的格式为：MovieID::Title::Genres，分别代表电影的 ID（编号）、电影名年份、电影标签，如图 6-51 左边所示。ratings.dat 为用户评分数据，其格式为：UserID::MovieID::Rating::Timestamp，其中，UserID 表示用户 id，从 1～6040；MovieID 表示电影 ID，从 1:～3952；Rating 表示用户对电影评分，为 1～5 分制；Timestamp 表示时间戳，其实际数据如图 6-51 右边所示。

```
1::Toy Story (1995)::Animation|Children's|Comedy       1::1193::5::978300760
2::Jumanji (1995)::Adventure|Children's|Fantasy        1::661::3::978302109
3::Grumpier Old Men (1995)::Comedy|Romance             1::914::3::978301968
```

图 6-51 movies.dat 和 ratings.dat 数据

确定应用和数据后，下一步需确定使用的模型。选用 Spark MLlib 中针对推荐应用的算法，即 Spark ALS（交替最小二乘法）。在应用模型之前需对该算法进行基本了解，这样才能较好地设置参数，并对模型进行调优。这里针对该算法进行简单介绍，以便读者有较直观的认识。

6.5.2 ALS 算法直观描述

示例数据集如表 6-3 所示，数据集中共有 5 个电影、4 个用户，这 4 个用户观看过该 5 个电影中的部分电影，并给出相应评分。例如用户 Tom 对《釜山行》评分为 5 分，对《潜伏 3》评分为 1 分，但没观看《招魂 2》，所以没有显示评分，标记为"？"。

表 6-3 用户电影数据集

	Tom	Kate	John	Fansy
谍影重重 5	4	5	1	?
釜山行	5	?	2	2
寒战 2	4	4	?	?
招魂 2	?	1	4	5
潜伏 3	1	2	5	4

假如电影都有自己的标签，比如"动作""恐怖"，并且已有人（比如电影影评人等）对每个电影根据这两个标签进行评分，那么现在就会有这样的一个数据，如表 6-4 所示。

表 6-4 电影标签评分

	谍影重重 5	釜山行	寒战 2	招魂 2	潜伏 3
动作	0.9	0.8	0.8	0.1	0.1
恐怖	0.1	0.3	0.1	0.9	0.9

注意 电影评分最高为 1 分。

根据上述评分，如果我们可以构造这样的一个列向量 Θ，满足下面的公式：

$$\begin{bmatrix} 0.9 & 0.1 \\ 0.8 & 0.3 \\ 0.8 & 0.1 \\ 0.1 & 0.9 \\ 0.1 & 0.9 \end{bmatrix} \times \begin{bmatrix} \Theta^1 \\ \Theta^2 \end{bmatrix} = \begin{bmatrix} 4 \\ 5 \\ 4 \\ 1 \end{bmatrix}$$

显然，根据上式就可以预测空格部分的数值。当然，上面是针对 Tom 用户进行说明。同理针对 Kate、John、Fansy 运用相同方式可得到对应列向量，则针对所有用户有如下二维矩阵：

$$\begin{bmatrix} \Theta_1^1 & \Theta_2^1 & \Theta_3^1 & \Theta_4^1 & \cdots \\ \Theta_1^2 & \Theta_2^2 & \Theta_3^2 & \Theta_4^2 & \cdots \end{bmatrix}$$

其中，Θ_1^1、Θ_1^2 代表用户 Tom 的特征值，其他用户以此类推。这里可以理解为使用 Θ_1^1、Θ_1^2 就完全可以代表用户 Tom，同理，Θ_4^1、Θ_4^2 也可以完全代表用户 Fansy。

> **注意**：若根据不完整的用户电影评分列表以及电影的标签评分，可在一定的误差范围内推算出 Θ 矩阵。

为保证影评人对这些电影评价的一致性，本算法采用的是随机电影标签评分（可理解为电影特征矩阵），并求得 Θ 矩阵（可理解为用户特征矩阵）。显然，这样得到的 Θ 矩阵误差较大，于是需根据推导出的 Θ 矩阵，反推回电影特征矩阵。以此反复循环，则可保证预测的电影评分与实际电影评分（用户已经评价过的电影评分）的全局均方根误差在一定阈值内。此时算法建模基本完成，并且得到了算法模型的参数：电影特征矩阵和用户特征矩阵。根据这两个矩阵就可以针对用户还没有评分过的电影进行评分预测，进而得到可以推荐给用户的电影（根据预测评分大小取出评分 Top10 即可）。

通过上面的分析，相信读者对 Spark ALS 算法（交替最小二乘法）已经有了一个比较直观的认识。鉴于本次使用的数据已经很规整，无需进行数据预处理。那么，下文将直接进入关键环节——初步编程实现。

6.5.3 编程实现

初步编程实现有两种方式，其一，读者可以借鉴上面提到的原理，并查阅更多相关资料编写 ALS 算法的实现；其二，读者可调用 Spark ALS 算法，设置参数，进行建模。

在进入编程阶段前，需要做些准备工作：

1）上传原始数据集到 HDFS；

2）准备好 Spark shell 开发环境（注意这里直接使用 Spark shell 进行编程，而没有使用 Intellij IDEA，在下一节中我们会使用这个工具）；

3）提前了解 Spark ALS 算法的用法。

在准备工作中，前两步需要读者提前完成。下面介绍 Spark ALS 算法中的相关概念。

Spark ALS 算法在 org.apache.spark.mllib.reco-mmendation 包中，该包共有 3 个类，如图 6-52 所示。

针对每个类的解释如下。

- Rating：是用户、项目和评分的三元组（user, product, rating）;

图 6-52 Spark ALS 算法包

- ALS：ALS 提供了求解带偏置矩阵分解的交替最小二乘算法。
- MatrixFactorizationModel：ALS 求解矩阵返回的结果类型，即算法返回的模型类。

一般情况下，读者可以直接调用 Spark ALS 算法的 train 方法来进行建模，其参数如代码清单 6-10 所示。

代码清单6-10　Spark ALS train算法API

```
def
train(ratings: RDD[Rating], rank: Int, iterations: Int, lambda: Double): Matrix-
FactorizationModel
    Train a matrix factorization model given an RDD of ratings by users for a
    subset of products. The ratings matrix is approximated as the product of two
    lower-rank matrices of a given rank (number of features). To solve for these
    features, ALS is run iteratively with a level of parallelism automatically
    based on the number of partitions in ratings.
ratings: RDD of Rating objects with userID, productID, and rating
rank: number of features to use
iterations: number of iterations of ALS(recommended: 10-20)
lambda: regularization parameter?(recommended: 0.01)
```

其中，ratings 参数就是用户电影评分表，需要构造为 Rating 数据结构；rank 即上文中描述的特征矩阵的维度；iterations 为循环次数；lambda 为正则化系数，用来防止过拟合的一个参数。

1. 数据加载

在 Spark shell 中，读取数据并按照规则解析数据到 RDD[Rating]。针对 movies 的数据，则直接转换为 map 数据结构，方便根据 movieID 查找对应的 movie 相关信息。为后续进行最优模型筛选，这里需先将原始数据分割为训练集、测试集。可使用时间戳进行分割，因此在进行数据加载时，需将时间戳映射到 0～9，方便数据预处理操作，如代码清单 6-11 所示。

代码清单6-11　Spark ALS数据加载

```
sc.setLogLevel("WARN")
import org.apache.spark.mllib.recommendation._
// 加载movies 数据到map
val movies = sc.textFile("/user/root/als/movies.dat").map{line => val fields = 
line.split("::") ; (fields(0).toInt,fields(1))}.collect.toMap
// 加载评分数据
val ratings = sc.textFile("/user/root/als/ratings.dat").map{line => val fields = 
line.split("::");val rating = Rating(fields(0).toInt,fields(1).toInt,fields(2).
toDouble);val timestamp = fields(3).toLong %10; (timestamp,rating)}
// 输出统计信息
println(ratings.count)
println(ratings.map(_._2.user).distinct.count)
println(ratings.map(_._2.product).distinct.count)
```

2. 数据分割

数据分割按照上节中的时间戳来进行（时间戳已经过映射），其中训练集（时间戳<6）、测试集（时间戳>=6）如代码清单6-12所示。

代码清单6-12　Spark ALS数据分割

```
// 分训练集
val training = ratings.filter(x=>x._1<6).values.cache()
// 分测试集
val test = ratings.filter(x=>x._1>=6).values.cache()
println("训练集记录数："+training.count)
println("测试集记录数："+test.count)
```

> **注意** cache操作可以把当前数据集放入内存，主要为方便后续循环操作时，可直接从内存中读取对应数据。

3. 建立模型

设置rank值、iterations循环次数、lambda值后，即可建立模型，如代码清单6-13所示。

代码清单6-13　设置参数建立模型

```
val rank = 10
val lambda =10 // 这里设置为10 , 默认值是0.01
val iters = 20
val model = ALS.train(training,rank,iters,lambda)
```

> **注意** 这里设置的参数值根据算法调用的默认值随机选取，并将lambda设置为10，具体原因下节分析。

一般情况下，建立模型的运行时间大约为几十秒（这与具体集群配置资源相关），运行完成后则可使用模型对用户进行电影推荐。同时，在进行电影推荐前，添加计算均方根误差函数，对测试数据进行误差分析，以验证模型效果。均方根误差函数如代码清单6-14所示。

代码清单6-14　计算均方根误差函数

```
import org.apache.spark.rdd.RDD
def computeRMSE(model:MatrixFactorizationModel, data:RDD[Rating]): Double = {val
ratingsAndPredictions = data.map{case Rating(user,product,rating)=>((user,product)
,rating)}.join(model.predict(usersProducts).map{case Rating(user,product,rating)=
>((user,product),rating)}).values ; math.sqrt(ratingsAndPredictions.map(x=>(x._1-
x._2)*(x._1-x._2)).mean())}
```

在图6-53中可以看到，此模型针对测试数据的均方根误差为3.75466（根据初始化的参数值不一样，该值也会有一定的误差）。当前均方

```
scala> computeRMSE(model,test)
res7: Double = 3.7546612496267997
```

图6-53　模型在测试数据集中的均方根误差

根误差相对较大，因此可推断出构建该模型会产生一定的误差（将在6.5.4节进行分析）。

4. 模型推荐

在建立模型后，可对某个用户进行电影推荐。例如对用户1进行推荐，首先求得用户1所有评分过的电影id，使用该电影id集合过滤所有电影，得到推荐候选电影。然后使用模型针对用户1以及候选电影进行评分预测，得到候选推荐电影的评分列表。再根据该评分列表对候选列表排序，最后取出其Top10，推荐给用户1即可。在实际应用中，还需多做一步，即将该Top10的电影id列表转换为实际电影（如电影名字），此时可用到最开始数据加载一节中movies变量。具体推荐过程代码如代码清单6-15所示。

代码清单6-15　Spark ALS模型推荐

```
// 用户1评价过的电影id集合
val user1RatedMovieIds = ratings.filter(_._2.user==1).map(_._2.product).collect.toSeq
// 过滤得到候选电影集合
val cands = sc.parallelize(movies.keys.filter(!user1RatedMovieIds.contains(_)).toSeq)
// 使用模型来对候选电影集合进行评分预测，并根据评分进行排序，取出评分最高的TOP 10
val recommendations = model.predict(cands.map((1,_))).collect.sortBy(- _.rating).take(10)
// 格式化输出电影
var i =1
recommendations.foreach{rec => println("%2d".format(i)+": "+movies(rec.product)+", predictRating: "+rec.rating);i+=1}
```

对用户1的推荐结果，如图6-54所示。

```
1: Lured (1947), predictRating: 1.619992002836993E-38
2: Smashing Time (1967), predictRating: 1.6095377361244536E-38
3: Gate of Heavenly Peace, The (1995), predictRating: 1.5396212040906596E-38
4: World of Apu, The (Apur Sansar) (1959), predictRating: 1.4475922134084807E-38
5: Lamerica (1994), predictRating: 1.4421222360520016E-38
6: Skipped Parts (2000), predictRating: 1.4266138904059736E-38
7: Running Free (2000), predictRating: 1.4081268887484563E-38
8: Time of the Gypsies (Dom za vesanje) (1989), predictRating: 1.4066218569907873E-38
9: 24 7: Twenty Four Seven (1997), predictRating: 1.4046983567117702E-38
10: Journey of August King, The (1995), predictRating: 1.3980452307103955E-38
```

图6-54　用户1推荐电影结果

修改参数，针对用户2进行推荐，其结果如图6-55所示。

```
1: Lured (1947), predictRating: 1.394995774529307E-38
2: Smashing Time (1967), predictRating: 1.385993472132592E-38
3: Gate of Heavenly Peace, The (1995), predictRating: 1.3257874547040607E-38
4: World of Apu, The (Apur Sansar) (1959), predictRating: 1.2465401171178197E-38
5: Lamerica (1994), predictRating: 1.2418298498537217E-38
6: Skipped Parts (2000), predictRating: 1.2284754156291953E-38
7: Running Free (2000), predictRating: 1.2125560227242992E-38
8: Time of the Gypsies (Dom za vesanje) (1989), predictRating: 1.211260020683051E-38
9: 24 7: Twenty Four Seven (1997), predictRating: 1.209603670061051E-38
10: Journey of August King, The (1995), predictRating: 1.2038745784093164E-38
```

图6-55　用户2推荐电影结果

对比这两个推荐结果，可发现其推荐的电影是相同的，仅预测评分不同，且预测评分趋近于零。通过修改推荐用户参数，针对其他用户进行电影推荐，发现所有的用户的推荐结果基本一致，仅预测评分有差异。那么，这是否说明该模型不可取？答案为否，下文将阐述遇到此类问题的解决方法。

6.5.4 问题解决及模型调优

上节中介绍了 Spark ALS 算法的调用实现，并发现模型效果较差。本节将介绍如何判别模型是否存在问题，并如何解决该问题。

判断模型存在问题的依据如下：对比不同用户的推荐结果，若基本一致；使用测试数据集进行均方根误差计算，若均方根误差较大；随机查看用户特征矩阵和项目特征矩阵，如图 6-56 所示，若两个矩阵值皆趋近于零，都说明模型存在一定问题。

```
scala> model.userFeatures.map(x=>x._2.mkString(",")).first
res10: String = -9.572728584528909E-21,-1.6394816676029042E-20,3.0424765178240892E-21,-2.28
55606170015364E-20,2.0726179932601047E-20,-2.5334865183054257E-20,4.597492058892819E-21,-9.
250397140891021E-21,1.7356659707366288E-20,-3.588555712734239E-20

scala> model.productFeatures.map(x=>x._2.mkString(",")).first
res11: String = -1.566870881015947E-20,-2.6835149478788106E-20,4.979946769924954E-21,-3.741
021578616528E-20,3.392475456585385E-20,-4.146828309199374E-20,7.525206152454412E-21,-1.5141
114597779824E-20,2.840949875108813E-20,-5.873772694352397E-20
```

图 6-56　查看用户特征矩阵或项目特征矩阵

回顾上文进行参数设置时，lambda 参数的默认值为 0.01，但我们将其调整为 10.0。若将其调整为 0.01 结果如何？将 lambda 参数值设置为 0.01 后，再次运行模型，可以得到如图 6-57 所示的结果。

```
scala> computeRMSE(model,test)
res12: Double = 0.9366712588248947

scala> model.userFeatures.map(x=>x._2.mkString(",")).first
res13: String = -0.5751396417617798,-0.173855260014534,0.198139950633049,-0.145217895507812
5,0.919003427028656,-2.0953433513641357,-0.10118599236011505,-0.009176370687782764,-0.94272
54796028137,0.09388998903161621

scala> model.productFeatures.map(x=>x._2.mkString(",")).first
res14: String = 0.5283581614494324,-0.5838941931724548,0.3934488892555237,-0.38010990619659
424,-0.4099476933479309,-0.8183628916740417,0.12771561741828918,0.7795961499214172,-0.66150
49242973328,0.7742260694503784
```

图 6-57　lambad＝0.01 的模型情况

在图 6-57 中可以看到，该模型在测试集 test 上的表现相较于前一个模型效果较优（效果提升约 3 倍），并且其用户特征矩阵或项目特征矩阵基本在 –1～1 之间，并没有趋近于零，说明此时的模型效果较优，可应用于推荐预测。使用该模型对各用户进行电影推荐预测，发现各用户其预测的结果基本符合其各自喜好，已不存在所有用户的预测结果相同的情况。

一般情况下，针对参数的调整，首先需根据业务取出部分数据，将参数设置的范围进行相应调整（间隔可以设置为 3 倍左右，如 lambda 的值可设置为 0.01、0.03、0.1、0.3、1、3 等）。其次使用测试集以及均方根误差快速锁定较优模型的参数值范围，如 0.01，并以 lambda 参数值 0.01 为基准，在其左右各取一个值，如 0.001、0.02 之间，并设置间隔为 0.001 等。最后对所有的数据进行建模，并计算测试集的均方根误差，从而得到一个较好的模型。根据上述过程，寻找最优模型的示例代码如代码清单 6-16 所示。

代码清单6-16　Spark ALS最优模型筛选

```
val ranks = 8 to 12
val lambdas = (0.01 to 1).map(_.toDouble)
val iters = 10 to 20
var bestModel :Option[MatrixFactorizationModel] = None
var bestRmse = Double.MaxValue
var bestRank = 0
var bestLambda = -1.0
var bestIter= -1
for( rank<- ranks;lambda<-lambdas;iter<-iters){val model = ALS.train(training,ra
    nk,iter,lambda); val validationRmse = computeRMSE(model,validation);if(valid
    ationRmse<bestRmse){bestModel=Some(model);bestRmse=validationRmse;bestRank=r
    ank;bestLambda=lambda;bestIter=iter}}
```

6.6　动手实践：基于 Spark ALS 电影推荐系统

本节将为读者提供一个基于 Web 的推荐系统，该系统架构图如图 6-58 所示。

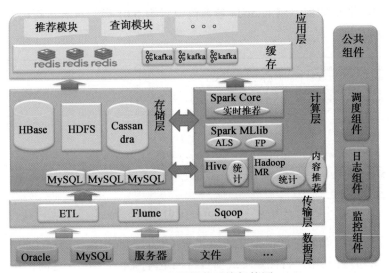

图 6-58　电影推荐系统架构图

该架构图共包含 6 个模块：数据源、传输层、存储层、计算层、应用层以及公共组件模块。为使读者尽快熟悉架构图，并直接着手开发该系统，这里针对上述系统架构进行简化，简化后的架构如图 6-59 所示。

该系统使用的数据集全部存放于 HDFS 中，主要为两个数据（ratings.dat 和 movies.dat）。主要功能如下：在 Web 程序中生成或更新 Spark ALS 模型，使用获得的模型对用户进行推荐，展现对用户推荐的电影，查询用户已进行评分的电影。

下面分两部分来完成我们的系统，具体代码请参考文件 spark/code/Spark_ALS_Recommendation，该工程中部分代码被隐藏，同时会有相应的 TODO 提示供读者参考。

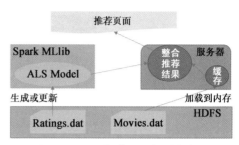

图 6-59 电影推荐系统简化架构图

6.6.1 动手实践：生成算法包

生成算法包，主要指的是使用 Intellij IDEA 工具来编写 Spark Scala 代码，并编译打包，以供其他平台使用。

实验步骤：

1）打开 Intellij IDEA，选择 new → Project → Scala，单击 Next 按钮，在 New Project 界面中输入工程名 AlsAlgorithm，选择 JDK、SDK，单击 Finish 按钮，如图 6-60 所示。

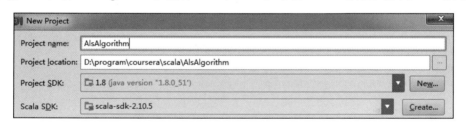

图 6-60 新建 AlsAlgorithm 工程界面

建立工程后，其工程结构如图 6-61 所示。

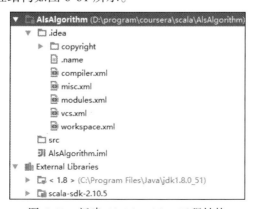

图 6-61 新建 AlsAlgorithm 工程结构

2）添加 Spark 包，参考 6.2.5 节配置 Spark，工程配置成功结果如图 6-62 所示。

图 6-62　AlsAlgorithm 配置好 Spark 包后的工程结构

3）在 src 下新建 als 包，并新建算法类（new → scala → object），具体代码如代码清单 6-17 所示。

代码清单6-17　ALSModelTrainer代码

```
package als

import org.apache.spark.mllib.recommendation._
import org.apache.spark.rdd.RDD
import org.apache.spark.{SparkConf, SparkContext}
/**
 * ALS 模型训练
 * Created  on 2016/8/4.
 */
object ALSModelTrainer {
  def main(args: Array[String]) {
    if(args.length!=6){
      System.err.println("Usage:als.ALSModelTrainner <ratings>" +
        " <output> <train_percent> <ranks> <lambda>" +
        " <iteration>")
      System.exit(-1)
    }
    val input: String = args(0)
    val output: String = args(1)
    val train_percent: Double = args(2).toDouble
    val ranks: Int = args(3).toInt
    val lambda: Double = args(4).toDouble
    val iteration: Int = args(5).toInt
    if(train_percent<=0.5 || train_percent>=1.0){
```

```scala
      System.err.println("train data size is not proper!")
      System.exit(-1)
    }
    // 1: read data and split to train and test
    val conf = new SparkConf().setAppName("train ALS Model ")
    val sc = new SparkContext(conf)
    val ratings = sc.textFile(input).map{
      line => val fields = line.split("::")
        val rating = Rating(fields(0).toInt,
          fields(1).toInt,fields(2).toDouble)
        val timestamp = fields(3).toLong %10
        (timestamp,rating)
    }
    // 2.split data to train and test
    // training data
    val training = ratings.filter(x=>x._1<10*train_percent)
      .values.cache()
    // testing data
    val testing = ratings.filter(x=>x._1>=10*train_percent)
      .values.cache()
    // 3. train the als model
    val model :MatrixFactorizationModel= ALS.train(training,ranks,iteration,lambda)
    // 4. calculate the RMSE
    val rmse = computeRMSE(model,testing)
    // 5. save result to output
    model.userFeatures.map(data =>
      (data._1+":"+data._2.mkString(",")))
      .saveAsTextFile(output+"/userFeatures")
    model.productFeatures.map(data =>
      (data._1+":"+data._2.mkString(",")))
      .saveAsTextFile(output+"/productFeatures")
    sc.parallelize(List(rmse),1).saveAsTextFile(output + "/rmse")
    // 6. close sc
    sc.stop()
}

/**
 * 计算模型误差
 * @param model 模型
 * @param data 测试数据集
 * @return
 */
def computeRMSE(model:MatrixFactorizationModel, data:RDD[Rating]): Double = {
    val usersProducts = data.map(x=>(x.user,x.product))
    val ratingsAndPredictions = data.map{
      case Rating(user,product,rating)=>
      ((user,product),rating)}
      .join(model.predict(usersProducts).map{
```

```
        case Rating(user,product,rating)=>((user,product),rating)}
    ).values
    math.sqrt(ratingsAndPredictions.map(x=>(x._1-x._2)*(x._1-x._2)).mean())
  }
}
```

4）添加 Artifact 包（算法输出 jar 包），首先依次单击 Project Structure → Artifacts → + → JAR → Empty，如图 6-63 所示；其次在弹出的对话框中，在 Name 中修改名字，双击 AlsAlgorithm 中的 'AlsAlgorithm'compile outout 选项，如图 6-64 所示；最后在弹出的对话框中单击 'AlsAlgorithm'compile outout → OK，如图 6-65 所示。

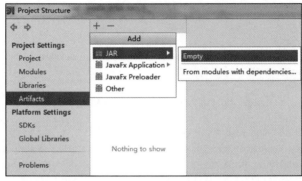

图 6-63　添加 Artifact 包 1

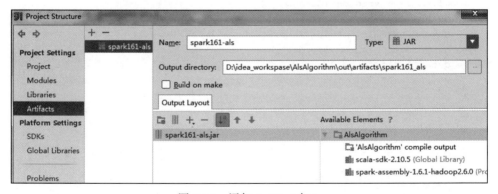

图 6-64　添加 Artifact 包 2

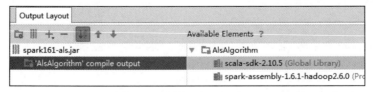

图 6-65　添加 Artifact 包 3

5）编译生成 Artifact，如图 6-66、图 6-67 所示。

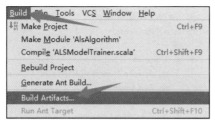
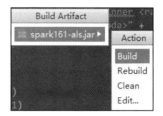

图 6-66　编译生成 Artifact 1　　　　图 6-67　编译生成 Artifact 2

生成 Artifact 后，在工程的目录结构中可看到生成的 Jar 包，如图 6-68 所示。

图 6-68　生成的算法是 Jar 包

在生成 Jar 包后，即可将该 Jar 包拷贝到 Web 工程中以供调用。

6.6.2　动手实践：完善推荐系统

本节使用简单 JavaEE 技术，对 Web 项目编写电影推荐系统。该电影推荐系统包括两个功能：其一，进行模型建立，用户可在设置建模所需参数后建立模型；其二，进行推荐，用户建立的模型对各用户进行推荐，此应用相对简单，输入用户 ID，并对该用户进行 Top 推荐即可。下文将详细说明具体的实验步骤。

1. 工程初步完善

1）参考第 4 章中建立 Web 工程的相关章节，在建立工程名为 Spark_ALS_Recommendation 的工程后，会建立如图 6-69 所示目录结构。

2）添加 Jar 包到 WebContent/WEB-INF/lib，主要包括 Guava 包、Spark 集成包以及我们自己编写的算法包，如图 6-70 所示。

其中，guava 包可在 Hadoop 的解压包 hadoop-2.6.0\share\hadoop\common\lib 中下载，而 spark-assembly-1.6.1-hadoop2.6.0.jar 包可在 Spark 的解压包中下载。但 spark 集成包会与 Tomcat 中的类相冲突，此时可参考图 6-71 进行修改。

3）修改主页 index.jsp（WebContent 目录下，如果没有则新建），添加相关页面展示，其代码如代码清单 6-18 所示。修改后，启动工程，访问即可看到修改后的首页，如图 6-72 所示。

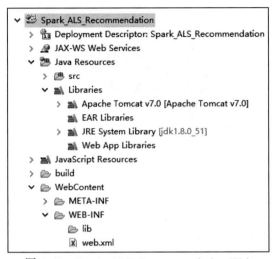 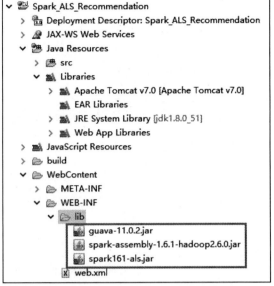

图 6-69　Spark_ALS_Recommendation Web 工程目录结构

图 6-70　Spark_ALS_Recommendation Web 工程目录结构（添加 Jar 包后）

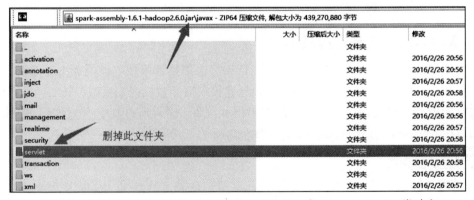

图 6-71　解决 spark-assembly-1.6.1-hadoop2.6.0.jar 与 Tomcat Servlet 类冲突

代码清单6-18　index.jsp

```
<%@ page language="java" contentType="text/html; charset=UTF-8"
    pageEncoding="UTF-8"%>
<!DOCTYPE html PUBLIC "-//W3C//DTD HTML 4.01 Transitional//EN" "http://www.w3.org/
    TR/html4/loose.dtd">
<html>
<head>
<meta http-equiv="Content-Type" content="text/html; charset=UTF-8">
<title>电影在线推荐系统</title>
</head>
<body>
```

```
<div style="padding-top: 30px">
    <h1 align="center">基于Spark ALS的电影推荐系统</h1>
    <div style="padding-left: 40px">
    <p >
        基于Spark ALS的电影推荐系统…
    </p>
        <a href="runAls.jsp">建立模型</a> <br> <br>
        <a href="recommend.jsp">推荐查询</a> <br><br>
    </div>
</div>
</body>
</html>
```

图 6-72　推荐系统首页

4）在 WebContent 目录下建立 runAls.jsp 文件，添加相关页面展示，其代码如代码清单 6-19 所示。修改后，启动工程，访问即可看到模型建立界面，如图 6-73 所示。

代码清单6-19　runALs.jsp

```
<%@ page language="java" contentType="text/html; charset=UTF-8"
    pageEncoding="UTF-8"%>
<!DOCTYPE html PUBLIC "-//W3C//DTD HTML 4.01 Transitional//EN" "http://www.
    w3.org/TR/html4/loose.dtd">
<html>
<head>
<meta http-equiv="Content-Type" content="text/html; charset=UTF-8">
<title>电影在线推荐系统#建模</title>
</head>
<body>
<div style="padding-top: 50px; text-align: center">
    <div>
        <h2>电影在线推荐系统#建立模型</h2>
    </div>
    <form action="RunALS" method="get">
    <!-- <input> <output> <train_percent> <ranks> <lambda> <iteration> -->
    <table border="0" align="center" style="padding: 20px">
        <tr>
            <td>输入路径（Rating.dat）：</td>
                <td><input type="text" name="input" id="input_id"></td>
        </tr>
        <tr >
```

```html
        <td>训练比重（0~1）：</td>
        <td>
            <select name="train_percent" id="train_percent_id">
                <option value="0.9" selected="selected">0.9</option>
                <option value="0.8">0.8</option>
                <option value="0.7" >0.7</option>
                <option value="0.6">0.6</option>
                <option value="0.5">0.5</option>
                <option value="0.4" >0.4</option>
                <option value="0.3">0.3</option>
            </select>
        </td>
    </tr>
    <tr >
        <td>矩阵分解秩：</td>
        <td>
            <select name="ranks" id="ranks_id">
                <option value="8" selected="selected">8</option>
                <option value="9">9</option>
                <option value="10" >10</option>
                <option value="11">11</option>
                <option value="12">12</option>
            </select>
        </td>
    </tr>
    <tr >
        <td>正则系数：</td>
        <td>
            <select name="lambda" id="lambda_id">
                <option value="0.001">0.001</option>
                <option value="0.003">0.003</option>
                <option value="0.01" selected="selected">0.01</option>
                <option value="0.03">0.03</option>
                <option value="0.1">0.1</option>
                <option value="0.3">0.3</option>
                <option value="1">1</option>
                <option value="3">3</option>
                <option value="10">10</option>
            </select>
        </td>
    </tr>
    <tr >
        <td>循环次数：</td>
        <td>
            <select name="iteration" id="iteration_id">
                <option value="20" selected="selected">20</option>
                <option value="9">9</option>
```

```
                    <option value="10" >10</option>
                    <option value="11">11</option>
                    <option value="12">12</option>
                    <option value="19">19</option>
                    <option value="15" >15</option>
                    <option value="21">21</option>
                    <option value="30">30</option>
                </select>
            </td>
        </tr>
        <tr style="text-align: left      ">
            <td><input type="submit" value="建模" ></td>
        </tr>
    </table>
</form>
</div>
</body>
</html>
```

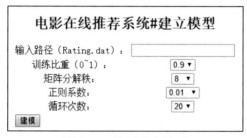

图 6-73　模型建立界面

5）在 WebContent 目录下建立 recommend.jsp 文件，添加相关页面展示，其代码如代码清单 6-20 所示。修改后，启动工程，访问即可看到修改后的首页，如图 6-74 所示。

代码清单6-20　recommend.jsp

```
<%@ page language="java" contentType="text/html; charset=UTF-8"
    pageEncoding="UTF-8"%>
<!DOCTYPE html PUBLIC "-//W3C//DTD HTML 4.01 Transitional//EN" "http://www.
    w3.org/TR/html4/loose.dtd">
<html>
<head>
<meta http-equiv="Content-Type" content="text/html; charset=GBK">
<title>电影在线推荐系统#推荐</title>
</head>
<body>
<div style="padding-top: 50px; text-align: center">
    <div>
        <h2>电影在线推荐系统#推荐</h2>
    </div>
```

```
            <form action="Recommend" method="get">
            <table border="0" align="center" style="padding: 20px">
                <tr >
                    <td>用户ID: </td>
                    <td><input type="text" name="user" id="uid"></td>
                </tr>
                <tr style="text-align: left         ">
                    <td><input type="submit" value="推荐" ></td>
                </tr>
            </table>
            </form>
        </div>
    </body>
</html>
```

2. 功能完善及核心实现

电影推荐系统核心功能为：设置参数、建立模型并应用模型进行推荐。

其中，设置参数，建立模型在 Web 程序中采用单线程调用模式，即直接调用后台算法，等待模型建立完成，再返回前台。这里涉及调用 Spark 运行其算法建模的代码，若要确定该代码，则需先确定使用哪种方式调用 Spark。由于在一般的企业应用中，大多使用 Spark On YARN 的方式进行调用，因此本节将采用此模式进行说明。

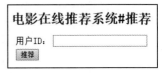

图 6-74　模型推荐界面

在进行模型推荐时，由于直接参考 Spark 算法编写的推荐算法程序，其运行速度要远比使用 Spark On YARN 的方式快，因此本节采用直接编写其实现代码的方式，而非调用 Spark 算法。那为什么在建立模型时不采用该方式呢？原因在于直接编写其 ALS 实现代码难度大，且 Spark On YARN 的调用方式的开销，与运行 ALS 算法的开销相比更小。

下面看看具体实现。

（1）基础模块

基础模块包括：Movies 电影缓存、Ratings 评分数据预处理代码、HDFS 与 YARN 连接代码、Spark On YARN 调用代码。

Movies 电影缓存主要指在推荐时可根据对应的推荐 ID 将电影的名称、相关标签等信息加载出来。由于数据在 HDFS 上，因此将涉及 HDFS 的读取问题。其核心代码如代码清单 6-21 所示，将电影数据按照 <Id,information> 的格式加载到一个 Map 中，最后还需获取所有电影的 Id 集合。

代码清单6-21　加载Movies数据到缓存

```
// 读取movies数据到：Map<movieId,Movie-descriptions>
    Path path = new Path(MOVIESDATA);
    FileSystem fs = FileSystem.get(getConf());
```

```java
        BufferedReader br = null;
        InputStreamReader inputReader = null;
        try {
            inputReader = new InputStreamReader(fs.open(path));
            br = new BufferedReader(inputReader);
            String line;
            String[] words = null;
            int id = -1;
            // MovieID::Title::Genres
            while ((line = br.readLine()) != null) {
                words = line.split(DOUBLECOLON);
                id = Integer.parseInt(words[0]);
                movies.put(id, new Movie(id, words[1], words[2]));
            }
            System.out.println("Movies data size:" + movies.size());
        } catch (Exception e) {
            e.printStackTrace();
        } finally {
            inputReader.close();
            br.close();
        }
// 得到所有电影Id
        allMovieIds = movies.keySet();
```

Ratings评分数据预处理主要指获取各个用户已进行评分的电影Id集合，该数据在推荐时用于电影过滤，只推荐用户没有进行评分的电影Id。其核心代码如代码清单6-22所示。

代码清单6-22　Ratings数据预处理

```java
// 读取ratings数据到Map<userid, ratedMoviesId> (not recommended)
        path = new Path(RATINGSDATA);
        try {
            inputReader = new InputStreamReader(fs.open(path));
            br = new BufferedReader(inputReader);
            String line;
            String[] words = null;
            int uid = -1;
            HashSet<Integer> movieIds = null;
            // UserID::MovieID::Rating::Timestamp
            while ((line = br.readLine()) != null) {
                words = line.split(DOUBLECOLON);
                uid = Integer.parseInt(words[0]);
                if (userWithRatedMovies.containsKey(uid)) {
                    userWithRatedMovies.get(uid).add(Integer.parseInt (words[1]));
                } else {
                    movieIds = new HashSet<>();
                    movieIds.add(Integer.parseInt(words[1]));
```

```
                userWithRatedMovies.put(uid, movieIds);
            }
        }
        System.out.println("Users data size:" + userWithRatedMovies.size());
    } catch (Exception e) {
        e.printStackTrace();
    } finally {
        inputReader.close();
        br.close();
    }
}
```

由于 Movies 及 Ratings 数据属于一些初始化的工作，因此在 Tomcat 系统启动时对其进行加载。Tomcat 启动时，在终端可看到类似代码清单 6-23 所示的日志信息，表中的斜体字为统计的电影及用户个数。

代码清单6-23　　Tomcat系统启动部分日志信息

```
……
信息: Creation of SecureRandom instance for session ID generation using [SHA1PRNG]
      took [141] milliseconds.
initial begin...
2016-10-08 13:47:09,055 WARN [org.apache.hadoop.util.NativeCodeLoader] - Unable
    to load native-hadoop library for your platform... using builtin-java classes
    where applicable
Movies data size:3883
Users data size:6040
initial end!
十月 08, 2016 1:47:37 下午 org.apache.coyote.AbstractProtocol start
信息: Starting ProtocolHandler ["http-bio-8080"]
……
```

获取 HDFS、YARN 连接需要设置 Configuration 类的参数，核心代码如代码清单 6-24 所示。

代码清单6-24　　Configuration参数设置代码

```java
/**
 * 获取Configuration配置文件
 * @return
 */
public static Configuration getConf() {
    if (configuration == null) {
        configuration = new Configuration();
        configuration.setBoolean("mapreduce.app-submission.cross-platform", true);
        configuration.set("fs.defaultFS", "hdfs://master:8020");
        configuration.set("mapreduce.framework.name", "yarn");
        configuration.set("yarn.resourcemanager.address", "master:8032");
        configuration.set("yarn.resourcemanager.scheduler.address", "master:8030");
        configuration.set("mapreduce.jobhistory.address", "master:10020");
    }
```

```
        return configuration;
    }
```

> **注意** 上面的代码中,机器名 master 需根据读者自己的集群实际情况进行配置。

Spark On YARN 通用调用代码主要为框架类代码,其核心代码如代码清单 6-25 所示。

代码清单6-25　Spark On YARN通用调用代码

```
/**
 * 调用Spark
 * @param args
 * @return
 */
public static boolean runSpark(String[] args) {
    try {
        System.setProperty("SPARK_YARN_MODE", "true");
        SparkConf sparkConf = new SparkConf();
        sparkConf.set("spark.yarn.jar", "hdfs://master:8020/user/root/spark-
            assembly-1.6.1-hadoop2.6.0.jar");
        sparkConf.set("spark.yarn.scheduler.heartbeat.interval-ms", "1000");
        ClientArguments cArgs = new ClientArguments(args, sparkConf);
        new Client(cArgs, getConf(), sparkConf).run();
    } catch (Exception e) {
        e.printStackTrace();
        return false;
    }
    return true;
}
```

> **注意** spark-assembly-1.6.1-hadoop2.6.0.jar 需提前上传到 HDFS,同时这里上传的为原生文件。若上传的为修改后的 Jar 包,则会报 java.lang.NoClassDefFoundError: javax/servlet/http/HttpServlet 错误。

在代码清单 6-25 中,sparkConf.set 中的两条语句是可修改的,其中,第 1 句用于指明 spark-assembly jar 包所在的地址;若不对其指明,那么在 Web 项目中将直接上传 WebContent/WEB-INF/lib 下对应的包到 HDFS 的临时目录中,并调用具体算法;为了减少不必要的上传开销,可直接指明其 HDFS 地址。第 2 句 SparkConf 的设置用于获取心跳时间间隔,一般情况下,可使用默认值(默认为 5 秒);若等待时间较长,同时集群网络较好时,可以将该值调小,如代码中设置为 1 秒。

(2)建立模型模块

由于 Spark On YARN 通用代码在上面已进行说明,这里不再过多介绍。本节对其涉及的参数设置进行具体说明。代码清单 6-26 所示为 Spark ALS 算法调用的驱动类。

代码清单6-26　Spark ALS调用驱动代码

```
//<input> <output> <train_percent> <ranks> <lambda> <iteration>
public static boolean runALS(String input,String output,String train_percent,String
    ranks,String lambda,
        String iteration) throws IllegalArgumentException, IOException{
    String[] runArgs=new String[]{
            "--name","ALS Model Train ",
            "--class","als.ALSModelTrainer",
            "--driver-memory","1g",
            "--num-executors", "2",
            "--executor-memory", "864m",
            "--jar","hdfs://node1:8020/user/root/spark161-als.jar",//
        "--files","hdfs://node1:8020/user/root/yarn-site.xml",
            "--arg",input,
            "--arg",output,
            "--arg",train_percent,
            "--arg",ranks,
            "--arg",lambda,
            "--arg",iteration
    };
    FileSystem.get(Utils.getConf()).delete(new Path(output), true);
    return Utils.runSpark(runArgs);
}
```

代码清单 6-26 中的参数解释如下。

- --name：读者可以自定义，为算法在 YARN 任务中的名字。
- --class：不可修改，与代码清单 6-17 中的相关包以及类对应。
- --driver-memory, --num-executors,--executor-memory：运行 Spark ALS 算法需要的资源，读者可根据自己集群的实际情况进行配置。
- --jar：此参数根据实际 jar 包所在路径配置即可。与前文提到的 sparkConf.set 中 Jar 包类似，若不进行配置，则将 WebContent/WEB-INF/lib 目录下的对应 Jar 包上传到 HDFS 临时目录中。
- --files：这里需要指明 yarn-site.xml 文件所在的地址，同时把集群的该文件上传到 HDFS 中。若不进行设置，当 Spark 的 Application Master 任务与 YARN Resource-manager 不在同一个节点时，将读取不到配置文件。
- --arg：Spark ALS 算法的实际参数，该参数与代码清单 6-17 中的参数一一对应。

在界面中使用的参数：循环次数：20；秩个数：10；lambda 值：0.01；训练数据比重：90%。经过训练后，可看到界面的提示如图 6-75 所示。

同时，在输出目录中可看到如图 6-76 所示的文件夹，即建立模型后的相关文件，并在进行推荐时需用到该文件。同时该文件夹也可在基础模块的 Utils 类中配置，若在建模过程中报类似 HDFS 没有写入的权限时，则可修改此目录或增加该目录的相应权限。

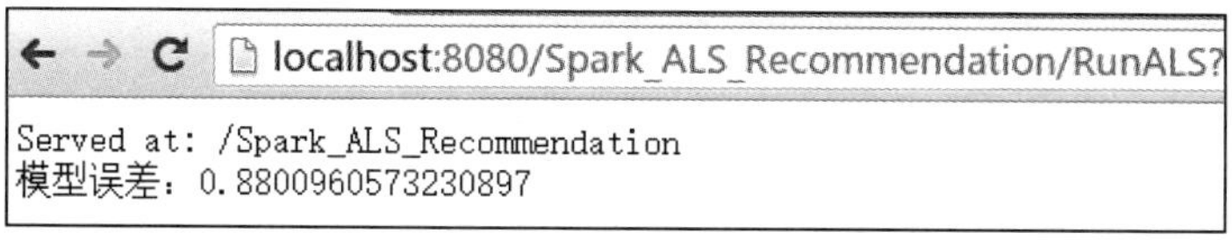

图 6-75　模型训练后结果

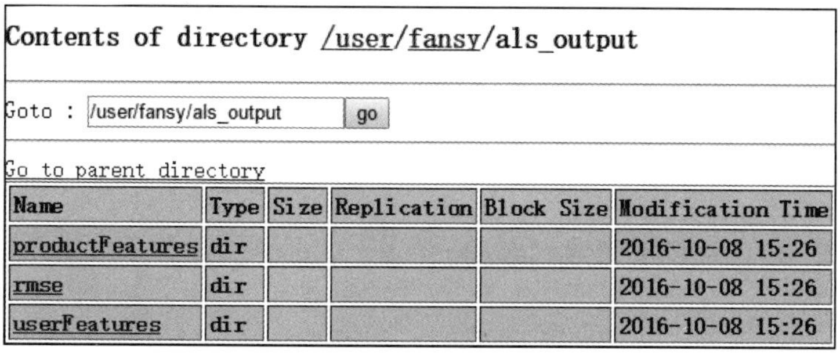
Contents of directory /user/fansy/als_output

Goto : /user/fansy/als_output go

Go to parent directory

Name	Type	Size	Replication	Block Size	Modification Time
productFeatures	dir				2016-10-08 15:26
rmse	dir				2016-10-08 15:26
userFeatures	dir				2016-10-08 15:26

图 6-76　Spark ALS 模型相关文件夹

（3）推荐模块

本文简单将推荐模块功能设计为：提供一个用户 ID，根据此 ID 为用户推荐 Top 电影。在推荐时，后台的实现采用参考 Spark ALS 算法自行编写代码的方式，而非直接调用 Spark 相关接口。

Spark ALS 推荐流程为：首先，根据用户 ID，获取所有该用户已进行评价的电影，然后使用该电影集合过滤所有电影 ID，得到候选电影 ID 集合；然后，找到用户特征向量，使用用户特征向量和候选电影 ID 集合中，对各电影特征向量做乘积后得到各电影的相应评分，取出其评分最高的 10 个作为返回值。该推荐流程的核心代码如代码清单 6-27 所示。

代码清单6-27　Spark ALS推荐实现代码

```
/**
 * 预测 如果没有初始化，则进行初始化
 * @param uid
 * @return
 */
public static List<Movie> predict(int uid) {
    if (userFeatures.size() <= 0 || productFeatures.size() <= 0) {
        try {
            userFeatures = getModelFeatures(userFeaturePath);
            productFeatures = getModelFeatures(productFeaturePath);
        } catch (IOException e) {
            return null;
        }
        if (userFeatures.size() <= 0 || productFeatures.size() <= 0) {
            System.err.println("模型加载失败!");
            return null;
        }
```

```java
}
// 使用模型进行预测
// 找到uid没有评价过的movieIds
Set<Integer> candidates = Sets.difference((Set<Integer>) allMovieIds,
    userWith-RatedMovies.get(uid));
// 构造推荐排序堆栈
FixSizePriorityQueue<Movie> recommend = new FixSizePriorityQueue<Movie>(TOPN);
Movie movie = null;
double[] pFeature = null;
double[] uFeature = userFeatures.get(uid);
double score = 0.0;
BLAS blas = BLAS.getInstance();
for (int candidate : candidates) {
    movie = movies.get(candidate);
    pFeature = productFeatures.get(candidate);
    if(pFeature==null) continue;
    score = blas.ddot(pFeature.length, uFeature, 1, pFeature, 1);
    movie.setRated((float) score);
    recommend.add(movie);
}
return recommend.sortedList();
}
```

在代码清单 6-27 中可看到，用户特征向量及电影特征向量可从模型训练的相关文件中直接读取。同时，在进行 Top 电影求解时，并非针对所有电影做排序，而是采用一个堆栈实现。例如，针对用户 3 进行推荐，得到的结果如图 6-77 所示。

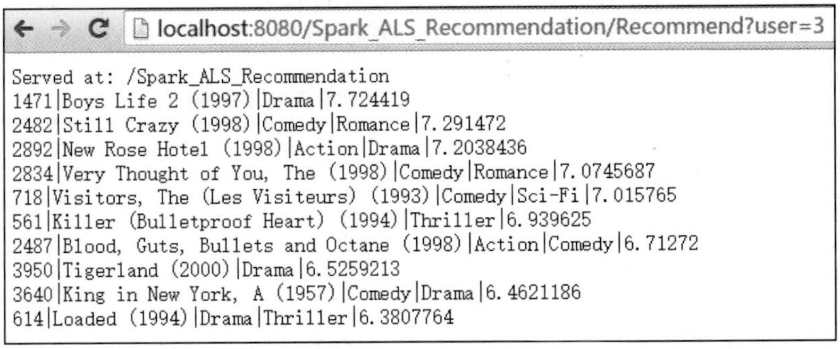

```
← → C    localhost:8080/Spark_ALS_Recommendation/Recommend?user=3

Served at: /Spark_ALS_Recommendation
1471|Boys Life 2 (1997)|Drama|7.724419
2482|Still Crazy (1998)|Comedy|Romance|7.291472
2892|New Rose Hotel (1998)|Action|Drama|7.2038436
2834|Very Thought of You, The (1998)|Comedy|Romance|7.0745687
718|Visitors, The (Les Visiteurs) (1993)|Comedy|Sci-Fi|7.015765
561|Killer (Bulletproof Heart) (1994)|Thriller|6.939625
2487|Blood, Guts, Bullets and Octane (1998)|Action|Comedy|6.71272
3950|Tigerland (2000)|Drama|6.5259213
3640|King in New York, A (1957)|Comedy|Drama|6.4621186
614|Loaded (1994)|Drama|Thriller|6.3807764
```

图 6-77 用户 3 推荐结果

6.7 本章小结

本章首先简要概括了 Spark 及其生态系统，包括 Spark MLlib、Spark SQL、Spark Streaming、Spark GraphX 等。其次提供一个实际集群的配置及使用方式的简介，并在此基础上，给出两个动手实践内容，让读者对 Spark 开发及简单的实例有一个直观的印象。

本章详细介绍了 Spark 的核心架构、原理，包括 RDD 原理、Spark 任务提交流程等。同时，对 Spark 编程技巧进行详细讲解，使读者可独立开发所需程序。由于 Spark 涵盖众多模块，且每个模块的内容涉及广泛，因此本章不进行一一讲解，只提供 Spark MLlib 中的 ALS 算法学习方法，希望读者可以举一反三，培养动手学习能力。并且结合 JavaEE 相关知识，应用 Spark ALS 算法，建立了一个简单的电影推荐系统，以提高读者在实际项目中运用 Spark 相关知识的能力，并为读者提供一个企业实际项目应用 Spark、开发 Spark 的真实体验。

第 7 章

大数据工作流——Oozie

在大数据工作环境中，有时需要把多个任务（如 MR 任务、Hive 任务、Pig 任务、Spark 任务等）进行一定的逻辑整合，从而形成工作流。当然，把多个任务进行整合也可以使用脚本的形式（如在 Linux 中使用 cron 表达式等），但是，这样的脚本比较难维护，同时，多个任务其监控也难以整合。但使用 Oozie 就不会有这样的问题，Oozie 使用标准的 XML 文件来定义大数据工作流，文件简单易理解，搭配 Oozie 特有的工作流监控（Tomcat Web 平台界面）让用户可以很直观地看到工作流中各个任务的状态以及总任务的状态。

本章中，向读者介绍 Oozie 这一组件的基本概念及其核心设计理念，通过 Oozie 编译、安装配置的详细过程，让读者可以有一个动手实践的环境。然后通过大量丰富的动手实践，让读者能够快速掌握 Oozie 的使用，方便地把 Oozie 应用到自己的大数据工作流中。

7.1　Oozie 简介

Oozie 是一个开源的 Apache 项目，提供 Hadoop 任务的调度和管理。Oozie 不仅可以管理 MapReduce 任务，还可以管理 Pig、Hive、Sqoop、Spark 等任务。

Oozie 是一个 Java Web 应用，部署在 Tomcat 服务器上，启动部署了 Oozie 的 Tomcat 后，就可以在 Oozie 的客户端使用命令提交相关的工作流任务了。

简单地说，Oozie 就是一个工作流引擎，只不过它是一个基于 Hadoop 的工作流引擎。在实际工作中，遇到对数据进行一连串的操作的时候很实用，不需要自己写一些流程处理代码，只需要定义好各个 Action，然后把它们串在一个工作流里面，设置好触发条件就可以自动执行了。对于复杂的大数据分析工作非常有用。

Oozie 有两个主要的组件。
- 工作流定义组件（Oozie Workflow）：一系列 Action 的列表（在 workflow.xml 中定义）。
- 调度器组件（Oozie Coordinator）：可调度的 WorkFlow（在 coordinator.xml 中定义）。

其中，Action 是指一个任务（节点），比如 MapReduce 任务、Pig 任务、Hive 任务等；而 WorkFlow 就是定义了一个 DAG 的任务图，而调度器则是可以决定在某个时间或符合某种条件来执行已经定义的 DAG 任务图的组件。

7.2 编译配置并运行 Oozie

7.2.1 动手实践：编译 Oozie

Oozie 在安装使用前需要根据 Hadoop 集群中安装软件的版本进行编译的工作，否则可能会因为版本不一致，导致任务执行失败。如果读者使用网上下载的已编译好的 Oozie 压缩包，那么读者的 Hadoop 集群中所安装的软件版本需要和编译者的版本保持一致。本书中使用到的软件版本如表 7-1 所示。

表 7-1 Hadoop 集群安装软件版本列表

软 件 名 称	版 本	软 件 名 称	版 本
Oozie	4.2.0	Maven	3.2
Hadoop	2.6.0	JDK	1.7
Spark	1.6.1	Zookeeper	3.4.6
Hive	1.2.1	HBase	1.1.2
Pig	0.15.0	MySQL	5.6

本书中使用的 Hadoop、Spark、HBase 集群，Hive、Pig 等拓扑参考前面的章节，Oozie 部署在 slave2 节点上。

编译准备步骤如下：

1）安装 Tomcat，为保证编译顺利，Tomcat 版本必须是 7.0 以上。

2）从 Apache 官方网站下载 Oozie4.2.0 版本（如果读者下载其他版本，则需要注意各个版本之间的差异）。

3）将下载的压缩包解压到集群中任意节点合适的位置，本书的位置是节点 slave2 下的 /usr/local 目录。命令如下：

```
tar -zxf oozie-4.2.0.tar.gz -C /usr/local
```

4）修改解压后 Oozie 的 pom.xml 文件。命令如下：

```
vim /usr/local/oozie-4.2.0/distro/pom.xml
```

在文件中找到 <get src="http://archive.apache.org/dist/tomcat/tomcat-6，修改为 <get src="http://archive.apache.org/dist/tomcat/tomcat-7，其实也就是把 Tomcat 的版本从 6 设置为 7 而已。

5）修改 Maven 的 setting.xml 文件中的仓库配置，如代码清单 7-1 所示。

代码清单7-1　Maven仓库配置

```
<mirror>
    <id>nexus-osc</id>
    <name>OSChina Central</name>
    <url>http://maven.oschina.net/content/groups/public/</url>
    <mirrorOf>*</mirrorOf>
</mirror>
```

> **注意** 本书中使用是开源中国的库，如果读者在编译过程中无法连接远程仓库或者连接缓慢，可修改此配置文件，更换其他的仓库镜像或使用本地仓库。

6）以上准备工作就绪后，就可以进入 Oozie 目录，使用下面的命令进行编译。命令如下：

```
bin/mkdistro.sh -DskipTests -Phadoop-2 -Dhadoop.auth.version=2.6.0 -Ddistcp.version=2.6.0 -Dspark.version=1.6.1 -Dpig.version=0.15.0 -Dtomcat.version=7.0.52
```

> **注意** 如果在编译的时候需要加入 HBase 或者 Hive 支持，那么需要指明匹配的版本。同时，编译过程需要下载大量依赖 Jar 包，耗时比较长，请耐心等待。编译成功最后会在 /usr/local/oozie-4.2.0/distro/target 目录下生成编译好的 oozie-4.2.0-distro.tar.gz 压缩包。

7.2.2　动手实践：Oozie Server/client 配置

1. 服务器配置及启动

Oozie Server 配置其实就是 Tomcat 的配置，其配置步骤如下。

1）把 7.2.1 节编译好的压缩包 oozie-4.2.0-distro.tar.gz 拷贝到需要部署 Oozie 的节点上，即 slave2 节点。

2）将 oozie-4.2.0-distro.tar.gz 解压到合适的位置，本书的位置是 /usr/local/Oozie。命令如下：

```
tar -zxf oozie-4.2.0-distro.tar.gz -C /usr/local/Oozie
```

3）修改环境变量，在 /etc/profile 文件中加入 OOZIE_HOME 这个环境变量。内容如下：

```
export OOZIE_HOME=/usr/local/Oozie/oozie-4.2.0
export PATH=$PATH:#OOZIE_HOME/bin
```

然后执行 source /etc/profile 命令，使配置即时生效。

4）在 oozie-4.2.0 目录下新建 libext 目录，并把下载好的 ext-2.2.jar 拷贝到该目录下（该文件需要提前下载，并且版本一定要是 2.2 的，如果读者使用的 Oozie 的版本不是 4.2.0

的，那么就需要自己去实验使用 ext 的哪个版本）。

拷贝 Hadoop 相关 Jar 包（Hadoop 根目录下面的 share/hadoop 目录下面的 Jar 以及 share/hadoop/*/lib 目录下面的 Jar 包）到 libext 目录下。命令如下：

```
cp $HADOOP_HOME/share/hadoop/*/*.jar /usr/local/Oozie/oozie-4.2.0/libext/
cp $HADOOP_HOME/share/hadoop/*/lib/*.jar /usr/local/Oozie/oozie-4.2.0/libext/
```

注意需要把 Hadoop 与 Tomcat 冲突的 Jar 包删掉或者进行重命名。命令如下：

```
mv servlet-api-2.5.jar servlet-api-2.5.jar.bak
mv jsp-api-2.1.jar jsp-api-2.1.jar.bak
mv jasper-compiler-5.5.23.jar jasper-compiler-5.5.23.jar.bak
mv jasper-runtime-5.5.23.jar jasper-runtime-5.5.23.jar.bak
```

将下载好的 MySQL 驱动 Jar 包（参考 Hive 对应章节）拷贝到 libext 目录下。命令如下：

```
cp mysql-connector-java-5.1.25-bin.jar /usr/local/Oozie/oozie-4.2.0/libext/
```

5）配置数据库连接，文件是 /usr/local/Oozie/oozie-4.2.0/conf/oozie-site.xml，内容如代码清单 7-2 所示。

代码清单7-2　oozie-site.xml示例文件

```
<property>
    <name>oozie.service.JPAService.create.db.schema</name>
    <value>true</value>
</property>
<property>
    <name>oozie.service.JPAService.jdbc.driver</name>
    <value>com.mysql.jdbc.Driver</value>
</property>
<property>
    <name>oozie.service.JPAService.jdbc.url</name>
    <value>jdbc:mysql://master:3306/oozie?createDatabaseIfNotExist=true</value>
</property>
<property>
    <name>oozie.service.JPAService.jdbc.username</name>
    <value>root</value>
</property>
<property>
    <name>oozie.service.JPAService.jdbc.password</name>
    <value>root</value>
</property>
<property>
    <name>oozie.service.HadoopAccessorService.hadoop.configurations</name>
    <value>*=/usr/local/hadoop-2.6.0/etc/hadoop</value>
</property>
```

> **注意** 最后一个配置，配置 Hadoop 所在的路径，是必需的，否则在实际运行调度的时候，任务就会报 File /user/root/share/lib does not exist 的错误。

6) 启动前的初始化。

① 打 war 包。

```
bin/oozie-setup.sh prepare-war
```

② 初始化数据库。

```
bin/ooziedb.sh create -sqlfile oozie.sql -run
```

执行完成后，查看 Oozie 数据库，即可看到如图 7-1 所示的相关表，就说明该初始化步骤执行成功。

③ 修改 oozie-4.2.0/oozie-server/conf/server.xml 文件，注释掉下面的记录：

图 7-1 oozie 数据库初始化后的相关表

```
<!--<Listener className="org.apache.catalina.mbeans.ServerLifecycleListener" />-->
```

④ 上传 jar 包。

```
bin/oozie-setup.sh sharelib create -fs hdfs://master:8020
```

7) 安装配置好 Oozie 后，执行启动命令（先要进入 $OOZIE_HOME 目录）。命令如下：

```
bin/oozied.sh start
```

Oozie 正确启动后，在浏览器中即可看到该 Tomcat 工程的首页，如图 7-2 所示。其端口号为 11000。

图 7-2 Oozie 工程首页

2. 客户端安装

Oozie Server 安装后在安装的节点上面即可使用 Oozie Client 上的所有功能（即提交任务）。如果想要在其他节点上也使用 Oozie 来提交任务，那么只要在那些节点上安装 Oozie Client 即可。

安装步骤如下：

1）在 $OOZIE_HOME 目录中找到 Oozie 客户端文件 oozie-client-4.2.0.tar.gz，将它复制到需要安装 Oozie 客户端的节点上。

2）将客户端压缩包文件解压到合适的位置，本书的位置是 /usr/local/Oozie。命令如下：

```
tar zxvf oozie-client-4.2.0.tar.gz -C /usr/local/Oozie
```

3）在 /etc/profile 中添加环境变量。如下所示：

```
export OOZIE_URL=http://slave2:11000/oozie
export OOZIE_CLIENT_HOME=/usr/local/Oozie/oozie-client-4.2.0
```

 其中的 slave2 指的是部署 Oozie Server 所在的机器名。

4）然后就可以在客户端直接使用 Oozie 命令来操作了。例如：可以使用如下命令来提交一个配置好的任务。

```
oozie job -oozie http://slave2:11000/oozie -config
/data/installers/examples/apps/sqoop/job.properties -run
```

 Oozie 工作流管理是基于 Hadoop 集群的，所以在使用 Oozie 前需要修改 Hadoop 集群的 core-site.xml 文件，添加内容如代码清单 7-3 所示。

代码清单7-3　core-site.xml添加Oozie支持

```xml
<property>
    <name>hadoop.proxyuser.[USER].hosts</name>
    <value>*</value>
</property>
<property>
    <name>hadoop.proxyuser.[USER].groups</name>
    <value>*</value>
</property>
```

其中，[USER] 需要改为启动 Oozie tomcat 的用户，修改完配置后，需要重新启动集群使配置生效。如果想不重启集群而使配置生效，需要在 Hadoop 集群执行如下命令：

```
hdfs dfsadmin -refreshSuperUserGroupsConfiguration
yarn rmadmin -refreshSuperUserGroupsConfiguration
```

7.3　Oozie WorkFlow 实践

本小节中包含了 MapReduce、Pig、Hive、Spark 的 Oozie 工作流实验，通过实验，使读者更好地理解和掌握 Oozie 的各种任务流定义及使用。

7.3.1　定义及提交工作流

Oozie 定义了一种基于 XML 的 hPDL（Hadoop Process Definition Language）来描述工作流（WorkFlow）的有向无环图。在工作流中定义了如下两种节点：

- 控制流节点（Control Flow Nodes）：用于定义逻辑判断，从而运行正确的工作流分支。
- 动作节点（Action Nodes）：用于执行任务的节点。

其中，控制流节点定义了流程的开始（Start）和结束（End），以及控制流程的执行路径（Execution Path），而动作节点包括 Hadoop 任务、Oozie 子流程等。

Oozie 工作流中一般有多个 Action，如 Hadoop MapReuce Job Hadoop Pig Job 等，所有的 Action 以有向无环图的模式部署运行。所以在 Action 的运行步骤上是有方向的，只能在上一个 Action 运行完成后才能运行下一个 Action，如图 7-3 所示。

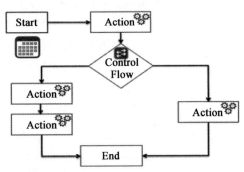

如果要定义一个完整的 Oozie 工作流，那么通常需要编写下面 3 个文件。

1）workflow.xml（必需）：定义工作流任务（需要放到 HDFS 上）。

2）config-default.xml（可选项）：包含所有工作流可共享的属性值，可选项。

3）job.properties（必需）：针对每个工作流的属性值（放在客户端即可）。

图 7-3　Oozie 工作流有向无环图示例

为了方便读者更好地理解上面的描述，这里介绍一个大家都比较熟悉的 Hadoop 界的"Hello World"——WordCount 的例子。首先，其工作流程图如图 7-4 所示。

接着，根据该单词计数流程，编写 workflow.xml 文件，其代码如代码清单 7-4 所示。

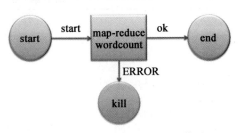

图 7-4　WordCount Oozie 工作流

代码清单7-4　WordCount workflow.xml

```xml
<workflow-app name='wordcount-wf' xmlns="uri:oozie:workflow:0.1">
    <start to='wordcount'/>
    <action name='wordcount'>
        <map-reduce>
            <job-tracker>${resourceManager}</job-tracker>
            <name-node>${nameNode}</name-node>
            <configuration>
                <property>
                    <name>mapred.mapper.class</name>
                    <value>org.myorg.WordCount.Mapper</value>
                </property>
                <property>
                    <name>mapred.reducer.class</name>
                    <value>org.myorg.WordCount.Reduce</value>
                </property>
                <property>
                    <name>mapred.input.dir</name>
                    <value>${inputDir}</value>
                </property>
```

```xml
            <property>
                <name>mapred.output.dir</name>
                <value>${outputDir}</value>
            </property>
        </configuration>
    </map-reduce>
    <ok to='end'/>
    <error to='end'/>
</action>
<kill name='kill'>
    <message>Something went wrong: ${wf:errorCode('wordcount')}</message>
</kill>
<end name='end'/>
</workflow-app>
```

这个 XML 文件就是对图 7-4 的描述，如果读者熟悉 Hadoop 编程的话，那么对上面的内容理解起来应该不难。当然，这里只有一个 MapReduce 任务，试想如果一个系统需要执行更加复杂的逻辑，比如对应很多个 MR，那么就需要定义其他类似的动作节点（Action Nodes）。

最后就是编写 job.properties 文件了，该文件直接放在客户端即可，不需要传送到 HDFS 上。本例中，job.properties 文件内容如代码清单 7-5 所示。

代码清单7-5　WordCount job.properties文件

```
# Hadoop ResourceManager
resourceManager=master:8032
# Hadoop fs.default.name
nameNode=hdfs://master:8020/
inputDir=/user/root/
outputDir=/user/root/mr_demo/output
```

 "#" 开始的行为注释行。

在 Oozie 工作流中可以进行参数化。比如在代码清单 7-4 中像 ${inputDir}、${output-Dir} 之类的变量，这些变量就可以通过 job.properties 配置对应参数，这样在启动任务时就会将这些配置参数传入工作流中。另外，在 workflow.xml 中还需要配置集群的参数，如 <job-tracker>、<name-node> 等，为了该配置文件的通用性（即可以提交任务到不同的集群中），一般情况下都会把这些参数同样作为一个变量，然后在 job.properties 中进行传参。

在定义好相关工作流文件后，在 Oozie Client 中直接提交任务后，即可执行任务。Oozie Client 提交工作流任务非常简单，直接使用下面的命令就可以提交和执行工作流。

```
oozie job -config job.properties -run
```

 如果要查看具体命令用法可以使用命令：oozie help job。

7.3.2 动手实践：MapReduce WorkFlow 定义及调度

本小节介绍 MapReduce WorkFlow 的定义及调度，如同前面内容所述，我们需要先定义工作流相关文件，然后再通过命令行提交任务。本次实现的同样是单词计数，不过使用的类是 Hadoop 自带的相关类。实验内容详细过程如下：

1）实验前先确认 Oozie Server 已经正确启动。

2）定义 MapReduce WorkFlow 所需要的配置文件，分别如代码清单 7-6、代码清单 7-7 所示。

代码清单7-6　MapReduce workflow.xml

```xml
<workflow-app xmlns="uri:oozie:workflow:0.2" name="map-reduce-wf">
    <start to="mr-node"/>
    <action name="mr-node">
        <map-reduce>
            <job-tracker>${resourceManager}</job-tracker>
            <name-node>${nameNode}</name-node>
            <prepare>
                <delete path="${nameNode}/user/${wf:user()}/workflow/mr_demo/
                    output"/>
            </prepare>
            <configuration>
                <property>
                    <name>mapreduce.job.queuename</name>
                    <value>${queueName}</value>
                </property>
                  <property>
                        <name>mapred.mapper.new-api</name>
                        <value>true</value>
                  </property>
                  <property>
                        <name>mapred.reducer.new-api</name>
                        <value>true</value>
                  </property>
                  <property>
                        <name>mapreduce.job.map.class</name>
                        <value>org.apache.hadoop.examples.WordCount$Tokenizer-
                            Mapper</value>
                  </property>
                  <property>
                        <name>mapreduce.job.reduce.class</name>
                        <value>org.apache.hadoop.examples.WordCount$IntSum-
                            Reducer</value>
                  </property>
                  <property>
                        <name>mapreduce.job.inputformat.class</name>
                        <value>org.apache.hadoop.mapreduce.lib.input.TextInput-
```

```xml
                    Format</value>
                </property>
                <property>
                    <name>mapreduce.job.outputformat.class</name>
                    <value>org.apache.hadoop.mapreduce.lib.output.TextOutputFormat</value>
                </property>
                <property>
                    <name>mapreduce.job.output.key.class</name>
                    <value>org.apache.hadoop.io.Text</value>
                </property>
                <property>
                    <name>mapreduce.job.output.value.class</name>
                    <value>org.apache.hadoop.io.IntWritable</value>
                </property>
                <property>
                    <name>mapreduce.job.reduces</name>
                    <value>${reducer}</value>
                </property>
                <property>
                    <name>mapreduce.input.fileinputformat.inputdir</name>
                    <value>${input}</value>
                </property>
                <property>
                    <name>mapreduce.output.fileoutputformat.outputdir</name>
                    <value>/user/${wf:user()}/workflow/mr_demo/output</value>
                </property>
            </configuration>
        </map-reduce>
        <ok to="end"/>
        <error to="fail"/>
    </action>
    <kill name="fail">
        <message>Map/Reduce failed, error message[${wf:errorMessage(wf:lastErrorNode())}]</message>
    </kill>
    <end name="end"/>
</workflow-app>
```

代码清单7-7　MapReduce job.properties

```
# work folder
oozie.wf.application.path=hdfs://slave2:8020/user/root/workflow/mr_demo/wf
#Hadoop ResourceManager
resourceManager=master:8032
#Hadoop fs.default.name
nameNode=hdfs://master:8020/
#Hadoop mapred.queue.name
queueName=default
```

```
# other properties
reducer=2
input=/user/root/mr_words.txt
```

3）在 Oozie 客户端目录（如 /root/oozie_demos/mr）下建立 workflow.xml 和 job.properties 文件，其内容如代码清单 7-6、代码清单 7-7 所示。

4）验证 workflow.xml 的格式正确性。命令如下：

```
oozie validate workflow.xml
```

如验证成功，则会出现"Valid workflok-app"的提示字样；否则提示对应的错误。

5）在 HDFS 上新建目录：/user/root/workflow/mr_demo/wf（注意需要和 job.properties 中的 oozie.wf.application.path 属性值对应），并且上传经过验证的 workflow.xml 文件到此目录。上传完成后，查看上传的文件：

```
[root@master mr]# hadoop fs -ls /user/root/workflow/mr_demo/wf
Found 1 items
-rw-r--r--   1 root supergroup       2625 2016-03-28 16:07 /user/root/workflow/
    mr_demo/wf/workflow.xml
```

6）上传文件 oozie/data/mr_words.txt 到 HDFS 的 /user/root/mr_words.txt 目录（此目录和 job.properties 中的 input 对应）。

7）运行该工作流任务。

```
[root@master mr]# oozie job -config job.properties -run
job: 0000002-160328152441660-oozie-root-W
```

> **注意** 提交任务后，就会有一个 Job ID 打印，如上所示的"0000002-160328152441660-oozie-root-W"。

8）查看任务状态。

① 使用命令 oozie job -info 查询（需要提供 Job ID）。

```
[root@master mr]# oozie job -info 0000002-160328152441660-oozie-root-W
Job ID : 0000002-160328152441660-oozie-root-W
------------------------------------------------------------------------------------
Workflow Name : map-reduce-wf
App Path      : hdfs://slave2:8020/user/root/workflow/mr_demo/wf
Status        : RUNNING
Run           : 0
User          : root
Group         : -
Created       : 2016-03-28 08:25 GMT
Started       : 2016-03-28 08:25 GMT
Last Modified : 2016-03-28 08:25 GMT
Ended         : -
CoordAction ID: -
```

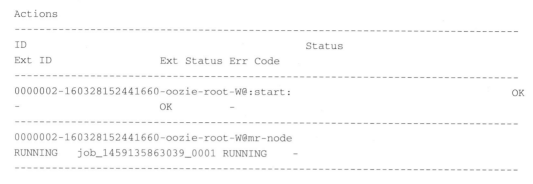

② 在浏览器中访问 http://slave2:11000/oozie 即可查看到所有的任务，找到对应 ID 的任务，单击即可查看该任务，如图 7-5 所示。

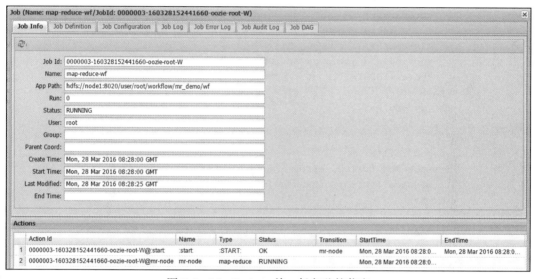

图 7-5　MapReduce 单一任务监控信息

9）查看单词计数的输出结果：在浏览器或终端中直接查看 HDFS 目录 /user/root/workflow/mr_demo/output（此目录在 workflow.xml 中配置），即可看到单词计数的输出结果。

思考：

1）查看 hadoop job 对应的记录，查看任务名是什么？

2）查看 hadoop job 对应记录，查看任务 reducer 个数是多少，为什么？

7.3.3　动手实践：Pig WorkFlow 定义及调度

本小节介绍 Pig WorkFlow 的定义及调度，主要是指使用 Oozie 来执行 Pig 脚本的过程。在执行调度前，需要先定义好 Pig 脚本，该 Pig 脚本已经预先写好，读者可以直接参考即可。该 Pig 脚本完成的任务是读取一个数据，该数据中有年龄字段，需要根据年龄的不同来进行数据过滤。实验内容详细过程如下：

1）实验前先确认 Oozie Server 已经正确启动。

2）参考代码清单 7-8、代码清单 7-9、代码清单 7-10 编写文件 workflow.xml、job.properties、pig_job.pig 文件，并上传至 Oozie 客户端目录，如 /root/oozie_demos/pig 目录。

代码清单7-8　Pig Job workflow.xml

```xml
<workflow-app xmlns="uri:oozie:workflow:0.2"
name="whitehouse-workflow-pig">
<start to="pig_job"/>
    <action name="pig_job">
        <pig>
            <job-tracker>${resourceManager}</job-tracker>
            <name-node>${nameNode}</name-node>
            <prepare>
                <delete path="/user/root/workflow/pig_demo/output"/>
            </prepare>
            <script>pig_job.pig</script>
            <param>INPUT=${input}</param>
        </pig>
        <ok to="end"/>
        <error to="fail"/>
    </action>
    <kill name="fail">
        <message>Job failed, error
            message[${wf:errorMessage(wf:lastErrorNode())}]
        </message>
    </kill>
    <end name="end"/>
</workflow-app>
```

代码清单7-9　Pig Job job.properties

```
oozie.wf.application.path=hdfs://slave2:8020/user/root/workflow/pig_demo/wf
oozie.use.system.libpath=true
#Hadoop ResourceManager
resourceManager=master:8032
#Hadoop fs.default.name
nameNode=hdfs://master:8020/
#Hadoop mapred.queue.name
queueName=default
# other properties
input=/user/root/bank.csv
```

代码清单7-10　Pig Job pig_job.pig脚本

```
bank_data= LOAD '$INPUT' USING PigStorage(';') AS
(age:int, job:chararray, marital:chararray,education:chararray,
```

```
        default:chararray,balance:int,housing:chararray,loan:chararray,
    contact:chararray,day:int,month:chararray,duration:int,campaign:int,
    pdays:int,previous:int,poutcom:chararray,y:chararray);
age_gt_30 = FILTER bank_data BY age >= 30;
store age_gt_30 into '/user/root/workflow/pig_demo/output' using PigStorage(',');
```

3）在 Oozie 客户端验证 workflow.xml 的正确性，参考上节（一般情况下是需要读者进行验证的，如果可以确保该文件的正确性，那么可以不用验证）。

4）在 HDFS 上新建 /user/root/workflow/pig_demo/wf 目录，并且上传 workflow.xml、pig_job.pig 文件到此目录（注意，这里需要把 Pig 脚本也上传到 HDFS）。

5）上传文件 oozie/data/bank.csv 到 HDFS 目录 /user/root/bank.csv 目录（该文件为输入数据，即需要先准备好输入数据）。

6）运行 oozie job 命令，提交任务，并查看对应的任务状态及输出结果（具体可以参考上节）。

思考：

1）查看 hadoop 日志，一共有多少个任务（job）被执行了？

2）分析任务执行的过程。

3）如果要传递参数到 pig 脚本，应该如何做？

7.3.4　动手实践：Hive WorkFlow 定义及调度

本小节介绍 Hive WorkFlow 的定义及调度，主要是指使用 Oozie 来执行 Hive 脚本的过程。在执行调度前，需要先定义好 Hive 脚本（该 Hive 脚本已经预先写好，读者直接参考即可）。该 Hive 脚本完成的任务和上节中 Pig 脚本完成的任务是一样的，不过其先定义了一个 Hive 表，然后从输入数据中读取输入数据，采用 Select...Where... 的查询来获取对应条件的数据。实验内容详细过程如下：

1）确保 Oozie Server 已经启动。

2）参考代码清单 7-11、代码清单 7-12、代码清单 7-13 编写对应文件，并上传至 Oozie 客户端目录，如 /root/oozie_demos/hive 目录。

代码清单7-11　Hive workflow.xml

```
<workflow-app xmlns="uri:oozie:workflow:0.2" name="hive-wf">
    <start to="hive-node"/>
    <action name="hive-node">
        <hive xmlns="uri:oozie:hive-action:0.2">
            <job-tracker>${resourceManager}</job-tracker>
            <name-node>${nameNode}</name-node>
            <prepare>
                <delete path="${output}/hive"/>
                <mkdir path="${output}"/>
            </prepare>
```

```xml
            <configuration>
                <property>
                    <name>mapred.job.queue.name</name>
                    <value>${queueName}</value>
                </property>
            </configuration>
            <script>script.hive</script>
            <param>INPUT=${input}</param>
            <param>OUTPUT=${output}/hive</param>
            <param>maxAge=${maxAge}</param>
    </hive>
        <ok to="end"/>
        <error to="fail"/>
    </action>
    <kill name="fail">
            <message>Hive failed, error message[${wf:errorMessage(wf:lastErrorNode())}]</message>
    </kill>
    <end name="end"/>
</workflow-app>
```

代码清单7-12　Hive job.properties

```
# work folder
oozie.wf.application.path=${nameNode}/user/${user.name}/workflow/hive_demo/wf
# classpath
oozie.use.system.libpath=true
# hadoop namenode
nameNode=hdfs://master:8020
# hadoop resourceManager
resourceManager=master:8032
queueName=default
#user properties
maxAge=30
input=/user/root/bank.csv
output=/user/root/workflow/hive_demo/output
```

代码清单7-13　Hive script.hive脚本

```
DROP TABLE IF EXISTS bank;
CREATE TABLE bank(
    age int,
    job string,
    marital string,education string,
 default string,balance int,housing string,loan string,
contact string,day int,month string,duration int,campaign int,
pdays int,previous int,poutcom string,y string
) ;
 ROW FORMAT DELIMITED FIELDS TERMINATED BY '\073'
 STORED AS TEXTFILE;
```

```
LOAD DATA INPATH '${INPUT}' INTO TABLE bank;
INSERT OVERWRITE DIRECTORY '${OUTPUT}' SELECT * FROM bank where age >
'${maxAge}';
```

3)在 Oozie 客户端验证 workflow.xml 的正确性,参考 MapReduce 对应章节。

4)在 HDFS 上新建 /user/root/workflow/hive_demo/wf 目录,并且上传 workflow.xml、script.hive 文件到此目录。

5)上传输入文件 bank.csv 到 HDFS 目录 /user/root/bank.csv 目录。

6)参考 MapReduce 对应章节,运行 oozie job 命令,提交任务并查询任务状态及输出结果(注意这里的输出结果不仅包含 HDFS 上面的输出目录,还应该包括 Hive 中的表及其表数据)。

思考:

1)一共启动了多少个 Hadoop job?

2)查看具体 Hadoop 日志,并分析 Oozie 调度 Hive 的流程。

7.3.5 动手实践:Spark WorkFlow 定义及调度

本小节介绍 Spark WorkFlow 的定义及调度,完成的任务是文件拷贝。在相关文件定义中类似 MapReduce 任务中的定义,只是其中用到的 Jar 包由于是第三方提供的(当然也可以使用读者自己定义的),所以需要把 Jar 包上传到 HDFS 的资源目录(资源目录指的就是 job.properties 中 jarPath 配置的目录),以供使用。实验内容详细过程如下:

1)确保 Oozie Server、Spark 集群、Hadoop 集群已经启动。

2)参考编写对应文件,并上传至 Oozie 客户端目录,如 /root/oozie_demos/spark 目录。

代码清单7-14 Spark workflow.xml

```xml
<workflow-app xmlns='uri:oozie:workflow:0.5' name='SparkFileCopy'>
    <start to='spark-node' />
    <action name='spark-node'>
        <spark xmlns="uri:oozie:spark-action:0.1">
            <job-tracker>${resourceManager}</job-tracker>
            <name-node>${nameNode}</name-node>
            <prepare>
                <delete path="${output}"/>
            </prepare>
            <master>${master}</master>
                <mode>${sparkMode}</mode>
            <name>Spark-FileCopy</name>
                <class>org.apache.oozie.example.SparkFileCopy</class>
            <jar>${jarPath}</jar>
            <arg>${input}</arg>
            <arg>${output}</arg>
        </spark>
```

```
            <ok to="end" />
            <error to="fail" />
        </action>
        <kill name="fail">
            <message>Workflow failed, error
                message[${wf:errorMessage(wf:lastErrorNode())}]
            </message>
        </kill>
        <end name='end' />
</workflow-app>
```

代码清单7-15　Spark job.properties

```
oozie.wf.application.path=${nameNode}/user/${user.name}/workflow/spark_demo/wf
nameNode=hdfs://master:8020
resourceManager=master:8032
master=spark://master:6066
sparkMode=cluster
queueName=default
oozie.use.system.libpath=true
input=/user/root/bank.csv
output=/user/root/workflow/spark_demo/output
jarPath=${nameNode}/user/root/workflow/spark_demo/lib/oozie-examples.jar
```

> **注意**　虽然这里配置使用了 Spark 自带的资源管理器，但是还是需要配置 Resource-Manager，不然任务无法运行。

3）在 Oozie 客户端验证 workflow.xml 的正确性，参考 MapReduce 对应章节。

4）在 HDFS 上新建 /user/root/workflow/spark_demo/wf 目录，并且上传 workflow.xml、lib/oozie-exmaple.jar 文件到此目录（其中的 oozie-example.jar 就是第三方 Jar 包）。

5）上传输入文件 bank.csv 到 HDFS 目录 /user/root/bank.csv 目录。

6）运行 oozie job 命令，提交任务并查看任务状态及输出结果（输出结果就是在 /user/root/workflow/spark_demo/output 目录新生成 bank.csv 文件，即执行了文件拷贝）。

思考：

1）是否可以不启动 Hadoop 集群？需要启动 Spark 集群吗？

2）Hadoop job 是否可以看到日志？应该去哪查看日志？

3）查看具体 Spark 日志，并进行分析。

7.3.6　动手实践：Spark On Yarn 定义及调度

本节实验与上一小节内容非常相似，只是这里提交任务的资源管理器为 Hadoop 的 YARN，实验步骤参考上一小节即可。这里给出主要的配置文件如代码清单 7-16、代码清单 7-17 所示。

代码清单7-16　Spark On YARN workflow.xml

```xml
<workflow-app xmlns='uri:oozie:workflow:0.5' name='SparkFileCopy_on_yarn'>
    <start to='spark-node' />
    <action name='spark-node'>
        <spark xmlns="uri:oozie:spark-action:0.1">
            <job-tracker>${resourceManager}</job-tracker>
            <name-node>${nameNode}</name-node>
            <prepare>
                <delete path="${output}"/>
            </prepare>
            <master>${master}</master>
            <name>Spark-FileCopy-on-yarn</name>
            <class>org.apache.oozie.example.SparkFileCopy</class>
            <jar>${jarPath}</jar>
            <spark-opts>--conf spark.yarn.historyServer.address=http://node2:18080
                --conf spark.eventLog.dir=hdfs://slave2:8020/spark-log --conf
                spark.eventLog.enabled=true</spark-opts>
                    <arg>${input}</arg>
            <arg>${output}</arg>
        </spark>
        <ok to="end" />
        <error to="fail" />
    </action>
    <kill name="fail">
        <message>Workflow failed, error
            message[${wf:errorMessage(wf:lastErrorNode())}]
        </message>
    </kill>
    <end name='end' />
</workflow-app>
```

代码清单7-17　Spark On YARN job.properties

```
oozie.wf.application.path=${nameNode}/user/${user.name}/workflow/spark_on_yarn_demo
nameNode=hdfs://master:8020
resourceManager=master:8032
master=yarn-cluster
queueName=default
oozie.use.system.libpath=true
input=/user/root/bank.csv
output=/user/root/workflow/spark_on_yarn_demo/output
jarPath=${nameNode}/user/root/workflow/spark_on_yarn_demo/lib/oozie-examples.jar
```

思考：

1）是否可以不启动 Hadoop 集群？需要启动 Spark 集群吗？

2）这种调度方式和上节有和异同？

7.4 Oozie Coordinator 实践

经过 7.3 节实战的内容，相信读者对如何定义及提交运行 Oozie 工作流有一个很直观的认识，加上动手练习，对其更有一个深入的理解。那么读者有没有发现一个问题：我们上面的任务都是手动在终端提交运行的，难道我们每次运行都需要手动？试想如果现在我们有一个工作流 Job，需要每天半夜 00:00 启动运行，能够想到的方法就是通过写一个定时脚本来调度程序运行。如果我们有多个工作流 Job，可能需要编写大量的脚本，还要通过脚本来控制好各个工作流 Job 的执行时序问题。这时不仅脚本不好维护，而且监控也不方便。那么有没有好的方法可以胜任这样的需求呢？

Oozie Coordinator（调度器）就是解决这个问题的方法。Oozie Coordinator 是 Oozie 的另一个重要组件，专门用于定义可调度的 Oozie 工作流。调度器可以为所有的 Oozie 工作流指定触发时间和频率（或触发条件），还可以配置数据集、并发数等。一个 Coordinator Job 包含在工作流外部设置执行周期和频率的语义，类似于在工作流外部增加了一个协调器来管理这些工作流的工作流任务的运行。

Oozie Coordinator 调度任务与 Oozie 工作流类似，需要定义如下两个文件。

1）coordinator.xml：调度任务定义文件。

2）coordinator.properties：定义任务的属性（类似 job.properties）。

Oozie Coordinator 可以使用两种类型调度，分别是：基于时间调度、基于数据有效性调度。下面我们来看这两种类型的调度是如实现的。

7.4.1 动手实践：基于时间调度

基于时间调度，顾名思义就是定时来执行 Oozie 工作流。本节完成的任务就是直接定时完成 7.3.2 的 Oozie 工作流任务。具体实验步骤如下：

进行实验前，请确保 Oozie Server 已经启动，同时 MapReduce Workflow 实验已经完成（MapReduce 工作流实验是此实验的基础）。

1）参考代码清单 7-18、代码清单 7-19 编写对应文件，并上传至 Oozie 客户端目录，如 /root/oozie_demos/coordinator_time 目录。

代码清单7-18　基于时间调度coordinator.xml

```
<coordinator-app name="cron-coord" frequency="${coord:minutes(5)}" start="${start}"
    end="${end}" timezone="UTC"
            xmlns="uri:oozie:coordinator:0.2">
    <action>
    <workflow>
        <app-path>${workflowAppUri}</app-path>
        <configuration>
            <property>
                <name>resourceManager</name>
```

```xml
                    <value>${resourceManager}</value>
                </property>
                <property>
                    <name>nameNode</name>
                    <value>${nameNode}</value>
                </property>
                <property>
                    <name>queueName</name>
                    <value>${queueName}</value>
                </property>
                            <property>
                    <name>reducer</name>
                    <value>${reducer}</value>
                </property>
                            <property>
                    <name>input</name>
                    <value>${input}</value>
                </property>
            </configuration>
        </workflow>
    </action>
</coordinator-app>
```

其中，参数 frequency="${coord:minutes(5)}" 表示任务每 5 分钟执行一次。表 7-2 中例举了参数 frequency 其他的一些可选值。

表 7-2　frequency 可选值

参　　数	含　　义
frequency="5"	每 5 分钟运行一次
frequency="60"	每小时运行一次
frequency="1440" 或者 frequency="${coord:days(1)}"	每天运行一次
frequency="${coord:days(7)}"	每周运行一次
frequency="${coord:months(1)}"	每月运行一次

参数 frequency 的定义，还有一种 cron 表达式的写法，例如 " frequency="0/5 * * * *" "，这种表达式不是本书内容，请读者参阅其他资料。

代码清单7-19　基于时间调度coordinator.properties

```
oozie.coord.application.path=${nameNode}/user/${user.name}/workflow/coordinator_time/wf
# coordinator properties
nameNode=hdfs://master:8020
resourceManager=master:8032
queueName=default
```

```
start=2016-03-29T07:06Z
end=2016-03-29T07:16Z
# workflow properties
workflowAppUri=${nameNode}/user/${user.name}/workflow/mr_demo/wf
reducer=2
    input=/user/root/mr_words.txt
```

2）在 Oozie 客户端验证 coordinator.xml 的正确性。

3）在 HDFS 上新建 /user/root/workflow/coordinator_time/wf 目录，并且上传 coordinator.xml 文件到此目录（注意上传到 HDFS 的文件命名必须为 coordinator.xml）。

4）参考前面的实践任务分析并解释 coordinator.properties 文件中各个参数意义，分析任务运行的预期结果。

5）运行 oozie job 命令，提交任务（这里的提交只需修改 -config 的参数为 coordinator.properties 即可），查看任务状态以及输出结果，其结果一般类似图 7-6、图 7-7 所示的截图。

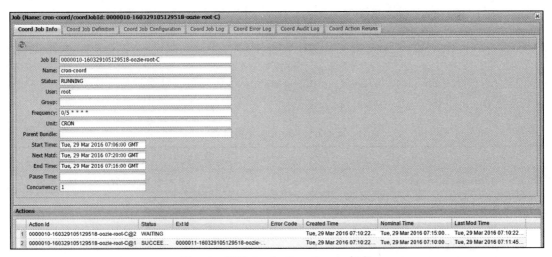

图 7-6 基于 Oozie Coordinator 任务

```
Job ID : 0000010-160329105129518-oozie-root-C
------------------------------------------------------------------------------------------------------------------------------------
Job Name    : cron-coord
App Path    : hdfs://node1:8020/user/root/workflow/coordinator_time/wf
Status      : RUNNING
Start Time  : 2016-03-29 07:06 GMT
End Time    : 2016-03-29 07:16 GMT
Pause Time  : -
Concurrency : 1
------------------------------------------------------------------------------------------------------------------------------------
ID                                          Status    Ext ID                                  Err Code  Created               Nominal Time
0000010-160329105129518-oozie-root-C@1      RUNNING   0000011-160329105129518-oozie-root-W  -         2016-03-29 07:10 GMT  2016-03-29 07:10 GMT
------------------------------------------------------------------------------------------------------------------------------------
0000010-160329105129518-oozie-root-C@2      WAITING   -                                     -         2016-03-29 07:10 GMT  2016-03-29 07:15 GMT
------------------------------------------------------------------------------------------------------------------------------------
```

图 7-7 基于 Oozie Coordinator 任务状态

思考：

1）时间设置是以谁的时间为准（是服务器的时间还是客户端的时间）？
2）基于时间的调度任务其逻辑是怎样的？请做简要分析。

7.4.2 动手实践：基于数据有效性调度

在上一节中已经分析了基于时间的调度，那么有没有其他的调度方式呢？比如有些情况下可能不知道任务运行的确切时间，但是需要根据前一个任务运行的结果来执行调度，这时就要使用基于数据有效性的调度。该调度方式使用一个 HDFS 目录，是否运行 Oozie 的工作流依赖于该目录中是否有数据，如果有，那么就执行任务。

确保 Oozie Server 已经启动，同时 MapReduce Workflow 实验已经完成，该实验步骤描述如下。

1）参考代码清单 7-20、代码清单 7-21 编写对应文件，并上传至 Oozie 客户端目录，如 /root/oozie_demos/coordinator_data 目录。

代码清单7-20　基于数据有效性调度coordinator.xml文件

```xml
<coordinator-app name="file_check"
    frequency="${coord:days(1)}" start="${start}" end="${end}" timezone="UTC"
    xmlns="uri:oozie:coordinator:0.1">
    <datasets>
        <dataset name="logs" frequency="${frequency}"
            initial-instance="${initial_time}" timezone="UTC">
            <uri-template>
                hdfs://slave2:8020/user/root/data_validate
            </uri-template>
        </dataset>
    </datasets>
    <input-events>
    <data-in name="input" dataset="logs">
        <instance>${instance_time}</instance>
    </data-in>
    </input-events>
    <action>
        <workflow>
            <app-path>${workflowAppUri}</app-path>
            <configuration>
                <property>
                    <name>resourceManager</name>
                    <value>${resourceManager}</value>
                </property>
                <property>
                    <name>nameNode</name>
                    <value>${nameNode}</value>
                </property>
                <property>
```

```xml
                    <name>queueName</name>
                    <value>${queueName}</value>
                </property>
                <property>
                    <name>reducer</name>
                    <value>${reducer}</value>
                </property>
                <property>
                    <name>input</name>
                    <value>${input}</value>
                </property>
            </configuration>
        </workflow>
    </action>
</coordinator-app>
```

代码清单7-21　基于数据有效性调度coordinator.properties文件

```
oozie.coord.application.path=${nameNode}/user/${user.name}/workflow/coordinator_data/wf
# coordinator properties
nameNode=hdfs://master:8020
resourceManager=master:8032
queueName=default
start=2016-04-05T07:41Z
end=2016-04-11T07:05Z
frequency=20
initial_time=2016-04-05T07:43Z
instance_time=2016-04-05T07:43Z
# workflow properties
workflowAppUri=${nameNode}/user/${user.name}/workflow/mr_demo/wf
reducer=1
    input=/user/root/mr_words.txt
```

2）在 Oozie 客户端验证 coordinator.xml 的正确性，参考 MapReduce 相关章节。

3）在 HDFS 上新建 /user/root/workflow/coordinator_data/wf 目录，并且上传 coordinator.xml 文件到此目录（注意上传到 HDFS 的文件命名必须为 coordinator.xml）。

4）解释 coordinator.properties 文件参数，同时，修改对应参数（这里需要修改开始的时间，这里不是基于时间的调度，但是什么时候开始运行 HDFS 目录检查的时间以及检查的频率却需要指定），根据对应的参数，分析任务运行的预期结果。

5）运行 oozie job 命令，提交任务（这里的提交只需修改 -config 的参数为 coordinator.properties 即可）并查看任务状态及子任务状态。

6）触发子任务：本地新建 _SUCCESS 文件并上传到 HDFS 目录：/user/root/data_validate/，再次查看任务状态并查看输出结果（oozie web，HDFS）。

思考：

1）基于数据有效性的调度任务其逻辑是怎样的？
2）基于数据有效性调度任务是否一定需要设置初始时间？

7.5　本章小结

本章介绍了大数据工作流 Oozie 的编译及其使用，特别是针对其使用，比如整合 MapReduce、Hive、Spark、Pig 等工作流都给出了实例及其代码，方便读者直接上手实验，通过实验体会 Oozie 的工作流的奇妙用处。

第二篇 *Part 2*

挖掘实战篇

第 8 章 法律服务大数据智能推荐

8.1 背景

随着互联网和信息技术的快速发展,电子商务、网上服务与交易等网络业务越来越普及,这些操作会产生大量数据(或海量数据),用户想要从海量数据中快速准确地寻找到自己感兴趣的信息已经变得越来越困难,搜索引擎因此诞生,如应用比较广泛的 Google 搜索、Bing 搜索、百度搜索等。搜索引擎虽然可以根据关键词检索相关信息,但是无法解决用户的其他诸多需求,如当用户无法找到准确描述自己需求的关键词时,搜索引擎就无能为力了(当然,图片搜索是个特例,但是搜索出来的结果的相关性也比较小,还有待发展)。本章的研究对象为某法律网站,该网站致力于为用户提供丰富的法律信息及个性化的专业咨询服务。随着该网站访问量的增大,用户在面对大量相关信息时,无法及时从中获得自己确实需要的信息,从而导致信息的使用效率越来越低。那么,有没有比搜索引擎更加"智能"的技术来改善这种状况呢?

可以使用推荐系统来对搜索引擎加以完善。与搜索引擎不同,推荐系统并不需要用户提供明确的需求,而是通过分析用户的历史行为,主动为用户推荐能够满足他们兴趣和需求的信息。为了能够更好地满足用户需求,需要依据其网站的海量数据研究用户的兴趣偏好、分析用户的需求和行为、发现用户的兴趣点,从而引导用户发现自己的信息需求,将长尾网页(长尾网页是指点击情况满足长尾理论中尾巴部分的网页)准确地推荐给所需用户,即使用推荐引擎来为用户提供个性化的专业服务。

8.2 目标

为简化系统设计，当用户访问网站页面时，系统会记录用户访问网站的过程并生成日志。本章针对这些日志内容加以整理，包括用户 IP（已做数据脱敏处理）、用户访问的时间、访问内容等多项属性的记录，各个属性及其说明如表 8-1 所示。

表 8-1　网站日志数据属性及其说明

属性名称	属性说明	属性名称	属性说明
realIP	真实 IP	fullURLID	网址类型
realAreacode	地区编号	hostname	源地址名
userAgent	浏览器代理	pageTitle	网页标题
userOS	用户浏览器类型	pageTitleCategoryId	标题类型 ID
userID	用户 ID	pageTitleCategoryName	标题类型名称
clientID	客户端 ID	pageTitleKw	标题类型关键字
timestamp	时间戳	fullReferrer	入口源
timestamp_format	标准化时间	FullReferrerURL	入口网址
pagePath	路径	organicKeyword	搜索关键字
ymd	年月日	source	搜索源
fullURL	网址		

依据表 8-1 所示的网站日志属性的说明，对以下内容进行分析：

- 按地域研究用户访问时间、访问内容、访问次数等分析主题，深入了解用户访问网站的行为、目的及关心的内容（主要指统计信息）。
- 借助大量用户访问记录，使用多种推荐算法发现用户访问习惯，对不同用户推荐相关服务页面（单个算法参数择优、多种算法之间对比分析择优）。

本章涉及整个系统架构，所以某些环节会进行一定简化。涉及的模块包括传输、存储、建模，以及最优模型筛选流程化。

8.3 系统架构及流程

系统由两部分构成：法律网系统和大数据推荐系统。法律网系统为传统网站系统，提供相关法律咨询等服务，用户可以登录查询相关页面。大数据推荐系统则主要根据用户的访问日志使用推荐引擎为用户推荐感兴趣的网页或内容。

两个系统共同工作，用户访问法律网系统会产生访问日志。法律网系统会定时（比如每天凌晨 1 点）将日志生成日志文件，然后传输到大数据推荐系统。推荐系统根据用户访问日志使用推荐引擎来对日志数据进行建模。建模针对不同参数进行，根据评价算法找出最优模型。接着，使用最优模型来对各个用户进行推荐，然后把推荐数据再次传输给法律网系统，这样就可以在用户下次登录的时候，对其进行推荐。整体流程如图 8-1 所示。

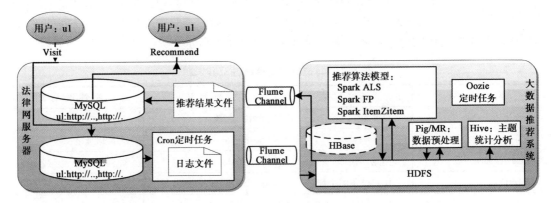

图 8-1 系统流程图

图 8-1 所示的流程中的各个技术简要概括如下：

1）用户访问法律网系统时，会在系统后台服务器数据库生成对应的日志（比如使用 MySQL 存储数据）。

2）系统采用 Cron 定时任务把后台服务器数据库中的用户日志数据存储到日志文件中。

3）Flume 数据传输管道会在日志文件全部生成后，通过 Flume Channel 把其传输到大数据推荐系统的 HDFS 上。

4）在 HDFS 上的日志文件系统可以通过 Hive 进行用户主题分析，得到各种用户相关的统计结果，整体分析用户行为；同时，可以发现数据中的异常或缺失情况。

5）在步骤 4）的基础上使用 Pig 或直接编写 MapReduce 代码来进行数据预处理，处理各种缺失或异常数据，同时，还需构造模型需要的数据集。

6）在构造出模型需要的数据后，使用多种模型对日志数据集进行建模，在各种参数调优之后，得到最优的模型参数，固化该模型，并以此模型来对日志数据进行推荐分析。得到的推荐结果存储到 HDFS 或 HBase 中（这里 HBase 不是必选的，如果用户数不多，推荐结果直接存放在 HDFS 上即可，但是，如果用户数比较多，需把推荐结果存储在 HBase 中，同时提供一个远程调用接口，方便在其他平台调用 HBase 中的结果）。

7）得到推荐结果后，再次通过 Flume 管道把推荐结果传输到法律网服务器，通过定时任务把该推荐结果文件解析到服务器数据库中，方便前台调用查询（如因用户数比较多采用 HBase 存储，则这时可直接调用 HBase 远程访问接口来查询推荐结果）。

8）上述步骤 4）、5）、6）需要通过 Oozie 工作流组件编辑多个工作流，保证这些步骤可以自动完成，特别是模型择优及参数选择模块。

下面针对各个技术实现进行分析。

8.4 分析过程及实现

8.4.1 数据传输

为简化操作，这里直接假定法律网服务器用户访问日志已经存储在指定目录，Apache Flume 管道可以根据该目录来进行数据传输。下面是传输逻辑：

1）用户访问日志每天定时产生一个或多个日志文件。

2）Flume 传输任务定时在每天 01:05，注意传输的是前一天的日志文件。

3）传输完毕并检查正确后，删除原日志文件（是否删除可以根据实际情况确定）。

在安装 Flume 前，需要确保各个节点已经安装好 JDK，本节假定读者已经配置好了 Flume 的 Apache Flume 的环境（由于具体配置不在本章范围内，所以读者可以在官网查询相关资料进行配置，或参考 recommend/configuration/Centos6.7 配置 Flume1.6.0.txt 文档）。

本节主要使用的是 Flume 的文件从一个服务器传输到 HDFS 上面的功能，如图 8-2 所示。

Flume 数据传输需要定义 Source、Channel、Sink，在本例中 Source 定义为本地目录即可，Channel 选择为文件传输，Sink 选择为集群 HDFS，其示例如代码清单 8-1 所示。

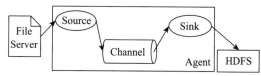

图 8-2 Flume 传输文件数据到 HDFS

代码清单8-1　Flume文件到HDFS properties文件示例配置

```
#配置agent的原始源（Sources）、管道（Channel）、目标源（Sink）
agent.sources=exampleDir
agent.channels=memoryChannel
agent.sinks=flumeHDFS
#设置原始源相关配置
agent.sources.exampleDir.type=spooldir
agent.sources.exampleDir.spoolDir=/opt/flume_data
#设置管道相关配置
agent.channels.memoryChannel.type=memory
agent.channels.memoryChannel.capacity=10000
agent.channels.memoryChannel.transactioncapacity=1000000
#设置目标源相关配置
agent.sinks.flumeHDFS.type=hdfs
agent.sinks.flumeHDFS.hdfs.path=hdfs://master:8020/flume_data
agent.sinks.flumeHDFS.hdfs.fileType=DataStream
agent.sinks.flumeHDFS.hdfs.writeFormat=Text
agent.sinks.flumeHDFS.hdfs.maxOpenFiles=1
# 设置关系
agent.sources.exampleDir.channels=memoryChannel
agent.sinks.flumeHDFS.channel=memoryChannel
```

 此表使用的传输方式为内存方式。

8.4.2 数据传输：动手实践

本实验把日志文件从法律网服务器传输到 HDFS 文件系统。参考该实验，读者可以直接部署、运行相关代码，加深理解 Flume 数据传输流程以及 Flume 性能调优等问题。

步骤如下：

1）新建 /data 目录，在启动 flume agent 后把日志文件 lawdata_20140819_20141015.txt 拷贝到此文件夹的 2014 目录下，如图 8-3 所示。

```
[root@node45 data]# ls -R /data
/data:
2014

/data/2014:
lawdata_20140819_20141015.txt
[root@node45 data]#
```

图 8-3 原始日志文件

2）参考代码清单 8-2 配置 flume agent，使用如代码清单 8-3 所示的命令运行 flume agent，即可看到图 8-4 所示的终端信息。

代码清单8-2 local2hdfs.properties配置文件

```
## 配置agent的原始源（Source）、管道（Channel）、目标源（Sink）
agent.sources=dataDir
agent.channels=memoryChannel
agent.sinks=hdfs

## 设置原始源相关配置
agent.sources.dataDir.type=spooldir
agent.sources.dataDir.spoolDir=/data/
# 递归处理
agent.sources.dataDir.recursiveDirectorySearch=TRUE
# 100个event
agent.sources.dataDir.batchSize=100
agent.sources.dataDir.deserializer=LINE
agent.sources.dataDir.deserializer.maxLineLength=40960

## 设置管道相关配置
agent.channels.memoryChannel.type=memory
agent.channels.memoryChannel.capacity=10240
agnet.channels.memoryChannel.transactionCapacity = 100

## 设置目标源相关配置
agent.sinks.hdfs.type=hdfs
agent.sinks.hdfs.hdfs.path=hdfs://nameservice1/flume_data/%y/%m
agent.sinks.hdfs.hdfs.filePrefix=lawdata_
agent.sinks.hdfs.hdfs.fileType=DataStream
agent.sinks.hdfs.hdfs.writeFormat=Text
# 每30秒产生一个文件
agent.sinks.hdfs.hdfs.rollInterval=30
# 128MB文件大小产生新文件
agent.sinks.hdfs.hdfs.rollSize= 134000000
# 不根据event个数产生新文件
agent.sinks.hdfs.hdfs.rollCount=0
```

```
# channel中event个数
agent.sinks.hdfs.hdfs.batchSize=100
agent.sinks.hdfs.hdfs.round=true
agent.sinks.hdfs.hdfs.roundValue=1
agent.sinks.hdfs.hdfs.roundUnit=month
agent.sinks.hdfs.hdfs.useLocalTimeStamp=true

## 设置关系
agent.sources.dataDir.channels=memoryChannel
agent.sinks.hdfs.channel=memoryChannel
```

代码清单8-3　flume agent启动命令

```
#cd $FLUME_HOME
#bin/flume-ng agent -n agent -c conf -f demo/local2hdfs.properties -Dflume.root.logger=INFO,console -Xmx2g
```

注意　把上述配置文件放在 $FLUME_HOME/demo，并重命名为 local2hdfs.properties。

```
16/12/16 21:21:08 INFO hdfs.BucketWriter: Renaming hdfs://nameservice1/flume_data/16/12/lawdata_.1481894446248.tmp to hdfs://nameservice1/flume_data/16/12/lawdata_.1481894446248
16/12/16 21:21:08 INFO hdfs.BucketWriter: Creating hdfs://nameservice1/flume_data/16/12/lawdata_.1481894446249.tmp
16/12/16 21:21:16 INFO hdfs.BucketWriter: Closing hdfs://nameservice1/flume_data/16/12/lawdata_.1481894446249.tmp
16/12/16 21:21:16 INFO hdfs.BucketWriter: Renaming hdfs://nameservice1/flume_data/16/12/lawdata_.1481894446249.tmp to hdfs://nameservice1/flume_data/16/12/lawdata_.1481894446249
16/12/16 21:21:16 INFO hdfs.BucketWriter: Creating hdfs://nameservice1/flume_data/16/12/lawdata_.1481894446250.tmp
16/12/16 21:21:23 INFO avro.ReliableSpoolingFileEventReader: Last read took us just up to a file boundary. Rolling to the next file, if there is one.
16/12/16 21:21:23 INFO avro.ReliableSpoolingFileEventReader: Preparing to move file /data/2014/lawdata_20140819_20141015.txt to /data/2014/lawdata_20140819_20141015.txt.COMPLETED
16/12/16 21:21:46 INFO hdfs.BucketWriter: Closing hdfs://nameservice1/flume_data/16/12/lawdata_.1481894446250.tmp
16/12/16 21:21:46 INFO hdfs.BucketWriter: Renaming hdfs://nameservice1/flume_data/16/12/lawdata_.1481894446250.tmp to hdfs://nameservice1/flume_data/16/12/lawdata_.1481894446250
16/12/16 21:21:46 INFO hdfs.HDFSEventSink: Writer callback called.
```

图 8-4　flume agent 运行日志信息

3）运行完成后，查看 HDFS 上文件是否上传成功。若成功上传，可在 HDFS 上看到图 8-5、图 8-6 所示文件（使用 flume 从本地上传数据到 HDFS 后，如果上传成功，在本地会有一个提示成功的文件，以 .COMPLETED 结尾）。

8.4.3　数据探索分析

数据通过法律网日志服务器传输到大数据平台 HDFS 后，不能简单地对其进行处理就直接丢给 Spark 模型进行运行。对于任何一个数据挖掘问题，这样的做法都是有问题的。

一般情况下需要事先对原始数据文件进行简单的统计分析，以期能得到数据的一个初步概况。本节就是针对数据进行这样的统计分析，使用的工具是 Hive。上传到 HDFS 的数据可以通过相关 Hive 命令导入 Hive 表中，由于后面的查询操作都是在 Hive 里面完成的，所以这里采用管理表。建表并导入数据的代码如代码清单 8-4 所示。

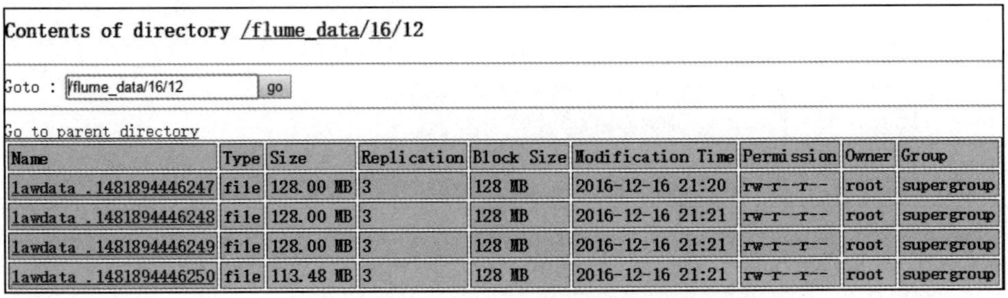

```
Contents of directory /flume_data/16/12

Goto : /flume_data/16/12    go

Go to parent directory

Name                    Type Size     Replication Block Size Modification Time  Permission Owner Group
lawdata.1481894446247   file 128.00 MB 3           128 MB     2016-12-16 21:20  rw-r--r--  root   supergroup
lawdata.1481894446248   file 128.00 MB 3           128 MB     2016-12-16 21:21  rw-r--r--  root   supergroup
lawdata.1481894446249   file 128.00 MB 3           128 MB     2016-12-16 21:21  rw-r--r--  root   supergroup
lawdata.1481894446250   file 113.48 MB 3           128 MB     2016-12-16 21:21  rw-r--r--  root   supergroup
```

图 8-5　HDFS 数据展示数据（flume agent 上传数据到 HDFS）

```
[root@node45 2014]# ls -R /data
/data:
2014

/data/2014:
lawdata_20140819_20141015.txt.COMPLETED
```

图 8-6　本地上传完成后日志文件（flume agent 上传数据到 HDFS）

代码清单8-4　Hive建表及导入数据代码

```
----创建law表
CREATE TABLE law (
ip bigint,
area int,
ie_proxy string,
ie_type string ,
userid string,
clientid string,
time_stamp bigint,
time_format string,
pagepath string,
ymd int,
visiturl string,
page_type string,
host string,
page_title string,
page_title_type int,
page_title_name string,
title_keyword string,
in_port string,
in_url string,
search_keyword string,
source string)
```

```
ROW FORMAT DELIMITED FIELDS TERMINATED BY ','
STORED AS TEXTFILE;
----导入数据
load data inpath '/user/root/law_all_20140819_20141031.csv' overwrite into table law;
```

原始数据在 Hive 表中导入完成后，直接查询得到该数据的记录数为 59159918。同时对原始数据中的网页类型、点击次数、网页排名等各个维度进行分布分析，获得其内在的规律。针对出现的统计结果，解释其对应的原因。

 在数据探索、数据预处理、模型构建阶段使用抽取的 2014/8/19~2014/10/15 的数据进行分析与处理。

1. 网页类型分析

针对原始数据中用户点击的网页类型进行统计，统计内容为网页类型、记录数及其所占总记录百分比。其 HiveQL 语句如代码清单 8-5 所示。

代码清单8-5　按网页类型统计

```
----统计网页类型
select substring(page_type,1,3) as page_type,
count(*) as count_num,
round((count(*)/59159918.0)*100,4) as weights
from law group by substring(page_type,1,3)
order by count_num desc;
```

在 Hive 中运行代码清单 8-5 中的代码，即可得到如表 8-2 所示的结果。从中发现点击与咨询相关的网页（网页类型为 101，http://www.*.cn/ask/）的记录占比为 55.16%，其次是知识相关网页（网页类型为 107，http://www.*.com/info/）占 23.77%，其他的类型网页（网页类型为 199）占 16.11%。

表 8-2　网页类型统计表

网 页 类 型	记　录　数	百　分　比
101	32 632 665	55.16
107	14 062 820	23.77
199	9 530 386	16.11
301	1 392 701	2.35
102	1 066 935	1.80
106	409 507	0.69
103	64 901	0.11
201	3	5.07E-06

通过观察类别为 199 的网页，发现其页面信息多数与法律法规相关，所以统计类别为

199,并且包含法律法规的记录个数,其 Hive 代码如代码清单 8-6 所示。

代码清单8-6　网页类别统计

```
----统计网页类型
select substring(page_type,1,7) as page_type, visiturl,
count(*) as count_num from law where visiturl like '%faguizt%' and page_type like '%199%' ;
```

执行上述代码后,可以得到记录个数为 3 238 450。综合可得表 8-2 中 199 的记录数应该为 6 291 936,而 301 的记录数应该为 4 631 151。因此可以得到用户点击页面类型的排行榜为:咨询相关、知识相关、其他方面的网页、法规(类型为 301)、律师相关(类型为 102)。可以初步得出:相对于长篇的知识,用户更加偏向于查看咨询或者进行咨询。

(1)咨询类别内部统计

进一步针对咨询类别内部进行统计分析,统计内容为 101 网页类型的子类型、记录数及其所占 101 网页类型总记录百分比,Hive 命令行代码如代码清单 8-7 所示。

代码清单8-7　咨询类内部统计Hive命令

```
-----咨询类别内部统计
select substring(page_type,1,6) as page_type,
count(*) as count_num,
round((count(*)/411665.0)*100,4) as weights
from law_part where page_type_part=101
group by substring(page_type,1,6)
order by count_num desc;
```

运行代码清单 8-7 所示代码,其结果如表 8-3 所示。其中浏览咨询内容页(101003)记录最多,其次是咨询列表页(101002)和咨询首页(101001)。结合上述初步结论,可以得出用户都喜欢通过浏览问题的方式找到自己需要的信息,而不是以提问的方式或者查看长篇知识的方式。

表 8-3　咨询类内部统计结果

101 开头类型	记 录 数	百 分 比
101003	31 925 682	97.83
101002	510 653	1.56
101001	159 210	0.49
101009	9 991	0.03
101006	7 316	0.02
101004	7 291	0.02
101007	7 065	0.02
101008	3 262	9.99E-03
101005	2 195	6.73E-03

（2）网页中带有"?"记录统计

统计所有访问网页中带有"?"的总记录数。统计分析访问网页中带有"?"的所有记录中，各网页类型、记录数、占访问网页中带有"?"的记录总数的百分比。Hive 命令行如代码清单 8-8 所示。

代码清单8-8　网页中带有"?"记录统计及各个类别占比

```
-----统计visiturl中带有"?"的所有记录
select count(*) as num from law_part where visiturl like '%?%';
-----统计带有"?"的所有记录中,各网页类型所占比例
select substring(page_type,1,7) as page_type,count(*),round((count(*)*100)/ 2171532,
4) as weights from law where visiturl like '%?%' group by substring(page_type,1,7)
order by  weights desc;
```

运行代码清单 8-8 后，其结果整理见表 8-4。包含"?"总记录数为 2171532，特别在其他网页这一类型中占了 98% 左右，比重较大，因此需要进一步分析该类型网页的内部规律，但在知识相关与法规专题中的占比仅为 1% 左右。

表 8-4　网页中带有"?"记录统计结果

记　录　数	网页 ID	百　分　比
199 900	2142885	98.68
301 001	14403	0.66
107 001	11020	0.51
101 003	2999	0.14
102 002	221	0.01
101 002	3	1.38E-04
102 001	1	4.61E-05

通过分析发现，大部分网址以如下形式存在：
- http://www.×××.cn/guangzhou/p2lawfirm 地区律师事务所
- http://www.×××.cn/guangzhou 地区网址
- http://www.×××.cn/ask/ask.php 咨询首页
- http://www.×××.cn/ask/midques_10549897.html 中间类型网页
- http://www.×××.cn/ask/exp/4317.html 咨询经验
- http://www.×××.cn/ask/online/138.html 在线咨询页

带有标记的三类网址本应该有相应的分类，但是由于分类规则的匹配问题，没有相应的匹配。带有 lawfirm 关键字的网址对应律师事物所，带有 ask/exp、ask/online 关键字的网址对应咨询经验和在线咨询页。在处理数据过程中将其进行清楚分类，便于后续数据分析。

在 1999001 类型中，有法律快车 – 律师助手、带有"?"的访问页面记录等类型数据，

通过业务了解获知，法律快车-律师助手类型的页面是律师的一个登录页面。带有"?"的页面记录，如 http://www.×××.com/ask/question_9152354.html?&from=androidqq，代表该网页曾被分享过的，因此可以通过截取"?"前面的网址对其进行处理，还原其原类型。

在查看数据的过程中，发现存在一部分这样的用户，他们没有点击具体的网页（以 .html 后缀结尾），他们点击的大部分是目录网页，这样的用户可定义为"瞎逛用户"。由此可见，不仅 1999001 页面类型中有如此复杂的网址类型，其余的页面类型可能也会出现，因此，后续清洗数据时，需要对所有数据使用类似规则处理。

通过上述网址类型分布分析（后续分析中，选取其中占比最多的两类：咨询内容页、知识内容页进行模型分析），可以发现与分析目标无关的数据清洗规则：

1）无点击 .html 行为及 URL 中的用户记录。
2）中间类型网页（带有 midques_ 关键字）。
3）网址中带有"?"类型，无法还原其本身类型的快搜页面与发布咨询网页。
4）法律快车-律师助手记录，页面标题包含"法律快车-律师助手"关键字。
5）筛选模型所需记录（咨询、知识、法规专题页面数据）。
6）重复数据（同一时间同一用户，访问相同网页）。

记录这些规则，有利于在数据清洗阶段对数据进行清洗操作。上述过程就是对网址类型进行统计得到的分析结果，针对网页的点击次数也可以进行类似分析。

2. 点击次数分析

统计分析原始数据用户浏览网页次数的情况，统计内容为点击次数、用户数、用户百分比、记录百分比。Hive 命令行如代码清单 8-9 所示。

代码清单8-9　点击次数分析命令

```
-----用户个数统计
select count(distinct(userid)) from law;
-----创建点击次数分区表，分区字段click_part
set hive.exec.dynamic.partition=true;
set hive.exec.dynamic.partition.mode=nostrict;
create table law_click (
user_num int,
user_weights double,
record_weights double
) partitioned by (click_part string)
 ROW FORMAT DELIMITED FIELDS TERMINATED BY ','
 STORED AS TEXTFILE;
------导入分区数据到分区表law_click
INSERT OVERWRITE TABLE law_click PARTITION (click_part)
select count(click_num) as count,round(count(click_num)*100/31562704.0,2),round(
    (count(click_num)*click_num)*100/59159918.0,2),click_num from (
select count(userid) as click_num  from law group by userid
) tmp_table group by click_num order by count desc;
```

-----点击次数分类统计
```
set hive.exec.reducers.max=1;
select click_num, count(click_num) as count,round(count(click_num)*100/31562704.
    0,2),round((count(click_num)*click_num)*100/59159918.0,2)from (
select count(userid) as click_num  from law group by userid
) tmp_table group by click_num order by count desc;
```

运行代码清单8-9，其结果整理如表8-5所示。其中用户总数为31562704，总记录数为59159918。可以发现浏览一次的用户占75%左右，大部分用户浏览的次数为1~7次，大约87%的用户只提供了约54%的浏览量，即浏览网页1~2次的用户占了大部分。

表8-5 用户点击次数统计表

点击次数	用 户 数	用户百分比	记录百分比
1	23 587 727	74.73	39.87
2	4 164 797	13.20	14.08
3	1 283 523	4.07	6.51
4	829 290	2.63	5.61
5	415 653	1.32	3.51
6	310 138	0.98	3.15
7	188 632	0.60	2.23

针对浏览次数为一次的用户进行统计分析，统计内容为网页类型、记录个数、记录占浏览一次的用户数百分比。Hive命令如代码清单8-10所示。

代码清单8-10 浏览一次用户行为分析

```
select page_type,count(page_type) as count,round((count(page_type)*100)/ 23587727.0,
4)from
(select substring(a.page_type,1,7) as page_type from law a,(select userid from
law group by userid having(count(userid)=1)) b
where a.userid = b.userid) c group by page_type order by count desc limit 5;
```

整理结果如表8-6所示。其中问题咨询页占比为71%左右，知识页占比为19%左右，而且这些访问基本上通过搜索引擎进入。

表8-6 浏览一次用户行为分析

网页类型 ID	记录个数	记录百分比
101003	16 841 247	71.40
107001	4 524 104	19.18
1999001	1 883 166	7.98
301001	315 871	1.34
101002	7 523	0.03

由以上针对浏览次数为一次的用户分析结果,可以对该类用户情况做出两种猜测:

1)用户为流失用户,在问题咨询与知识页面上没有找到相关的需要。

2)用户找到其需要的信息,因此直接退出。

综合这些情况,可将这些点击一次的用户行为定义为网页的跳出行为,用于计算网页跳出率。

为了降低网页的跳出率,就需要对这些网页进行针对用户的个性化推荐,帮助用户发现其感兴趣或者需要的网页。针对点击一次的用户浏览的网页进行统计分析,其分析 Hive 代码如代码清单 8-11 所示。

代码清单8-11 针对点击一次用户浏览网页统计分析

```
select a.visiturl,count(*) as count from
law a,
(select userid from law group by userid having(count(userid)=1)) b
where a.userid = b.userid group by a.visiturl order by count desc  limi 7;
```

直接运行代码清单 8-11,其结果如表 8-7 所示。可以看出排名靠前的页面均为知识与咨询页面,因此可以猜测大量用户的关注点为法律知识或咨询。

表 8-7 点击一次用户访问 URL 排名

网 页	点 击 数
http://www.××.cn/info/hunyin/lhlawlhxy/20110707137693.html	69 858
http://www.××.cn/info/shuifa/slb/2012111978933_2.html	28 507
http://www.××.cn/zhishi/	13 167
http://www. ××.cn/info/hunyin/jiehun/hunjia/201312182875578.html	12 802
http://www. ××.cn/info/shuifa/slb/2012111978933.html	12 022
http://www. ××.cn/ask/exp/13425.html	11 766
http://www. ××.cn/ask/question_925675.html	10 731

3. 网页排名

由分析目标可知,个性化推荐主要针对 .html 后缀的网页(与物品的概念类似)。从原始数据中统计 .html 后缀的网页的点击率,其 Hive 代码如所代码清单 8-12 所示。

代码清单8-12 原始数据中包含html后缀的网页点击率统计

```
select a.visiturl,count(*) as count from law a where a.visiturl like '%.html%' group by a.visiturl;
```

运行代码清单 8-12,其点击率排名的结果如表 8-8 所示。从表 8-8 中可以看出,点击次数排名前 10 名的项目中,法规专题占了大部分,其次是知识。但是从前面分析的结果中可知,原始数据中与咨询主题相关的记录占了大部分,但是在其 .html 后缀的网页排名中，专题与知识的占了大部分。通过业务了解，专题是属于知识大类里的一个小类。在统计 .html 后缀的网页点击排名时出现这种现象的原因是知识页面相比咨询的页面要少很多，当大量的用户在浏览咨询页面时，呈现一种比较分散的浏览次数，即其各个页面点击率不高，但是其总的浏览量高于知识类，所以造成网页排名中咨询方面的排名比较低。

表 8-8 原始数据点击率排名表

网址	点击数
http://www.××.cn/faguizt/23.html	534 426
http://www.××.cn/info/hunyin/lhlawlhxy/20110707137693.html	498 055
http://www.××.cn/info/hunyin/lhlawlhxy/20110707137693_2.html	321 863
http://www.××.cn/faguizt/11.html	287 282
http://www.××.cn/faguizt/43.html	238 754
http://www.××.cn/faguizt/21.html	222 843
http://www.××.cn/faguizt/79.html	190 692
http://www.××.cn/faguizt/117.html	149 721
http://www.××.cn/faguizt/9.html	140 222
http://www.××.cn/faguizt/7.html	118 920

从原始 html 的点击率排行榜中可以发现如下情况，排行榜中存在这样两种类似的网址：http://www.××.cn/info/hunyin/lhlawlhxy/20110707137693_2.html 和 http://www.××.cn/info/hunyin/lhlawlhxy/20110707137693.html。通过简单访问网址，发现其本身属于同一网页，但由于系统在记录用户访问网址的信息时会同时记录翻页信息，因此在用户访问网址的数据中存在翻页的情况。针对这些翻页的网页进行统计，其结果如表 8-9 所示。

表 8-9 翻页网页统计

网页	点击次数
http://www.××.cn/info/gongsi/slbgzcdj/201312312876742.html	19 299
http://www.××.cn/info/gongsi/slbgzcdj/201312312876742_2.html	13 596
http://www.××.cn/info/hetong/ldht/201311152872128.html	15 204
http://www.××.cn/info/hetong/ldht/201311152872128_2.html	38 053
http://www.××.cn/info/hetong/ldht/201311152872128_3.html	21 251
http://www.××.cn/info/hetong/ldht/201311152872128_4.html	13 106

通过业务了解，登录次数最多的页面基本为可从外部搜索引擎直接搜索到的网页。对其中浏览翻页的情况进行分析，平均 60%～80% 的人会选择看下一页，基本每一页都会丢失 20%～40% 的点击率，点击率会出现衰减的情况。同时对知识类网页进行检查，可以发

现页面上并无全页显示功能，但是知识页面中大部分都存在翻页的情况。这样就造成了大量的用户基本只会选择浏览2~5页，极少数会选择浏览全部内容。因此用户会直接放弃此次搜索，从而增加了网站的跳出率，降低了客户的满意度，不利于企业的长期稳定发展。

4. 动手实践：数据探索分析

根据前面的数据探索分析过程，使用 Hive 完成以下实验。实验包括网页类型统计、点击次数统计、网页排名统计等。实验步骤如下：

1）创建 law 表，导入数据 law_all_20140819_20141031.csv。

2）查询表 law 中总记录数，统计网页类型，结果字段为网页类型、记录数、记录所占总记录百分比。

3）创建动态分区表 law_part，分区字段为 page_type，导入对应数据到分区。

4）咨询类型网页内部统计，结果字段为：101 网页类型的子类型、记录数、记录所占 101 网页类型总记录百分比。

5）统计访问网页中带有"？"的记录总数，统计访问网页中带有"？"的所有记录中各网页类型、记录数及其占访问网页中带有"？"的记录总数的百分比。

6）用户个数统计，创建点击次数分区表 law_click，分区字段为 click_part。

7）导入分区数据到 law_click。

8）点击次数分类统计，结果字段为：点击次数、用户数、用户百分比、记录百分比。

9）浏览一次的用户分类统计，结果字段为：网页类型、记录个数、记录占浏览一次的用户数百分比。点击一次的用户浏览网页统计。

10）点击率排名统计，结果字段为：网址、点击次数。

11）翻页网页统计，结果字段为：网址、点击次数。

思考：

1）为什么要创建动态分区表？动态分区表的字段应该如何选择？

2）针对各个 HiveQL 语句是否可以进行优化？

3）如果使用 MapReduce 来开发，是否效率比 Hive 高？开发时间是否缩短？

8.4.4　数据预处理

本案例在原始数据探索分析的基础上，发现与分析目标无关或模型需要处理的数据，针对此类数据进行处理。其中涉及的数据处理方式有数据清洗、数据变换和属性归约。通过上述数据预处理过程，原始数据将被处理成模型需要的输入数据。

1. 数据清洗

使用 Pig 和 MapReduce 程序进行数据清洗，从探索分析的过程中发现与分析目标无关的数据，归纳总结并整理成清洗规则，如下：

1）无点击 .html 行为的用户记录。

2）中间类型网页（带有 midques_ 关键字）。

3）网址中带有"?"类型数据。

4）筛选模型所需数据（咨询、知识、法规专题页面数据）。

5）重复数据（同一时间同一用户，访问相同网页，这里的同一用户是指 UserID 相同）。

其采用的 Pig 脚本如代码清单 8-13 所示。其中 1）～5）步使用 Pig 清洗，并将结果存储到 HDFS。

代码清单8-13　Pig数据清洗代码

```
--步骤1：删除无点击.html行为的用户记录，统计剩余记录
law = load '/user/root/law_all_20140819_20141031.csv' using PigStorage (',');
law_filter_html = filter law by ($10 matches '.*\\.html');
law_grp_html = group law_filter_html all;
count_num = foreach law_grp_html generate COUNT (law_filter_html) as delete_num;
set job.name 'law_filter_html';
dump count_num;
--步骤2：删除中间类型网页（带有midques_关键字），统计剩余记录
law_filter_mid = filter law_filter_html by ($10 matches '.*midques_.*');
law_grp_mid = group law_filter_mid all;
count_num = foreach law_grp_mid generate COUNT (law_filter_mid)) as delete_num;
set job.name 'law_filter_mid';
dump count_num;
--步骤3：删除网址中带有"?"类型数据，统计剩余记录
law_filter_mark = filter law_filter_mid by ($10 matches '.*\\?.*');
law_grp_mark = group law_filter_mark all;
count_num = foreach law_grp_mark generate COUNT (law_filte_mark) as delete_num;
set job.name 'law_filter_mark';
dump count_num;
--步骤4：筛选模型所需数据（咨询、知识、法规专题页面数据）
--注意：为了使用SUBSTRING()方法，需注册piggybank.jar包
--register pig安装目录/lib/piggybank.jar
law_filter_data = filter law_filter_mark by (SUBSTRING($11,0,3)== '101' or SUBSTRING($11,0,3) == '107' or SUBSTRING($11,0,3) == ' 301');
law_grp_data = group law_filter_data all;
count_num = foreach law_grp_data generate COUNT (law_filter_data) as delete_num;
set job.name 'law_filter_data';
dump count_num;
步骤5：重复记录统计
--注意：为了使用SUBSTRING()方法，需注册piggybank.jar包
--register pig安装目录/lib/piggybank.jar
law_distinct_fields = foreach law_filter_data generate $4 ,$7,$10;
law_distinct_data = distinct law_distinct_fields;
law_grp_distinct = group law_distinct_data all;
count_num = foreach law_grp_distinct generate COUNT (law_distinct_data) as delete_num;
set job.name 'law_filter_distinct';
dump count_num;
```

```
--输出结果到HDFS
store law_distinct_data into '/user/root/law_cleaned' using PigStorage(',');
```

清洗结果如表 8-10 所示。清洗过程中，上一步的结果作为下一步的数据，因此下一步需要清洗的数据已在上一步清洗过程中完成。

表 8-10 数据清洗结果

清洗顺序	清洗规则	删除数据记录	剩余记录数
1	无 .html 点击行为的用户记录	6 785 915	52 374 003
2	中间类型网页（带 midques_ 关键字）	20 360	52 353 643
3	带有 "?" 的记录	44 686	52 308 957
5	筛选模型所需数据	7 602 925	44 706 032
6	重复数据	52 325	44 653 707

根据分析目标以及探索结果可知咨询、知识、法规专题是其主要业务来源，故需筛选咨询、知识与法规专题相关的记录，将此部分数据作为模型分析需要的数据。

2. 数据变换

用户访问网页的过程中，存在翻页的情况，不同的网址属于同一类型的网页，类似记录如表 8-11 所示。

表 8-11 存在翻页的记录

用户 ID	时间	访问网页
1665329212.1408435380	2014-09-11 15:24:25	http://www.××.com/info/jiaotong/jtlawdljtaqf/201410103308246.html
1665329212.1408435380	2014-09-11 15:25:46	http://www.××.com/info/jiaotong/jtlawdljtaqf/201410103308246_2.html
1665329212.1408435380	2014-09-11 15:25:52	http://www.××.com/info/jiaotong/jtlawdljtaqf/201410103308246_4.html
1665329212.1408435380	2014-09-11 15:26:00	http://www.××.com/info/jiaotong/jtlawdljtaqf/201410103308246_5.html
1665329212.1408435380	2014-09-11 15:26:10	http://www.××.com/info/jiaotong/jtlawdljtaqf/201410103308246_6.html

数据处理过程中需要对这类网址进行处理，最简单的处理方法是将翻页的网址删除。但是用户在访问页面的过程中，是通过搜索引擎进入网站的，其入口网页不一定是原始类别的首页，采用删除的方法会损失大量的有用数据，在进入推荐系统时，会影响推荐结果。因此针对这些网页需要还原其原始类别，所以首先需要识别翻页的网址，然后对翻页的网页进行还原处理，如表 8-11 所示的数据清洗后得到的结果为 http://www.××.com/info/jiaotong/jtlawdljtaqf/201410103308246.html。

在数据清洗后的结果中，有类似 http://www.××.cn/ask/question_4749.html 和 http://www.××.cn/ask/question_list4749.html 的访问网址，这些网址并不属于翻页网址，因此不能按照翻页来处理。以上两个网址的区别是：ask/question_ 与 .html 之间的字符串是否全为数字，全为数字的网址是保留的网址，否则舍弃。例如，对比 4749 和 list4749，需要保留网址 http://www.××.cn/ask/question_4749.html。数据清洗结果中还发现类似 http://www.××.cn/ask/browse.html 和 http://www.××/ask/browse_s25.html 的访问网址，该类网址都属于用户的浏览网址，并不属于某一个具体的咨询或知识网页，因此推荐算法的模型构建应舍弃该类记录。根据对数据变换阶段的分析，整理成处理规则如下：

1）去掉访问网址中包含 browse.html 或 browse_ 的记录。

2）如果访问网址中包含 ask/question_ 关键字且 ask/question_ 与 .html 之间的字符串全为数字，则保留；否则 ask/question_ 与 .html 之间的字符串不全为数字，舍弃。

3）翻页处理，针对类似上述同一用户（这里指相同 IP）的用户翻页网址表中的记录，如果记录访问时间少于 5 分钟，就按翻页来处理。

3. 属性归约

根据推荐系统模型的输入数据需要，需对处理后的数据进行属性归约，提取模型需要的属性。本案例中模型需要的数据属性为用户 ID、用户访问的网页、访问的时间戳。因此将其他的属性删除，只保留用户 ID、用户访问的网页及时间戳数据，其输入数据集示例如表 8-12 所示。

表 8-12 属性归约后数据集

用户 ID	网　　页	时　间　戳
1665329212.1408435380	http://www.××.cn/info/hetong/htfqwjd/20110120109204.html	1408435378361
533240726.1376897428	http://www.××.cn/info/laodong/ldzy/lb/20140103141670.html	1408435378868
135675932.1408435387	http://www.××.cn/info/shuifa/qysds/2011121674117.html	1408435378929
714942021.1408434842	http://www.××.cn/ask/question_4481075.html	1408435378397
720175499.1408435379	http://www.××.cn/ask/question_7707845.html	1408435378713
1134612159.1408435382	http://www.××.cn/ask/question_3596455.html	1408435378484
1654830710.1408435380	http://www.××..cn/ask/question_6432279.html	1408435378817
690909414.1408432296	http://www.××.cn/ask/question_6701899.html	1408435378817

4. 实验数据预处理

根据本节"1. 数据清洗"中的数据清洗规则，使用 Pig 完成以下实验。实验内容包括数据清洗，数据变换，属性归约。实验步骤如下：

1）删除无点击 .html 行为的用户记录，统计删除记录及剩余记录数。

2）基于步骤 1）的结果，删除中间类型网页（带有 midques_ 关键字），统计删除记录及剩余记录数。

3）基于步骤 2）的结果，删除网址中带有"？"类型数据，统计删除记录及剩余记录数。

4）基于步骤 3）的结果，删除法律快车 – 律师助手记录，页面标题包含"法律快车 –

律师助手"关键字，统计删除记录及剩余记录数。

5）基于步骤4）的结果，筛选模型所需数据（咨询、知识、法规专题页面数据），统计删除记录及剩余记录数。

6）基于步骤5）的结果，删除重复数据（同一时间同一用户，访问相同网页），统计删除记录及剩余记录数。

7）将步骤1）～5）的处理结果输出到HDFS，并使用MapReduce删除重复数据（同一时间同一用户，访问相同网页），输出处理后的结果。

8）依据数据变换中的处理规则处理数据，同时筛选模型需要的属性数据。

5. 数据编码

为了节省数据存储空间以及加速模型建模效率，可先把数据预处理后的数据进行编码。当然这里的数据编码不是指通信中的数据编码，而是指将数据从一种表示形式变为另一种表现形式。由于用户以及网页URL均使用字符串表示，占用存储空间较大，并且在计算分析的时候效率较低，所以可以考虑把其转换为数值类型。Integer类型可以表示的最大值为2147483647，符合原始数据的范围大小，所以考虑把其转换为Integer类型。

编码思路如下：

1）求得原始用户以及URL的去重值，并按照ASCII值进行排序。

2）使用排序后的原始用户以及URL的下标值来代替该用户或URL。

3）使用编码后的值替换原始数据中的值。

使用Spark对原始数据进行上述编码处理，其代码如代码清单8-14所示。

代码清单8-14　原始数据编码及替换

```
// 加载数据，原始数据：timestamp,user,url,urlType
val rawDataPath = "hdfs://server1:8020/user/root/law_data_clean.txt"
val dataAll = sc.textFile(rawDataPath).map{x => val fields=x.split(","); (fields(0),fields(1),fields(2),fields(3))}
// 排序去重后用户、URL数据
val userUrl = dataAll.map(x => (x._2,x._3))
val allUserList = userUrl.map(data=>data._1).distinct.sortBy(x => x)
val allUrlList = userUrl.map(data=>data._2).distinct.sortBy(x => x)
// 构造用户、URL编码
val allUserIdList = allUserList.zipWithIndex.map(data=>(data._1,data._2.toInt))
val allUrlIdList = allUrlList.zipWithIndex.map(data=>(data._1,data._2.toInt))
// 保存编码数据
allUserIdList.map(x => x._1 +","+x._2).repartition(1).saveAsTextFile("/user/root/law_userlist")
allUrlIdList.map(x => x._1 +","+x._2).repartition(1).saveAsTextFile("/user/root/law_urllist")
// 替换原始数据
val replacedDataAll = dataAll.map(x => (x._2,(x._1,x._3,x._4))).
    join(allUserIdList).map(x => (x._2._1._2,(x._2._1._1,x._2._2,x._2._1._3))
```

```
).join(allUrlIdList).map(x => (x._2._1._1,x._2._1._2,x._2._2,x._2._1._3))
// 保存编码后数据
replacedDataAll.saveAsTextFile("/user/root/law_data_replaced")
```

更新后的数据如表 8-13 所示。

表 8-13 数据编码后数据集

用户 ID	网页	时间戳
10372520	2 878 057	1408435378361
22845225	3 016 874	1408435378868
5560869	3 152 389	1408435378929
25675969	1 301 602	1408435378397
25757670	2 104 448	1408435378713
2099108	1 033 789	1408435378484
10209628	1 792 428	1408435378817
25300943	1 857 446	1408435378817

8.4.5 模型构建

日志数据经过数据预处理后，得到用于建模的数据。这里针对不同的数据（即咨询和知识数据）分别建立 Spark ALS 模型、Spark ALS Implicat 模型、基于用户的协同过滤模型、基于项目的协同过滤模型。针对这些模型，使用评价系统来对其进行评价，对比各种模型评价结果，得到最优模型进行评价。

1. 基于 Spark ALS 和 Spark ALS Implicit 建模

本节介绍 ALS 推荐算法，ALS 是 alternating least squares 的缩写，意为交替最小二乘法，该方法常用于基于矩阵分解的推荐系统中。例如：将用户（user）对项目（item）的评分矩阵分解为两个矩阵：一个是用户对项目隐含特征（指的是使用这些隐含的特征可以较好地表示这个用户的评价体系）的偏好矩阵，另一个是项目所包含的隐含特征（指的是使用这些隐含的特征可以较好地表示这个项目）的矩阵。在这个矩阵分解的过程中，评分缺失项会被填充，也就是说可以基于这个填充的评分来对用户没有评价过的商品进行排序，得到预测填充评分最高的多个项目，来对用户进行推荐。

对于一般的用户项目矩阵 $R(m \times n)$，ALS 推荐算法旨在寻找两个低维矩阵 $X(m \times k)$ 和矩阵 $Y(n \times k)$，使得矩阵 X 和矩阵 Y 的乘积逼近 $R(m \times n)$，即：

$$R_{m \times m} \approx X_{m \times k} Y_{n \times k}^{\mathrm{T}} \tag{8-1}$$

其中，$R(m \times n)$ 代表用户对项目的评分矩阵，$X(m \times k)$ 代表用户对隐含特征的偏好矩阵，$Y(n \times k)$ 表示项目所包含隐含特征的矩阵，T 表示矩阵的转置。实际中，一般取 $k << \min(m, n)$，即 K 远远小于用户以及商品的个数。

为了找到尽可能地逼近 R 的低秩矩阵 X 和 Y，需要最小化下面的平方误差损失函数：

$$L(X,Y)=\sum_{u,i}(r_{ui}-x_u^T y_i)^2 \qquad (8\text{-}2)$$

其中，$x_u(1\times k)$ 表示用户 u 偏好的隐含特征向量，$y_i(1\times k)$ 表示项目 i 包含的隐含特征向量，r_{ui} 表示用户 u 对项目 i 的评分，向量 x_u 和 y_i 的内积 $x_u^T y_i$ 是用户 u 对商品 i 评分的近似。

损失函数一般需要加入正则化项来避免过拟合等问题，比如使用 L2 正则化，则式（8-2）可改写为：

$$L(X,Y)=\sum_{u,i}(r_{ui}-x_u^T y_i)^2+\lambda(|x_u|^2+|y_i|^2) \qquad (8\text{-}3)$$

其中 λ 是正则化项的系数。

那么，如何求解低秩矩阵 X 和 Y 呢？

求解低秩矩阵 X 和 Y 可以先固定其中的一个低秩矩阵，比如矩阵 Y（例如随机初始化矩阵 Y），然后利用式（8-2）先求解矩阵 X，然后固定矩阵 X，反过来求解矩阵 Y，如此交替往复直至收敛，即所谓的交替最小二乘求解法。

先固定矩阵 Y，将损失函数 $L(X,Y)$ 对 x_u 求偏导，并令导数 $=0$，得到：

$$x_u=(Y^T Y+\lambda I)^{-1} Y^T r_u \qquad (8\text{-}4)$$

同理固定矩阵 X，可得：

$$y_i=(X^T X+\lambda I)^{-1} X^T r_i \qquad (8\text{-}5)$$

其中，$r_u(1\times n)$ 是 R 的第 u 行，$r_i(1\times m)$ 是 R 的第 i 列，I 是 $k\times k$ 的单位矩阵。

迭代步骤：首先随机初始化矩阵 Y，利用式（8-4）更新得到 X，然后利用式

$$y_i=(X^T X+\lambda I)^{-1} X^T r_i \qquad (8\text{-}6)$$

更新 Y，直到均方根误差 RMSE 变化很小或者到达最大迭代次数。RMSE 的定义如式（8-7）所示。

$$\text{RMSE}=\sqrt{\frac{\sum(R-\tilde{R})^2}{N}}, \quad \tilde{R}=XY \qquad (8\text{-}7)$$

那么，怎么调用 Spark 模型推荐呢？

预处理后的数据如表 8-13 所示，由于 ALS 推荐算法需要把原始数据整理成用户项目评分矩阵的形式，所以这里需要添加额外的处理规则。对原始数据采用映射的方法把数据归约到 1～5，规则如下：

1）访问次数在 2 次以下的，直接删除。
2）访问次数在 2 次及 2 次以上，5 次以下，归约为 2。
3）访问次数在 5 次及 5 次以上，10 次以下，归约为 3。
4）访问次数在 10 次及 10 次以上，20 次以下，归约为 4。
5）访问次数在 20 次以上，归约为 5。

参考上述映射规则，对原始数据进行处理，可得到需要的数据，处理过程的 Spark 脚本如代码清单 8-15 所示。

代码清单8-15　Spark归约模型数据

```scala
//  数据加载 user,url
  /**
   * 从HDFS读取数据，转换为 (User,URL,Rating)，以splitVisitedNumArray进行数据过滤
   * @param sc : SparkContext
   * @param inputDir 原始数据路径
   * @param splitVisitedNumArray 如(2,5,10,30)，代表分割次数的点
   * @param splitVisitedNumValues 如(0,2,3,4,5)，代表分割次数段对应的值，需要比split-
     VisitedNumArray多1个
   * @return 那么访问次数为2以下的次数被映射为0，并且被去除，次数在[2,5)的分数为2，次数在
     [5,10)的分数为3
   * 次数为[10,30)的分数为4，次数在[30,+Max) 分数为5
   */
def initRatingWithNum(sc:SparkContext,inputDir: String, splitVisitedNumArray:
    Array[Int],splitVisitedNumValues : Array[Int]): RDD[(Int, Int, Int)] = {
  val dataRaw = sc.textFile(inputDir).map { x => val fields = x.slice(1, x.size
      - 1).split(",");
    (fields(0).toInt, fields(1).toInt) }
  val dataCount = dataRaw.map(x => (x, 1)).reduceByKey((x, y) => (x + y)).
    filter(x => x._2 >= splitVisitedNumArray(0))    // 过滤掉最小次数的值
  //Array(((-1,2),0), ((2,5),2), ((5,10),3), ((10,30),4), ((30,2147483647),5))
  val spliterPointWithValue = (-1 +: splitVisitedNumArray).zip(splitVisitedNumArray
    :+ Integer.MAX_VALUE).
    zip(splitVisitedNumValues)
  // dataCount : RDD[((Int,Int),Int)], splitPointWithValue filter得到的数据有且只有
    一个，所以使用下标0不会越界
  dataCount.map(x => (x._1._1,x._1._2,
    spliterPointWithValue.filter(y => y._1._1 >= x._2 && y._1._2 > x._2)(0)._2))
}
// 数据映射
val data = initRatingWithNum(sc,"/user/root/law_info_data_data.txt",Array(2,5,1
0,20),Array(0,2,3,4,5),)
```

加载经过映射后的数据，并设置参数即可建立模型，如代码清单 8-16 所示。

代码清单8-16　建立模型

```scala
// 数据加载
val data = initRatingWithNum(sc,"/user/root/law_fagui_data_data.txt",Array(2,5,
10,20),Array(0,2,3,4,5),)
// 建模
val rank = 10
val numIterations = 10
val lambda =0.01
val model = ALS.train(training,rank,numIterations,lambda)
// 如果使用implicit进行建模，则添加下面的代码
val alpha = 0.01
val model1 = ALS.trainImplicit(ratings, rank, numIterations, lambda, alpha)
```

2. 基于用户的协同过滤建模

基于用户的协同过滤,即通过不同用户对项目的评分来评测用户之间的相似性,搜索目标用户的最近邻,然后根据最近邻的评分向目标用户产生推荐。具体描述如下。

(1) 计算相似度

用户之间的相似度通过每个用户对项目的评分向量(注意,在本节中如果用户对某个URL进行访问,那么该项目就为1,如果没有访问,那么就为0)计算得到。相似度的计算可以使用任何向量相似度计算公式,但在实际使用中,需要选择一种契合模型数据的算法。同时,如果现有相似度计算算法不符合实际情况,也可对其加以改进。

(2) 寻找与目标用户最近邻的 k 个用户

在计算出各个用户之间的相似度后,可以找到所有与目标用户的相似度大于某一阈值的近邻用户(第一步粗略过滤),然后对这些用户按照相似度进行排序,得到前 k 个近邻用户。

(3) 通过这 k 个用户进行推荐

得到 k 个近邻用户后,怎么推荐呢?当然,这里的方式有多种。比如使用相似度和所有 k 个用户的项目对应加权进行推荐。

根据上述算法原理,编写Spark的基于用户的协同过滤算法,其代码如代码清单8-17所示。

代码清单8-17 Spark基于用户的协同过滤算法实现

```scala
package com.tipdm.userbased
import scala.math._
import com.tipdm.utils.SparkUtils

/**
 * 创建基于用户的协同过滤模型,需要输入以下参数
 * trainDataPath: 训练数据(userid,itemid)
 * modelPath: 模型存储目录
 * minItemsPerUser: 单用户的最小访问物品数
 * recommendItemNum: 单个用户的最大推荐物品数目
 * splitter: 输入原始数据分隔符
 */
object ModelCreate {
  def main(args:Array[String]) = {
    if (args.length != 5){
      System.err.println("Usage: com.tipdm.userbased.ModelCreate <trainDataPath>
        <modelPath>    " +"<minItemsPerUser> <recommendItemNum><splitter>")
    }
    // 处理参数
    val trainDataPath = args(0)
    val modelPath = args(1)
    val minItemsPerUser = args(2).toInt
```

```scala
val recommendItemNum = args(3).toInt
val splitter = args(4)
val appName = " UserBased CF Create Model "
val sc = SparkUtils.getSparkContext(appName)
// 加载训练集数据
val trainDataRaw= sc.textFile(trainDataPath).map{x=>val fields=x.slice(1,x.size-1).split(splitter); (fields(0).toInt,fields(1).toInt)}
// 获取训练集数据，以单用户最小访问Item数过滤
val trainDataFiltered = trainDataRaw.groupBy(_._1).filter(data=>data._2.toList.size>=minItemsPerUser).flatMap(_._2)
// (user,item)pair 的重复次数统计
val trainUserItemNumPre = trainDataFiltered.countByValue().toArray.map(x=>(x._1._1,(x._1._2,x._2.toInt)))
// user的访问次数统计
val trainUserNumPre = trainDataFiltered.keys.countByValue().toArray
// 转化为RDD
val trainUserItemNum = sc.parallelize(trainUserItemNumPre)
val trainUserNum =sc.parallelize(trainUserNumPre)
// 建立用户相似度矩阵
// (user,item,userItemNum,userSum)
val userItemBase = trainUserItemNum.join(trainUserNum).map(x=>(x._1,x._2._1._1,x._2._1._2.toInt,x._2._2.toInt))
// (item,(user,userItemNum,userSum))
val itemUserBase = userItemBase.map(x=>(x._2,(x._1,x._3,x._4)))
// [(item, ((userA,userAItemNum,userASum), (userB,userBItemNum,userBSum)))]
val itemMatrix = itemUserBase.join(itemUserBase).filter((f => f._2._1._1 < f._2._2._1))
// (userA,userB),(userAItemNum,userASum,userBItemNum,userBSum)
val userSimilarityBase = itemMatrix.map(f=>((f._2._1._1,f._2._2._1),(f._2._1._2,f._2._1._3,f._2._2._2,f._2._2._3)))
// 应用Jaccard 公式求相似度
val userSimilarityPre = userSimilarityBase.map(data => {
    val user1=data._1._1
    val user2= data._1._2
    val similarity = (min(data._2._1, data._2._3))*1.0/(data._2._2 + data._2._4)
    ((user1, user2), similarity)
}).combineByKey(
    x=>x,
    (x:Double,y:Double)=>(x+y),
    (x:Double,y:Double)=>(x+y))
// 用户相似度 (user,(user,similarity))
val userSimilarity = userSimilarityPre.map(x=>((x._1._2,x._1._1),x._2)).union(userSimilarityPre).
 map(x=>(x._1._1,(x._1._2,x._2)))
// 初始化推荐集合(user,List(item,similarity))
val statistics = trainDataFiltered.join(userSimilarity).map(x=>(x._2._2._1,(x._2._1,x._2._2._2))).combineByKey(
    (x:(Int,Double)) => List(x),
```

```
                (c:List[(Int,Double)], x:(Int,Double)) => c :+ x ,
                (c1:List[(Int,Double)], c2:List[(Int,Double)]) => c1 ::: c2)
        //生成推荐集合(user,List(item))
        //为每个user,截取前recommendItemNum个item记录
        val dataModel = statistics.
            map(data=>{val key = data._1; val value = data._2.sortWith(_._2>_._2);
                if(value.size>recommendItemNum){
                    (key,value.slice(0,recommendItemNum))
                }else{(key,value)}}).
            map(x=>(x._1,x._2.map(x=>x._1)))
        // 存储模型
        dataModel.repartition(12).saveAsObjectFile(modelPath)
        println("Model saved")
        sc.stop()
    }
}
```

3. 基于项目的协同过滤建模

基于项目的协同过滤推荐算法,其基本思想是用户项目的预测评分可以由该用户对与该项目相似度最高的 k 个邻居项目的评分通过加权平均计算得到。如图 8-7 所示,对项目 1 感兴趣的用户也都对项目 2~项目 n 感兴趣,因此项目 1 和项目 2~项目 n 的相似度较高,它们是相似项目,而用户 t 目前对项目 2~项目 n 感兴趣,但还没发现项目 1,因此可将项目 1 推荐给用户 t。

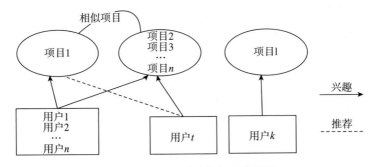

图 8-7 基于项目的协同过滤原理

根据上述原理,编写 Spark 的基于项目的协同过滤算法,其代码如代码清单 8-18 所示。

代码清单8-18　Spark 基于项目的协同过滤算法实现

```
package com.tipdm.itembased
import com.tipdm.utils.SparkUtils
import scala.math._
/**
 * 创建基于项目的协同过滤模型,需要输入以下参数
 * trainDataPath: 训练数据(userid,itemid)
 * minVisitedNumPerUser: 单用户最小访问item的数量
```

```
 * recommendItemNum: 单个物品的最大推荐数目
 * modelPath: 模型存储目录
 * trainFilteredPath: 过滤后的训练数据存储目录
 * splitter: 输入原始数据分隔符
 */
object ModelCreate {
  def main(args:Array[String]) = {
    if (args.length != 6){
      System.err.println("Usage: com.tipdm.itembased.ModelCreate <trainDataPath>
        <minVisitedNumPerUser> " +
          "<recommendItemNum> <modelPath> <trainFilteredPath> <splitter>")
    }
    // 处理参数
    val trainDataPath = args(0)
    val minVisitedNumPerUser = args(1).toInt
    val recommendItemNum = args(2).toInt
    val modelPath = args(3)
    val trainFilteredPath = args(4)
    val splitter = args(5)
    val appName = " ItemBased CF Create Model "
    val sc = SparkUtils.getSparkContext(appName)
    sc.setLogLevel("WARN")
    // 加载训练集数据
    val trainDataRaw= sc.textFile(trainDataPath).map{x=>val fields=x.slice(1,x.
    size-1).split(splitter); (fields(0).toInt,fields(1).toInt)}
    println("trainDataRawrecords  count : " + trainDataRaw.count) //
    val trainData = trainDataRaw.groupBy(_._1).filter(data=>data._2.toList.size>=
    minVisitedNumPerUser).flatMap(_._2).cache()
    // (user,item,userItemNum)
    val trainUserItemNumPre = trainData.countByValue().toArray
    // (item,itemSum)
    val trainItemNumPre = trainData.values.countByValue().toArray
    // (item,(user,userItemNum))
    // userItemNum次数大于200,设定为200
    val trainUserItemNum = sc.parallelize(trainUserItemNumPre).map(data=>{
      val item = data._1._2;
      val user = data._1._1;
      var userItemNum = data._2.toInt;
      if (data._2>200){userItemNum = 200}
      (item,(user,userItemNum))
    })
    // (item,itemSum)
    // itemSum次数大于300,设定为300
    val trainItemNum =sc.parallelize(trainItemNumPre).map(data=>{
      val item = data._1;
      var itemSum =data._2;
      if (data._2>300) {itemSum = 300}
      (item,itemSum)
```

```scala
    })
    // (user,item,userItemNum,itemSum)
    val itemUserBase = trainUserItemNum.join(trainItemNum).
      map(x=>(x._2._1._1,(x._1,x._2._1._2,x._2._2.toInt))).cache()
    // [(user, ((itemA,userItemANum,itemASum), (itemB,userItemBNum,itemBSum)))]
    val itemMatrix = itemUserBase.join(itemUserBase).filter((f => f._2._1._1 < f._2._2._1))
    // (itemA,itemB),(userItemANum,itemASum,userItemBNum,itemBSum)
    val itemSimilarityBase = itemMatrix.map(f=>((f._2._1._1,f._2._2._1),(f._2._1._2,f._2._1._3,f._2._2._2,f._2._2._3)))
    // calculate similarity by using Jaccard
    val itemSimilarityPre = itemSimilarityBase.map(data => {
      val item1=data._1._1
      val item2= data._1._2
      val similarity = (min(data._2._1, data._2._3))*1.0/(data._2._2 + data._2._4)
      ((item1, item2), similarity)
    }).combineByKey(
      x=>x,
      (x:Double,y:Double)=>(x+y),
      (x:Double,y:Double)=>(x+y))
    // item similarity (item,(item,similarity))
    val itemSimilarity = itemSimilarityPre.map(x=>((x._1._2,x._1._1),x._2)).
      union(itemSimilarityPre).
      map(x=>(x._1._1,(x._1._2,x._2)))
    // 生成item推荐模型 (item,List(item))
    val dataModelPre = itemSimilarity.combineByKey(
      (x:(Int,Double)) => List(x),
      (c:List[(Int,Double)], x:(Int,Double)) => c :+ x ,
      (c1:List[(Int,Double)], c2:List[(Int,Double)]) => c1 ::: c2)
    // 用模型匹配trainData
    val dataModel = trainData.map(x=>(x._2,x._1)).join(dataModelPre)
    // 按相似度排序,生成推荐结果集 ==> (user,List(item))
    val finalModel = dataModel.flatMap(joined => {
      joined._2._2.map(f => (joined._2._1,f._1,f._2))}).sortBy(x => (x._1,x._3),false).
      map(x=>(x._1,x._2)).
      combineByKey(
        (x:Int) => List(x),
        (c:List[Int], x:Int) => c :+ x ,
        (c1:List[Int], c2:List[Int]) => c1 ::: c2).map(x => (x._1,x._2.
      take(recommendItemNum)))        // 存储模型
    finalModel.repartition(12).saveAsObjectFile(modelPath)
    // 存储训练数据
    trainData.saveAsTextFile(trainFilteredPath)
    sc.stop()
  }
}
```

4. 模型评价 & 最优模型

好的推荐系统能够满足用户的需求，推荐其感兴趣但不全是热门的物品，同时也需要用户反馈意见帮助完善其推荐系统。因此，好的推荐系统不仅能预测用户的行为，而且能帮助用户发现可能会感兴趣，但却不易被发现的物品。同时，推荐系统还应该帮助商家将长尾中的好商品发掘出来，推荐给可能会对它们感兴趣的用户。在实际应用中，评测推荐系统是必不可少的。评测指标主要来源于 3 种评测推荐效果的实验方法，即离线测试、用户调查和在线实验。

离线测试是通过从实际系统中提取数据集，然后采用各种推荐算法对其进行测试，获得各个算法的评测指标。这种实验方法的好处是不需要真实用户参与。

> **注意** 离线测试的指标和实际商业指标存在差距，比如预测准确率和用户满意度之间就存在很大差别，高预测准确率不等于高用户满意度。所以当推荐系统投入实际应用之前，需要利用测试的推荐系统进行用户调查。

利用测试的推荐系统调查真实用户，观察并记录他们的行为，并让他们回答一些相关的问题。通过分析用户的行为及反馈来判断测试推荐系统的好坏。

在线测试顾名思义就是直接将系统投入实际应用中，通过不同的评测指标比较不同的推荐算法的结果，比如点击率、跳出率等。

由于本例中的模型是采用离线的数据集构建的，因此在模型评价阶段采用离线测试的方法获取评价指标。因为不同表现方式的数据集其评测指标也不同，针对不同的数据方式，其评测指标的公式如表 8-14 所示。

表 8-14 评测指标表

数据表现方式	指标 1	指标 2	指标 3
预测准确度	$RMSE=\sqrt{\frac{1}{N}\sum(r_{ui}-\overline{r_{ui}})^2}$	$MAE=\frac{1}{N}\sum|r_{ui}-\overline{r_{ui}}|$	
分类准确度	$precesion=\frac{TP}{TP+FP}$	$recall=\frac{TP}{TP+EN}$	$F1=\frac{2PR}{P+R}$

在某些电子商务的网站中，存在对物品进行打分的功能。在存在此种数据的情况下，如果要预测用户对某个物品的评分，需要采用的数据表现方式为预测准确度，其中评测的指标有均方根误差（RMSE），平均绝对误差（MAE）。其中 r_{ui} 代表用户 u 对物品 i 的实际评分，$\overline{r_{ui}}$ 代表推荐算法预测的评分，N 代表实际参与评分的物品总数。

同时在电子商务网站中，用户只有二元选择，比如：喜欢与不喜欢，浏览与否等。针对这类型的数据预测，就要用分类准确度，其中的评测指标有准确率（P，precesion），它表示用户对一个被推荐产品感兴趣的可能性。召回率（R，recall）表示一个用户喜欢的产品被推荐的概率。F1 指标综合考虑了准确率与召回率因素，能更好地评价算法的优劣（F1 越大，说明算法越优）。其中相关的指标说明如表 8-15 所示。

表 8-15　分类准确度指标说明表

		预测		合计
		推荐物品数（正）	未被推荐物品数（负）	
实际	用户喜欢物品数（正）	TP	FN	TP+FN
	用户不喜欢物品数（负）	FP	TN	FP+TN
	合计	TP+FP	TN+FN	

根据上述指标，计算评价指标召回率、进度公式如下：

- 召回率 recall＝TP/（TP＋FN），意思为：正样本预测结果数/正样本实际数。
- 精度 precision＝TP/（TP＋FP），意思为：正样本预测结果数/推荐物品数。

经过预处理后的数据，再次分为知识类、咨询类和法规类数据，针对每类数据都采用统一的处理方式。以下代码以法规类数据为示例进行演示（其他类参考法规类数据处理方式即可）。

法规类数据首先按照时间戳分为 3 部分，分别是训练集、验证集和测试集，对应占比为 80%、10%、10%。其分割代码如代码清单 8-19 所示。

代码清单8-19　知识类数据分割为训练集、验证集、测试集

```
// 分割点：编码数据： timestamp,user,url,urlType
val data = sc.textFile("/user/root/law_data_replaced").map{x => val fields=x.
split(","); (fields(0).toLong,fields(1).toInt,fields(2).toInt,fields(3).toDouble)}
val timeStamp = data.map(_._1)
val num = timeStamp.count
val firstSplitPoint = num * 0.8
val secondSplitPoint = num * 0.9

// 分割数据为训练集、测试集及验证集
val train = data.filter(x => x._1 < firstSplitPoint).map(x => (x._2,x._3,x._4))
val validation = data.filter(x => x._1 >= firstSplitPoint && x._1 < second-
SplitPoint).map(x => (x._2,x._3,x._4))
val test = data.filter(x => x._1 > secondSplitPoint).map(x => (x._2,x._3,x._4))
```

训练集用于训练模型，验证集用于评估模型以找到最优模型，测试集对最优模型进行验证。在最优模型选择过程中，不同算法需要采用不同的评估方式：针对 Spark ALS 和 Spark ALS Implicit 模型采用均方根误差（RMSE）来进行评估、针对基于用户/项目的协同过滤模型采用 $F1$ 值来进行评估，同时，由于 k 值的选取会造成 $F1$ 值的变化，所以针对各个算法的最优模型的评估需要综合多个 K 值并采用 $F1$ 值进行评估，具体评估方法见下文：

Spark ALS & Spark ALS Implicit

针对 Spark ALS 算法以及 Spark ALS Implicate 算法，采用均方根误差来进行模型寻优，其思路如下：

1）定义计算 RMSE 函数，该函数接收一个模型以及测试数据作为参数，根据模型预测测试数据，并与原始测试数据进行对比，得到 RMSE。

2）针对训练集、验证集、测试集使用本节第一部分中的映射方法处理各个数据集。

3）设置建模参数，采用循环的方式遍历每组参数，针对每组参数建立一个模型，计算求得 RMSE，如果当前模型的 RMSE 小于定义的最小的 RMSE，则赋值对应参数。

4）循环结束得到最优模型以及该模型的建模参数。

代码清单 8-20 为 Spark ALS 算法寻找最优模型的代码。

代码清单8-20　Spark ALS 模型寻优

```
/**
 * 根据模型及测试数据集计算均方根误差
 * @param model 模型
 * @param data  测试数据
 * @return 均方根误差
 */
def computeRMSE(model: MatrixFactorizationModel, data: RDD[Rating]): Double = {
  val usersProducts = data.map(x => (x.user, x.product))
  val ratingAndPredictions1 = data.map { case Rating(user, product, rating) =>
    ((user, product), rating) }
  val ratingsAndPredictions = ratingAndPredictions1.join(model.predict
    (usersProducts).map { case Rating(user, product, rating) => ((user, product),
    rating) }).values
  math.sqrt(ratingsAndPredictions.map(x => (x._1 - x._2)* (x._1 - x._2)).mean())
}
/**
 * 建立ALS模型，寻求最佳参数
 * @param rankList rank值列表
 * @param iteration 循环次数
 * @param lamdbaList lambda值列表
 * @param trainRatingSet 训练数据集
 * @param testRatingSet 测试数据集
 * @param outPutDir 参数输出目录
 */
def getModelParameter(rankList: Array[(Int)], iteration: Int, lamdbaList:
  Array[(Double)],
                      trainRatingSet: RDD[Rating], testRatingSet: RDD[Rating],
                      outPutDir: String) = {
  var bestRMSE = 999.00
  var bestRank = 0
  var bestLambda = 0.0
  for (rank <- rankList) {
    for (lambda <- lamdbaList) {
      val testModel = ALS.train(trainRatingSet, rank, iteration, lambda) //
        Train Model
      val testRmse = computeRMSE(testModel, testRatingSet) // Calculate RMSE
```

```
          //println(rank+": "+lambda+": "+alpha+"=>"+testRmse)
          if (testRmse < bestRMSE) {
            bestRMSE = testRmse
            bestRank = rank
            bestLambda = lambda
          }
        }
      }
    println("BestRank:Iteration:BestLambda:BestAlpha => BestRMSE")
    println(bestRank + ": " + iteration + ": " + bestLambda + " => " + best-RMSE)

    val result = Array(bestRank + "," + iteration + "," + bestLambda)
    sc.parallelize(result).repartition(1).saveAsTextFile(outPutDir);
}
val listRank = Array(10,20,30,40,50)
val iteration = 10
val listLambda = Array(0.001,0.005,0.01,0.03,0.09,0.3,0.6,1.0,2.0)
val parameterPath = "/user/root/als/fagui/parameter"
val minVisitTrain = Array(3,5,10,20) // train splitPoint
val minVisitValidate = Array(2,5,10,20) // validate splitPoint
val pointValues = Array(0,2,3,4,5)
// 参考代码清单8-15,处理数据
……
// 建立ALS模型,以RMSE值进行评测寻优,把最佳参数组存储到HDFS目录
    getModelParameter(listRank, iteration, listLambda, train, validation, parame-
terPath)
```

由于 minVisitTrain(在训练集中每个用户最少访问的 URL 个数)以及 minVistiValidate(在验证集中每个用户最少访问 URL 个数)参数设置不同(设置 minVisitTrain 和 minVisit Validate 参数可以对数据进行一步过滤,过滤掉不合理数据),会导致最终有多组最优模型的参数。这里设置多组参数值,分别得到各组参数值,最优模型参数如表 8-16 所示。

表 8-16 Spark ALS 算法知识类数据模型寻优参数结果

训练 | 验证集参数 | 值参数	最优 Rank 值	最优 Lambda 值
(3,5,10,20) | (1,5,10,20) |(0,2,3,4,5)	30	0.6
(4,5,10,20) | (3,5,10,20) |(0,2,3,4,5)	30	0.6
(4,5,10,20) | (4,5,10,20) |(0,2,3,4,5)	40	0.6

代码清单 8-21 所示为 Spark ALS Implicate 算法模型寻优代码。

代码清单8-21　Spark ALS Implicate模型寻优

```
// def computeRMSE(model: MatrixFactorizationModel, data: RDD[Rating]): Double = ???
// 参考代码清单8-20代码
    /**
    * 建立ALS Implicit模型,寻求最佳参数
```

```
 * @param rankList rank值列表
 * @param iteration 循环次数
 * @param lamdbaList lambda值列表
 * @param alphaList alpha值列表
 * @param trainRatingSet 训练数据集
 * @param testRatingSet 测试数据集
 * @param outPutDir 参数输出目录
 */
def getModelParameter(rankList: Array[(Int)], iteration: Int, lamdbaList:
Array[(Double)], alphaList:Array[(Double)], trainRatingSet: RDD[Rating],
testRatingSet: RDD[Rating], outPutDir: String) = {
  var bestRMSE = 999.00
  var bestRank =  0
  var bestLambda = 0.0
  var bestAlpha = 0.0
  for(rank<-rankList) {
    for(lambda<-lamdbaList){
      for(alpha<-alphaList){
        val testModel = ALS.trainImplicit(trainRatingSet,rank,iteration,lambd
        a,alpha)     // Train Model
        val testRmse = computeRMSE(testModel,testRatingSet) // Calculate RMSE
        if (testRmse < bestRMSE) {
          bestRMSE = testRmse
          bestRank = rank
          bestLambda = lambda
          bestAlpha = alpha
        }}}}
  println("BestRank:Iteration:BestLambda:BestAlpha => BestRMSE")
  println(bestRank + ": " + iteration + ": " + bestLambda + " => " + bestRMSE)
  val result = Array(bestRank + "," + iteration + "," + bestLambda)
  sc.parallelize(result).repartition(1).saveAsTextFile(outPutDir);
}
val listRank = Array(5,15,20,25,30,35,45)
val iteration = 10
val listLambda = Array(0.001,0.005,0.01,0.03,0.09,0.3,0.6,1.0,1.8,3.0)
val alphaList = Array(0.001,0.01,0.6,1.5,6,12,25,40,60)
val parameterPath =  "/user/root/alsimplicit/fagui/parameter"
val minVisitTrain = Array(3,5,10,20) // train splitPoint
val minVisitValidate = Array(2,5,10,20) // validate splitPoint
val pointValues = Array(0,2,3,4,5)
// 参考代码清单8-15，处理数据
    ......
// 建立ALS模型，以RMSE值进行评测寻优，把最佳参数组存储到HDFS目录
    getModelParameter(listRank, iteration, listLambda, train, validation, parame-
    terPath)
```

参考Spark ALS算法模型，最优模型的参数也会有多组，这里设置多组参数值，分别得到各组参数值，最优模型参数如表8-17所示。

表 8-17　Spark ALS Implicit 算法知识类数据模型寻优参数结果

训练｜验证集参数｜值参数	最优 Rank 值	最优 Lambda 值	最优 Alpha 值
(3,5,10,20)｜(1,5,10,20)｜(0,2,3,4,5)	35	0.3	0.001
(3,5,10,20)｜(3,5,10,20)｜(0,2,3,4,5)	35	0.3	0.001
(4,5,10,20)｜(4,5,10,20)｜(0,2,3,4,5)	35	0.3	0.001

针对基于用户和基于项目的协同过滤算法只需要设置最小用户评价 URL 的个数或最小 URL 被用户评价个数，即可得到最优模型。但是，在对实际数据处理的过程中发现，当过滤数据比较少时，这两个算法的计算量太大（比如 50 000 个用户，那么如果使用基于用户的协同过滤算法，则需要计算的数据量就是 50 000×50 000/2 的数量级），不适合实际应用，所以这里不采用这两种算法，而仅对比 Spark ALS 和 Spark ALS Implicit 这两种算法。

5. 结果分析

使用前面小节的相关内容，得到最优模型，并计算各个最优模型的分类评价指标，如表 8-18 所示。

表 8-18　Spark 各组算法最优模型评价

数据	算法	K	R(%)	P(%)	$F1$
法规专题	Spark ALS(Rank=30，Iteration=10，lambda=0.6，训练集过滤>3，验证集过滤>1)	10	1.83	0.2	0.36
		20	2.05	0.11	0.21
		30	2.18	0.08	0.15
		40	2.27	0.06	0.12
		50	2.39	0.05	0.10
	Spark ALS(Rank=30，Iteration=10，lambda=0.6，训练集过滤>4，验证集过滤>3)	10	0.89	0.1	0.18
		20	1.02	0.06	0.11
		30	1.12	0.04	0.08
		40	1.18	0.03	0.06
		50	1.24	0.03	0.06
	Spark ALS(Rank=40，Iteration=10，lambda=0.6，训练集过滤>4，验证集过滤>4)	10	0.61	0.07	0.13
		20	0.67	0.04	0.08
		30	0.75	0.03	0.06
		40	0.81	0.02	0.04
		50	0.89	0.02	0.04
	Spark ALS Implicit(Rank=35，Iteration=10，lambda=0.3，Alpha=0.001，训练集过滤>3，验证集过滤>1)	10	2.82	0.31	0.56
		20	3.35	0.18	0.34
		30	3.6	0.13	0.25
		40	3.73	0.1	0.19
		50	3.82	0.08	0.16

(续)

数据	算法	K	$R(\%)$	$P(\%)$	$F1$
法规专题	Spark ALS Implicit(Rank＝35，Iteration＝10，lambda＝0.3，Alpha＝0.001，训练集过滤＞3，验证集过滤＞3)	10	1.39	0.15	0.27
		20	1.66	0.09	0.17
		30	1.79	0.06	0.12
		40	1.87	0.05	0.10
		50	1.91	0.04	0.08
	Spark ALS Implicit(Rank＝30，Iteration＝10，lambda＝0.3，Alpha＝0.001，训练集过滤＞4，验证集过滤＞4)	10	0.81	0.09	0.16
		20	0.97	0.05	0.10
		30	1.05	0.04	0.08
		40	1.09	0.03	0.06
		50	1.11	0.02	0.04

根据表 8-18 的结果，做 Spark ALS 和 Spark ALS Implicit 算法模型的对比结果，其 $F1$ 评价指标画图如图 8-8、图 8-9 所示。

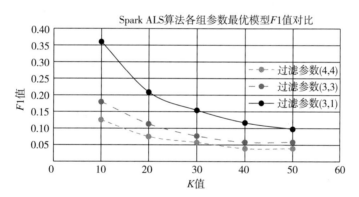

图 8-8　Spark ALS 算法最优模型 $F1$ 评价

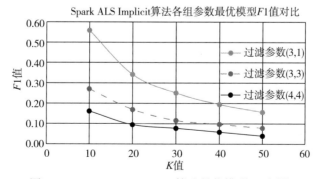

图 8-9　Spark ALS Implicit 算法最优模型 $F1$ 评价

从图 8-8、图 8-9 中可以看到，对于单个算法来说，使用不同的过滤方式将得到不同的最优模型。对于 Spark ALS 和 Spark ALS Implicit 算法，如果设置的过滤参数较小（比如训练集 3，验证集 1），那么模型效果也较好。下面，使用 Spark ALS 以及 Spark ALS Implicit 模型的最优模型来做对比，如图 8-10、图 8-11 所示。

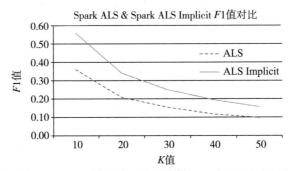

图 8-10　Spark ALS & Spark ALS Implicit $F1$ 值对比

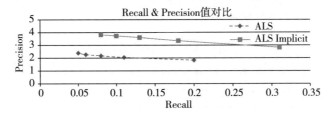

图 8-11　Spark ALS & Spark ALS Implicit Recall/Precision 值对比

从图 8-10、图 8-11 中可以很明显看出，综合来说，Spark ALS Implicit 模型最优。同时，使用 Spark ALS Implicit 算法模型对实际的数据进行推荐，其得到的结果也是可以解释的。例如针对咨询类数据进行推荐，其结果如表 8-19 所示。

表 8-19　咨询类推荐结果

用　户	访　问　网　址	推　荐　网　址
3951071	"http://www.××.com/ask/question_10244513.html" "http://www.××.com/ask/question_10244238.html"	[1]"http://www.××.com/ask/question_10243783.html" [2]"http://www.××.com/ask/question_10244541.html" [3]"http://www.××.com/ask/question_10223080.html" [4]"http://www.××.com/ask/question_10223488.html" [5]"http://www.××.com/ask/question_10246475.html"
21777264	"http://www.××.com/ask/question_10383635.html" "http://www.××.com/ask/question_10383635.html"	[1]"http://www.××.com/ask/question_10162051.html"

参考表 8-19 的结果，在浏览器访问上述网址，发现网址"http://www.××.com/ask/question_10244513.html、http://www.××.com/ask/question_10244238.html 和网址"http://www.××.com/ask/question_10243783.html 等的相关度很高，这说明推荐的结果可以应用于实际。

8.5 构建法律服务大数据智能推荐系统

8.5.1 动手实践：构建推荐系统 JavaEE

参考 4.6.4 节、6.6 节完善基础 JavaEE Web 程序，接着添加 EasyUI 及 Jquery 相关的 JavaScript 支持，工程结构如图 8-12 所示。

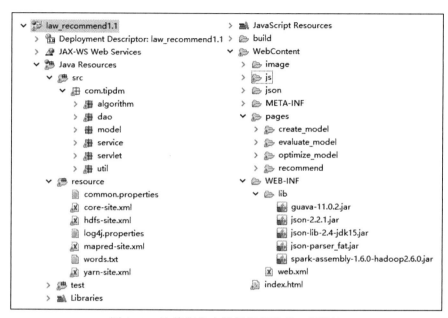

图 8-12 法律服务大数据智能推荐工程结构

系统首页是系统介绍，具体介绍内容参考本章背景及架构部分，其首页效果如图 8-13 所示。此工程同时结合了法律网服务器工程和大数据推荐平台，由 4 个部分组成：算法建模、模型评估、算法寻优、用户推荐。

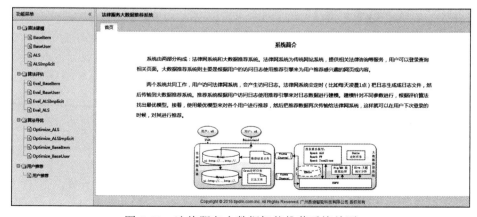

图 8-13 法律服务大数据智能推荐系统首页

在算法建模模块，一共提供了 4 个算法，分别是基于用户协同过滤算法、基于项目协同过滤算法、ALS 协同过滤算法、ALS Implicit 协同过滤算法。以 ALS 算法建模为例，其页面如图 8-14 所示。

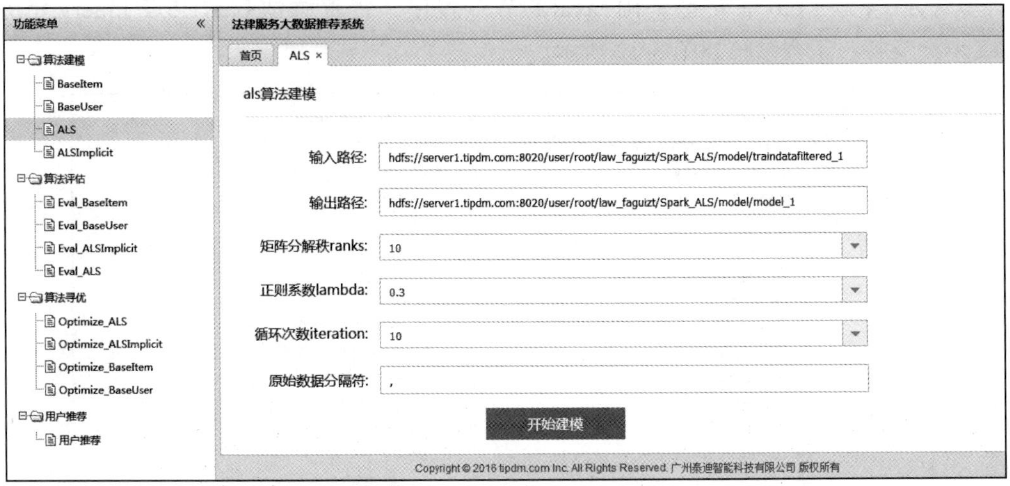

图 8-14　ALS 算法建模界面

ALS 算法建模需要用户提供原始数据输入路径（注意这个路径所包含的数据有用户、项目、评分数据）、建模成功后模型输出路径、算法参数矩阵分解秩、算法参数正则系数、算法参数循环次数、原始数据处理所需数据分隔符，以上参数设置成功后，单击"开始建模"按钮，即可开始模型构建。

建模过程中，后台调用的是封装的 Spark 算法，采用 Spark On YARN 的运行方式，其核心代码如代码清单 8-22 所示。

代码清单8-22　提交Spark任务到YARN集群核心代码

```
/**
 * 调用Spark 加入监控模块
 * @param args
 * @return Application ID字符串
 */
public static String runSpark(String[] args) {
    StringBuffer buff = new StringBuffer();
    for (String arg : args) {
        buff.append(arg).append(",");
    }
    log.info("runSpark args:" + buff.toString());
    try {
        System.setProperty("SPARK_YARN_MODE", "true");
        SparkConf sparkConf = new SparkConf();
        sparkConf.set("spark.yarn.jar", getProperty("spark.yarn.jar"));
        sparkConf.set("spark.yarn.scheduler.heartbeat.interval-ms",
```

```
            getProperty("spark.yarn.scheduler.heartbeat.interval-ms"));
        ClientArguments cArgs = new ClientArguments(args, sparkConf);
        Client client = new Client(cArgs, cdhConfiguration.getConfiguratoin(),
            sparkConf);
        // client.run();            // 去掉此种调用方式，改为有监控的调用方式
        /**
         * 调用Spark，含有监控
         */
        ApplicationId appId = null;
        try {
            appId = client.submitApplication();
        } catch (Throwable e) {
            e.printStackTrace();
            // 返回null
            return null;
        }
        // 开启监控线程
        updateAppStatus(appId.toString(), getProperty("als.submitted.progress"));
        // 提交任务完成，返回2%作为提交任务成功的百分比
        log.info(allAppStatus.toString());
        new Thread(new MonitorThread(appId, client)).start();
        return appId.toString();
    } catch (Exception e) {
        e.printStackTrace();
        return null;
    }
}
```

算法评估模块也对应有 4 个模型评估页面，以 ALS 算法模型评估为例，其界面如图 8-15 所示。

图 8-15　ALS 算法评估界面

这里仍使用封装 Spark 算法，使用 Spark On YARN 的方式调用。算法评估需要提供训练数据集路径（用于过滤）、测试数据集路径、模型路径、K 值列表（模型推荐的项目个数）、单用户最小访问 url 个数（用于过滤数据）、结果路径等，其返回结果如图 8-16 所示。

图 8-16　ALS 算法评估结果界面

同理，在算法寻优模块也有 4 个对应的页面，以 ALS 算法为例，其界面如图 8-17 所示。

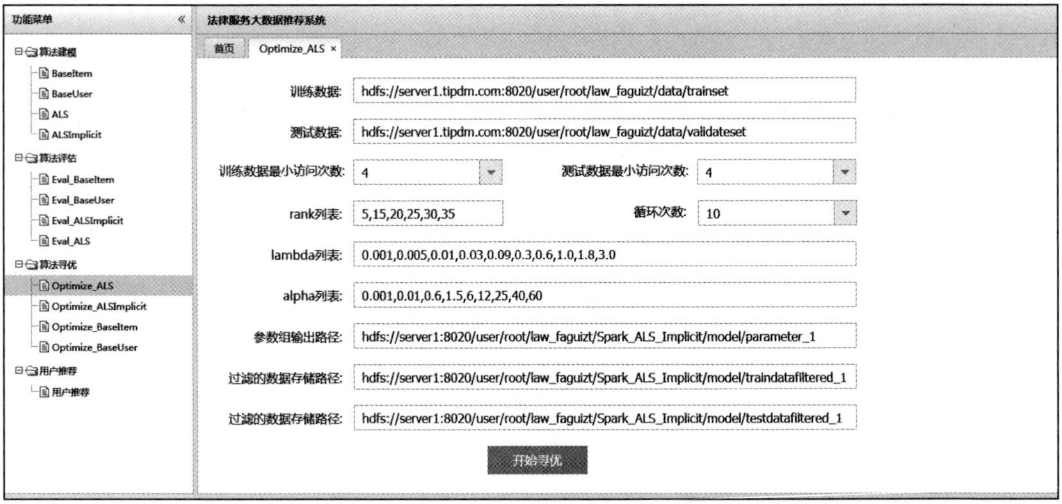

图 8-17　Spark ALS 算法模型寻优界面

模型寻优其实就是设置多组建模参数，每组参数对应一个模型，然后通过模型评估选择最优模型的过程。算法参数值以列表形式输入，如矩阵分解秩 rank 列表、正则化系数 lambda 列表等。

最后一个模块是用户推荐，使用提供的模型来对用户进行推荐，其界面如图 8-18 所示。

图 8-18　用户推荐界面

在用户推荐界面中，用户需要提供使用的推荐算法以及使用的推荐模型路径，提供用户的 ID 以及对该用户推荐的 URL 数目，单击"生成推荐"按钮即可对用户进行推荐，其推荐结果如图 8-19 所示。

图 8-19　模型推荐结果界面

思考：
1）参考上述描述以及提供的参考工程，完成工程中提示的任务（TODO 提示）。
2）完成工程相关功能后，使用各个模型进行推荐，验证各个算法模型推荐效果。

8.5.2　动手实践：Oozie 工作流任务

通过前面章节的分析，读者应该对法律服务的整体流程及其相关实现有了一个清晰的认识，在现实情况中一般任务都会串联起来运行，这里使用 Oozie 来串联所有的任务。本节中，首先会使用 Spark 来封装数据预处理的相关算法规则，然后使用该封装的算法来启动 Oozie 任务。

参考 8.4.4 节数据预处理规则来定义相关 Spark 处理算法，其代码封装如代码清单 8-23 所示。

代码清单8-23　Spark封装数据预处理代码

```scala
package spark
import org.apache.hadoop.conf.Configuration
import org.apache.hadoop.fs.{Path, FileSystem}
import org.apache.spark.rdd.RDD
import org.apache.spark.{SparkConf, SparkContext}
/**
 * 数据预处理
 * 输入:
 * 1.HDFS数据路径（flume路径,"/flume_data/*/\\*/\"）
 * 2.读入后的Partition个数, 12
 * 3．训练集分割点：0.8
 * 4．验证集分割点：0.9
 * 处理得到:
 * 1.用户和URL编码
 * 2．训练数据集、测试数据集、验证数据集
 *
 */
object Prepare {
  def main(args: Array[String]) {
    if(args.length != 5){
      println("Usage: spark.Prepare <input> <partitionSize> <trainPercent>
           <validatePercent> <output>")
      System.exit(-1)
    }
    // 参数处理
    val input = args(0)
    val partitions = args(1).toInt
    val trainPercent = args(2).toDouble
    val validatePercent = args(3).toDouble
    val output = args(4)
    // 删除 output
    FileSystem.get(new Configuration()).delete(new Path(output),true)
    // 得到SparkContext
    val sc = new SparkContext(new SparkConf())
    val data = sc.textFile(input,partitions)
    val parsedData = data.map(parse(_)).filter(_.size != 1 ).map(x =>
    (x(4),x(8),x(6)))
    /**
     * 编码
```

```scala
    */
    val userSize = parsedData.map(_._1).distinct.count
    val urlSize = parsedData.map(_._2).distinct.count
    val userZipCode:RDD[(String,Long)] = parsedData.map(_._1).distinct.sortBy(x
    => x).zipWithIndex()
    val urlZipCode:RDD[(String,Long)] = parsedData.map(_._2).distinct.sortBy(x
    => x).zipWithIndex()
    val userZipCode_ = userZipCode.collect.toMap
    val urlZipCode_ = urlZipCode.collect.toMap
    val codeParedData = parsedData.map(x =>
      (userZipCode_(x._1),urlZipCode_(x._2),
       try{x._3.toLong}catch{case _ => new java.math.BigDecimal(x._3).toPlain-
       String.toLong}))
    // 按照时间戳排序
    val sortCodeParsedData = codeParedData.sortBy(x => x._3)
    // 分割训练集、验证集、测试集
    val dataCount = sortCodeParsedData.count
    val firstSplitPoint = dataCount * trainPercent toInt
    val secondSplitPoint = dataCount * validatePercent toInt
    val splitUrlPoints = sortCodeParsedData.zipWithIndex.
      filter(x => x._2 == firstSplitPoint || x._2 == secondSplitPoint).map(x =>
      x._1._3).collect
    val train = sortCodeParsedData.filter(_._3 < splitUrlPoints(0)).map(x =>
    (x._1,x._2))
    val validate = sortCodeParsedData.filter(x => x._3 >= splitUrlPoints(0) &&
    x._3 < splitUrlPoints(1)).map(x => (x._1,x._2))
    val test = sortCodeParsedData.filter(_._3 >= splitUrlPoints(1)).map(x =>
    (x._1,x._2))
    // 归约访问次数到评分
    val realTrain : RDD[(Long,Long,Double)]= train.map(x => (x,1)).reduce-
    ByKey((x,y) => x+y).map(x => (x._1._1,x._1._2,mapping(x._2)))
    val validateTrain: RDD[(Long,Long,Double)] = validate.map(x => (x,1)).reduce-
    ByKey((x,y) => x+y).map(x => (x._1._1,x._1._2,mapping(x._2)))
    val testTrain : RDD[(Long,Long,Double)] = test.map(x => (x,1)).reduce-
    ByKey((x,y) => x+y).map(x => (x._1._1,x._1._2,mapping(x._2)))
    // 保存数据
    userZipCode.map(x => x._1 +","+x._2).saveAsTextFile(output+"/userZipCode")
    urlZipCode.map(x => x._1 +","+x._2).saveAsTextFile(output+"/urlZipCode")
    realTrain.map(x => x._1 +","+x._2+","+x._3).saveAsTextFile(output+"/real--
    Train")
    validateTrain.map(x => x._1 +","+x._2+","+x._3).saveAsTextFile(output+"/
    realValidate")
    testTrain.map(x => x._1 +","+x._2+","+x._3).saveAsTextFile(output+"/real-
    Test")
    // 关闭 SparkContext
    sc.stop()
  }
  /**
```

```
 * 数据转换，替换双引号中的逗号为空格
 * @param str
 * @return
 */
def parse(str:String) :Array[String] ={
  var flag = false
  var strr = str
  for(i <- 0 until str.size) {
    if('"'.equals(str(i))){
      if(flag) flag = false
      else flag = true  }
    if(flag && ','.equals(str(i)))
      strr = strr.updated(i,' ') }
    strr.split(",",-1)
}
/**
 * 根据规则归约访问次数到评分
 * @param times
 * @return
 */
def mapping(times :Int) =
  if(1 <= times && times <5)times.toDouble
  else if( times > 100) 10.0
  else (times - 5)* 5.0 / 95 +5
}
```

封装好上述代码后，使用相关打包工具把编译后的代码输出成 Jar 包待用。接着，定义 Oozie 相关配置文件，如代码清单 8-24、代码清单 8-25 所示。

代码清单8-24　Spark Prepare Oozie工作流job.properties

```
oozie.wf.application.path=${nameNode}/user/${user.name}/workflow/spark_prepare
nameNode=hdfs://nameservice1
resourceManager=node41.tipdm.com:8032
master=yarn-cluster
queueName=default
oozie.use.system.libpath=true
input=/flume_data/*/*/
jarPath=${nameNode}/user/root/workflow/spark_prepare/spark_algorithm.jar
sparkOpts=--executor-memory 3500m --num-executors 8 --driver-memory 3g
partitions=12
trainPercent=0.8
validatePercent=0.9
output=/tmp/oozie/spark_prepare
```

代码清单8-25　Spark Prepare Oozie工作流 workflow.xml

```
<workflow-app xmlns='uri:oozie:workflow:0.5' name='Spark Prepare'>
    <start to='spark-node' />
```

```xml
<action name='spark-node'>
    <spark xmlns="uri:oozie:spark-action:0.1">
        <job-tracker>${resourceManager}</job-tracker>
        <name-node>${nameNode}</name-node>
        <prepare>
            <delete path="${output}"/>
        </prepare>
        <master>${master}</master>
        <name>Spark prepare Job</name>
<class>spark.Prepare</class>
        <jar>${jarPath}</jar>
        <spark-opts>${sparkOpts}</spark-opts>
<arg>${input}</arg>
<arg>${partitions}</arg>
<arg>${trainPercent}</arg>
<arg>${validatePercent}</arg>
        <arg>${output}</arg>
    </spark>
    <ok to="end" />
    <error to="fail" />
</action>
<kill name="fail">
    <message>Workflow failed, error
        message[${wf:errorMessage(wf:lastErrorNode())}]
    </message>
</kill>
<end name='end' />
</workflow-app>
```

最后，启动该 Oozie 定时任务，其启动命令如图 8-20 所示。启动后，会返回一个任务ID。

```
[root@node41 spark_prepare]# oozie job -oozie http://node41.tipdm.com:11000/oozie
job: 0000001-161224000455642-oozie-oozi-W
```

图 8-20　Oozie 提交 Spark Prepare 任务

同时，该任务也可以在 YARN 任务监控中看到，如图 8-21 所示。

| application_1482509090022_0015 | root | Spark prepare Job | SPARK | root.root | Sun Dec 25 23:29:15 +0800 2016 | Sun Dec 25 23:33:24 +0800 2016 | FINISHED | SUCCEEDED |
| application_1482509090022_0014 | root | oozie:launcher:T=spark:W=Spark Prepare:A=spark-node:ID=0000001-161224000455642-oozie-oozi-W | MAPREDUCE | root.root | Sun Dec 25 23:28:33 +0800 2016 | Sun Dec 25 23:33:26 +0800 2016 | FINISHED | SUCCEEDED |

图 8-21　Oozie Spark Prepare 任务显示在 YARN 监控中

从图 8-21 中看到，Oozie 任务流程的任务首先启动一个 Hadoop MapReduce 任务，然后由此任务再启动一个 Spark 任务。在 Ooize 监控中查看其任务状态如图 8-22 所示。

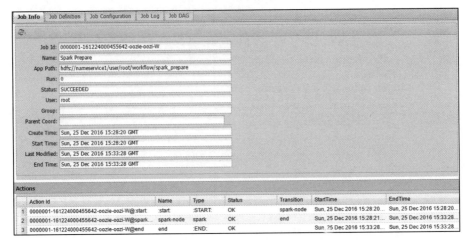

图 8-22　Spark Prepare 任务显示在 Oozie 监控中

思考：

1）参考上述，把 Spark 模型寻优代码和预测代码进行封装。

2）把 1）中封装的代码实现成 Oozie 流程单个任务。

3）把 Oozie 封装的 Spark Prepare、ModelOptimize、ModelPredict 工作流整合成一个工作流，并添加根据数据有效性触发任务的特性。

8.6　本章小结

本章给出了一个法律服务行业的大数据智能推荐系统案例，从案例背景、实现目标、系统整体架构及流程等部分分析该系统。同时，针对系统实现的各个过程，包括从数据传输、数据探索、数据预处理到最后的建模、模型寻优、模型评价等，都提供了分析的相关代码，方便读者实际操作，让读者实实在在感受项目中的每一个环节。最后给出了基于法律服务的大数据智能推荐系统的实现以及 Oozie 工作流的封装，当然，这是一个简化的实现版本。相信通过本章的学习，读者可以更加熟悉大数据相关的各种技术，能够更加灵活地应用相关技术来解决相应的问题。